U0323943

生态学名著译丛

Evolutionary Dynamics
Exploring the Equations of Life

进化动力学
——探索生命的方程

JINHUA DONGLIXUE
——TANSUO SHENGMING DE FANGCHENG

Martin A. Nowak 著

李镇清 王世畅 译

高等教育出版社·北京
HIGHER EDUCATION PRESS　BEIJING

内 容 简 介

　　《进化动力学》一书阐释了生命进化所遵循的数学原理.进化动力学主要涉及复制、突变、选择、随机漂变和空间运动等过程.本书结合生物学理论和数学语言对这些问题进行了论述.开篇简要介绍了与进化相关的基本概念、种群动力学基本模型以及准种理论；然后介绍进化动力学基本研究方法及其应用，分别就合作行为、HIV、病原体、癌症以及人类语言的进化机制展开讨论，其中所涉及的研究方法主要有进化博弈理论、囚徒困境模型、进化图论、网络博弈等.

　　本书语言简洁有力，论述生动有趣.虽然书中涉及大量的数学方法，但是，读者只需具备一定的数学基础，就不会感到晦涩枯燥.该书适合于具有生物学、数学以及具有其他相关学科背景的读者阅读.

目　　录

Contents

中文版序言

《进化动力学》即将被翻译成中文出版，我感到非常高兴和荣幸. 进化动力学是一个正在迅速发展的重要领域. 进化是渗透至生物学各个分支学科的理论. 进化动力学旨在运用数学方法来描述进化过程. 可以认为进化包含三大基本原则：突变、选择和合作. 突变导致多样性，多样性是选择起作用的前提，而合作允许构造更加复杂的组织. 在本书中，读者可以获知用于表达精确进化理论的基本方法.

在此，谨向译者和高等教育出版社为本书的翻译和中译本的出版所做的出色工作致以诚挚的谢意.

Martin Andreas Nowak

2009年10月于哈佛大学

Preface for the Chinese Version

I am extremely happy and honored that my book was considered worthy to be translated into Chinese.Evolutionary dynamics is a rapidly growing field of considerable importance. Evolution is the one theory that permeates all of biology.Evolutionary dynamics is the attempt to provide mathematical descriptions of evolutionary processes.One can argue that there are three fundamental principles of evolution:mutation， selection and cooperation. Mutation leads to diversity upon which selection can act.Cooperation allows the construction of higher levels of organization.In this book you will find the basic techniques that are needed to formulate precise theories of evolution.

I would like to thank the translators, Zhenqing Li, Shichang Wang and the publisher, Higher Education Press in China, for the excellent work they have done.

Martin Andreas Nowak，

Harvard University, October 2009

前　言

　　《进化动力学》一书的主旨在于揭示生命进化所遵循的数学原理. 自 20 世纪 50 年代以来，随着人类对自身生存世界以及生命本质的不断探索，生物学与进化生物学已经取得了巨大的成就. 进化理论是生物科学的核心理论，是生物学一切分支学科的基础. 生命系统所呈现的一切现象最终都一定会从进化角度得到解释. 在过去的半个世纪中，进化生物学发展势头迅猛，已经逐渐成为一门具有精确数学基础的学科. 与进化过程或机理相关的所有思想都能够并且应该通过进化动力学方程来呈现.

　　在进化理论诞生最初的一百年中，其主要关注的是物种起源和适应的遗传进化机制. 但近年来，进化思想已经逐渐渗入到生物学与生命科学的许多相关领域. 随着生命体遗传信息的复制，进化在悄然无声地进行. 具体地说，遗传信息的传递误差会导致突变的出现，于是信息更加趋向于多样化. 不同信息在复制过程中可能具有差异，其中一些信息复制得比较快，这时选择就会起作用. 突变和选择的共同作用促成了进化. 数学模型可以精确地描述突变和选择的过程. 因此，进化俨然已经成为一门数学理论.

　　生命科学，特别是生物学具有极为广阔的理论扩展空间. 为了使学生能够接受到跨学科教育，目前每所大学都在针对数学生物学制定涵盖数学、分子生物学、语言学、计算机科学的教学计划. 学科交叉会更加有利于科学发展. 两种学科的交叉无疑会带来两种文化的碰撞，许多新思想也必将随之萌发.

　　本书中，我们结合生物学语言和数学理论对进化问题进行探讨.《进化动力学》为读者呈现了生命系统进化所遵循的基本原理，尽管这些原理看起来十分复杂，而事实上却是如此简单而令人着迷. 本书为了避免不必要的复杂性，将从最基本的问题开始，逐步深入到关键问题.

　　本书稿主要基于 2004 年和 2005 年笔者在哈佛大学授课的讲稿. 第一批学生包 括：Blythe Adler, Natalie Arkus, Michael Baym, Paul Berman, Illya Bomash, Nathan Burke, Chris Clearfield, Rebecca Dell, Samuel Ganzfried, Michael Gensheimer, Julia Hanover, David Hewitt, Mark Kaganovich, Gregory Lang, Jonathan Leong, Danielle Li, Alex Macalalad, Shien Ong, Ankit Patel, Yannis Paulus, Jura Pintar, Esteban Real, Daniel Rosenbloom, Sabrina Spencer 和 Martin Willensdorfer；授课教师还有：Erez Lieberman, Franziska Michor 和 Christine Taylor. 从学生们及其他教师那里，我收获了很多知识. 学生的疑问是我不断研究的动力，并进而促成本书的写作.

在此，我要感谢很多在背后默默支持我的人们．首先，要感谢 May Huang 和 Laura Abbott 帮我整理出最终的手稿和索引．离开她们的帮助，我很难想象原本零散的书稿会变成如今条理清晰的章节，并极有可能导致本书无法顺利完成．我还要感谢哈佛大学出版社出色的编辑 Elizabeth Gilbert and 和 Michael Fisher.

我要感谢 Ursula, Sebastian 和 Philipp 的耐心和对一切知识的渴望．

我要由衷感激两位恩师 Karl Sigmund 和 Robert May. 在科学上，他们为我树立了光辉的榜样．他们卓越的判断力，敏锐的洞察力，博大的胸襟，给我留下了极其深刻的印象．我同样十分感激所有合作者的出色工作，他们对科学的热情深深感染了我：Roy Anderson, Rustom Antia, Ramy Arnaout, Charles Bangham, Barbara Bittner, Baruch Blumberg, Maarten Boerlijst, Sebastian Bonhoeffer, Persephone Borrow, Reinhard Bürger, Michael Doebeli, Peter Doherty, Andreas Dress, Ernst Fehr, Steve Frank, Drew Fudenberg, Beatrice Hahn, Christoph Hauert, Tim Hughes, Lorens Imhof, Yoh Iwasa, Vincent Jansen, Paul Klenerman, Aron Klug, Natalia Komarova, David Krakauer, Christoph Lengauer, Richard Lenski, Bruce Levin, Erez Lieberman, Jeffrey Lifson, Marc Lipsitch, Alun Lloyd, Joanna Masel, Erick Matsen, Lord May of Oxford (Defender of Science), John Maynard Smith, Angela McLean, Andrew McMichael, Franziska Michor, Garrett Mitchener, Richard Moxon, Partha Niyogi, Hisashi Ohtsuki, Jorge Pacheco, Karen Page, Robert Payne, Rodney Phillips, Joshua Plotkin, Roland Regoes, Ruy Ribeiro, Akira Sasaki, Charles Sawyers, Peter Schuster, Anirvan Sengupta, Neil Shah, George Shaw, Karl Sigmund, Richard Southwood, Ed Stabler, Dov Stekel, Christine Taylor, David Tilman, Peter Trappa, Arne Traulsen, Bert Vogelstein,Lindi Wahl, Martin Willensdorfer 和 Dominik Wodarz.

最后，还要特别感谢 Jeffrey Epstein 对我们研究工作的大力支持，并给予我很多启迪．

1 绪论

1831 年，22 岁的达尔文（Charles Darwin）开始了他的环球考察之旅．在航海途中，他经历了晕船之苦，见证了巴西的奴隶制度，目睹了阿根廷的"种族屠杀"，见惯了南美洲火地岛土著居民对裸体毫无遮掩的行为．然而，真正吸引他的还是动植物的多样性．他不仅发现热带地区具有丰富的物种资源，而且采集了多种昆虫样本．为此，他还亲身经历了一场毁灭性地震．这次地震发生于智利，且诱发了南美洲板块的上升．不仅如此，他又带领探险队踏入安第斯山脉，并在高海拔地区发现了海洋生物化石的存在．当时，他既没有特别关注加拉帕戈斯（Galápagos）群岛中各种雀鸟的起源，而且也吃掉了返航途中从太平洋海域捕获到的大部分海龟．在这个过程中，他到达了塔希提岛（Tahiti），见证了澳大利亚经济的崛起．他还拜访了当时英国顶级物理学家 John Hershel，并被告知"未解之谜的奥秘"其实就是一种产生新物种的机制，但尚未被人类所认知．5 年之后，达尔文回到了英国．他共搜集了 6 000 多个标本，这些标本足够一大批科学家耗费很长一段时间进行分析和研究．

达尔文的导师莱尔（Charles Lyell）认为，山脉并非陡然崛起，而是经历了一个漫长的过程逐渐升起的．结合地质考察，达尔文提出了自己的基本理论：只要经过充分长的时间，一切都将改变．

"进化"一词并不是由达尔文发明的．早在 19 世纪 20 年代，他还在爱丁堡大学求学时，进化就已经成为街谈巷议的焦点，只不过在当时，进化思想还没有得到法典的认可．法国学者拉马克（Jean-Baptiste Lamarck）率先提出了物种并非静止不动的观点，并在 1809 年出版的专著中阐述了这一观点．在他看来，随着时间的推移，物种将逐渐发生变化，新的物种不断产生．也正是由于这个原因，那些进化论的追随者才被称为拉马克主义者．遗憾的是，拉马克并没能正确地给出物种演变机制．随后，达尔文和华莱士（Alfred Russel Wallace）分别独立地解决了这个问题．

在阅读了经济学家马尔萨斯（Thomas Malthus）所著的《人口论》之后，达尔文意识到种群指数增长的严重后果．一旦资源受到限制，只有少数个体能够生存下来．与此同时，家畜育种家们的工作也受到了他的极大关注．他不仅分析了育种家们所使用的方法，还研究了相关结果．慢慢地，他意识到，自然就好比一个巨型饲养员．这是"自然选择"这一科学概念第一次在人类脑海里出现，当时达尔文年仅 33 岁．

不过，达尔文仍无法解释种群中足以令自然选择发挥作用的多样性是如何维持下来的．事实上，奥地利修道士兼植物学家孟德尔（Gregor Mendel）已经完成了遗传实验，并将结果发表在《布尔诺自然科学学会年刊》（*Annals of the Brno Academy of Sciences*）上．只是孟德尔的工作被当时的科学界完全忽视掉了．

达尔文曾经说过："我很遗憾未能将这些结论上升到数学的高度，从而为解决这些问题提供新的启示．"在读过 1859 年出版的《物种起源》之后，工程师 Fleeming Jenkins 对达尔文的理论提出了挑战：如果亲代性状是融合在一起遗传给后代的话，那么个体间差异（变异）将随着世代的推移而逐渐消失．尽管这一问题不易察觉，但它仍是达尔文理论中最致命的缺陷．几十年后，英国数学家哈迪（G. H. Hardy）和德国医生温伯格（Wilhelm Weinberg）分别通过简单的数学公式证明了孟德尔（微粒）遗传正是随机交配下维持遗传多样性的机制．由此，哈迪—温伯格定律（Hardy-Weinberg law）成为有性繁殖种群进化的基本原理之一．

在 20 世纪 20 年代和 30 年代，Ronald Fisher、J. B. Haldane 和 Sewall Wright 将孟德尔遗传学和达尔文进化论结合起来，创建了数学生物学这一全新的学科，并从数学上精确地描述了进化、选择、突变等概念．此后，研究人员一直延续了这种数学分析方法，直到 20 世纪 50 年代，Motoo Kimura 提出进化中性理论（neutral theory of evolution）．Kimura 认为，大多数遗传突变并不会对适合度造成严重影响，因而只通过随机漂变（random drift）就能够在种群中固定下来．

进化动力学的发展过程还经历了其他几个意义重大的里程碑．1964 年，William Hamilton 发现，"自私基因"的选择有利于促进在亲缘个体间产生利他行为．1973 年，John Maynard Smith 提出进化博弈理论（evolutionary game theory）．20 世纪 70 年代中期，Robert May 革命性地将数学方法引入到生态学和流行病学（epidemiology）之中．Manfred Eigen 和 Peter Schuster 创建了准种理论（quasispecies theory），把遗传进化、物理化学和信息论联系到一起．Peter Taylor、Josef Hofbauer 和 Karl Sigmund 就复制方程展开了相关研究，奠定了进化博弈动力学（evolutionary game dynamics）的基础．

全书共有 14 章，简要回顾了进化动力学的发展历程，并没有涉及所有领域．尽管各章从复杂性来讲是逐步加深的，但它们之间基本上还是彼此独立的．因此，如果读者对进化动力学已有一些基本了解，完全可以根据自身需要重新安排阅读的顺序．本书的写作始终遵循这样一个原则：尽可能以一种简单的、线性的、确定的方式来阐述相关主题，使读者易于理解．本书从基础入手，循序渐进，逐渐引导读者接触到这一领域内一些比较有趣的现象和尚待解决的难题．在阅读过程中，读者可以自主掌控这一探索之旅．

　　本书仅就数学生物学中一些具有代表性的问题进行了探讨，因而可能忽略了其他内容．数学生物学涉及了多个领域，例如理论生态学（theoretical ecology）、群体遗传学（population genetics）、流行病学（epidemiology）、理论免疫学（theoretical immunology）、蛋白质折叠（protein folding）、基因调控网络（genetic regulatory networks）、神经网络（neural networks）、基因组分析（genomic analysis）以及模式形成（pattern formation）等．由于这些领域的分支过于庞大，目前尚没有一本书能涵盖上述所有领域．如果硬要把这些内容都塞进一本书里，那么就很容易弄巧成拙成为一个"电话号码簿"．因此，我只选择将那些自己比较熟悉，而且能够运用精练语言进行阐述的领域介绍给读者．当然，进化论是生物学中最大的统一理论，本书的所有主题都围绕着进化展开．

　　作为一本介绍进化动力学的书，本书没有首先介绍群体遗传学（population genetics），但是群体遗传学的很多观点和概念都是我开展研究工作的坚强后盾．例如，用于描述选择、突变、随机漂变、适合度景观（fitness landscape）、频率制约选择（frequency-dependent selection）以及结构种群的进化的最基本的数学公式都来自于群体遗传学．本书并未论及群体遗传学中的有性繁殖、性选择、基因重组和物种形成等重要议题．相比之下，本书主要关注病原体（infectious agents）的进化动态、癌症的进化、进化博弈理论和人类语言的进化等在传统群体遗传学中尚未涉及的内容．

　　进化动力学理论主要涉及繁殖、突变、选择、随机漂变和空间运动等过程．读者需要始终牢记一点：种群是任何进化过程的基础．个体、基因和思想都会随着时间的推移而改变，而种群才是任何进化过程的最根本基础．

　　本书的基本框架如下：在第 2 章中，我们主要讨论由具有繁殖能力的个体组成的种群，以及自然选择和突变的基本思想．随后，将介绍几个简单的种群动力学模型，这些模型可以产生不同的动力学结果：指数扩张、稳定平衡、振荡和混沌．当两个个体或更多个体的出生率有所差别时，它们就会受到自然选择的作用．突变意味着个体会从一种类型转变为另一种类型．在种群增长模型中，部分模型表明繁殖最快的物种将生存下来，即"最适者生存"（"survival of the fittest"），而另有一些模型则显示最先出现的物种将生存下来，或者物种最终达到共存．

　　在第 3 章中，我们主要介绍准种理论．在突变和选择的共同作用下，复制基因组所生成的基因组序列的全体，我们称之为准种．这些准种构成一个序列空间，并在适合度景观中移动．而突变率和基因组长度将通过"误差阈值（error threshold）"联系起来．误差阈值是指：只有当每个碱基的突变率小于基因组长度（以碱基计算）的倒数时，准种才有可能在绝大多数适合度景观中达到适应．

　　第 4 章将研究进化博弈动力学．当一个个体的适合度并非常数而是依赖于种群中其他个体的相对多度（即频率）时，就会产生那样的动态变化．因此，进化博弈理论能够以最全面的视角来审视这个世界. 没有接触过进化博弈理论的人的思维往往局限于严格的常数选择（constant selection）中, 在常数选择中, 个体的适合度与其他个体无关. 复制方程是非线性微分方程, 它描述了在策略数量被固定的条件下频率对选择的制约作用. 在这一章中, 我们还会接触到纳什均衡（Nash equilibrium）和进化稳定策略（evolutionary stable strategies）这两个重要概念. 在进化博弈理论和生态学之间存在一条重要的纽带: 进化博弈论中的复制方程和生态学中经典的 Lotka-Volterra 方程等价, 后者描述了捕食者和被捕食者之间的相互作用.

在第 5 章中, 我们将专注于讨论著名的囚徒困境（Prisoner's Dilemma）. 在进化过程中, 繁殖实体的合作起到了不可或缺的作用. 基因通过合作形成了基因组, 细胞通过合作形成了多细胞生物, 个体通过合作形成了群体和社会. 不仅如此, 人类文明也是合作的产物. 在自然选择下, 合作出现的机制可以由囚徒困境来描述. 在无任何其他假设的条件下, 自然选择更青睐背叛而非合作; 而只有当博弈可重复进行时, 合作才有可能出现. 在这章中, 我们将介绍多种不同策略, 例如: 以牙还牙（Tit-for-tat）策略, 以及相对它占优的"大度的以牙还牙（Generous Tit-for-tat）"策略和"胜 – 保持, 败 – 改变（Win-stay, lose-shift）"策略.

第 6 章将运用随机过程来描述有限种群的进化过程. 中性漂变学说已经成为进化博弈动力学研究中一个重要方面: 在一个有限种群中, 如果只存在蓝色和红色两种个体, 并且两种个体的适合度相同, 那么它最终将或者成为一个全部由蓝色个体组成的群体, 或者成为一个全部由红色个体组成的群体. 即便是在没有选择压力的情况下, 红蓝两种个体也不可能实现共存. 如果它们的适合度不同, 那么在绝大多数情况下, 适合度高的那种个体将获得更大的存活概率. 我们可以计算某一个体的后代占据整个种群的概率, 这就是所谓的固定概率, 它对估算进化速率至关重要.

第 7 章主要介绍发生在有限种群中的博弈. 在进化博弈理论中, 绝大多数理论都建立在对无限种群的确定性动态描述的基础上. 这里我们把博弈论引入到对有限种群的研究中, 带来了许多惊人的发现. 在博弈中, 自然选择所青睐的突变策略既不是纳什均衡策略, 也不是进化稳态策略, 更不是风险占优策略（risk-dominant strategy）. 当两种对策处于双稳态时, 自然选择到底青睐于哪种策略将完全取决于一种简单的"1/3 法则".

在第 8 章中, 我们将用图的顶点来表示种群中的个体, 连接各顶点的边来表示两者间的相互作用. 这样构成的图就可以用来表示个体的空间关系以及社会的网络结构. 本章中, 我们将对"进化图论（evolutionary graph theory）"进行初步探索. 完全图被用来刻画经典的同质种群, 这类图的基本特征是所有顶点都被连接起来. 我们将会看到, 就动力学行为而言, 环路（circulation）和完全图非常类似, 都可以用常数选择下的固定概率来描述, 因此, 环路代表了漂变和选择的一种特殊平衡. 强化漂变的图会削弱选择的作用, 而弱化漂变的图则会放大选择的作用. 当种群无限大时, 必然存在能够确保下述情形出现的图, 即最优突变被固定下来而最差突变被淘汰. 除此以外, 本章还要介绍基于图的博弈. 这时, 合作的进化遵循一个极其简单的原则.

第 9 章向读者展示了空间网络中进化博弈动力系统的性质. 时间离散、空间离散的确定性方法将博弈论和细胞自动机方法有机地结合在一起, 是研究此类问题的基本方法. 我们将介绍进化万花筒理论 (evolutionary kaleidoscopes)、动态分形以及空间混沌等内容. 这些结果涵盖了人类所能想象的所有复杂性, 甚至可以说, 上帝无须掷骰子, 即进化规律是确定的. 不仅如此, 合作能够在空间网络上得以进化, 这就是所谓的 "空间互惠" 概念.

第 10 章主要研究病毒感染过程的进化动力学. 人类免疫缺陷病毒 (human immunodeficiency virus, HIV) 的致病机理是病毒在体内的进化. 免疫系统不断攻击侵入的病毒, 而病毒不断进化以逃避攻击, 进而在序列空间中蔓延, 最终战胜免疫系统. 以此为基础的 "多样性阈值理论 (diversity threshold theory)" 能够解释为何人类在感染 HIV 病毒后会经历较长而且富于变化的潜伏期后才发病.

在第 11 章, 我们将探讨病原体 (infectious agents) 的进化过程. 病原体不断攻击新的寄主, 其危害程度将取决于选择压力的大小. 传统观点认为, 充分适应的病原体对寄主是无害的, 而从进化动力学的角度来看, 这一观点需要修正. 在病原体的突变之间的竞争将使其基本再生率 (basic reproductive ratio) 达到最大. 重复感染 (superinfection) 表明, 病原体的竞争将发生在两种不同尺度上, 即寄主个体体内和寄主群体内. 这项研究得出了许多令人震惊的结论, 例如: 病原体在进化过程中只考虑短期收益, 导致其毒力不断增加, 甚至远远超过其毒力的最适水平.

第 12 章将探讨癌症的进化动力学. 一旦细胞间的合作发生瓦解, 就会促成癌变, 此时经过变异的细胞将失去控制, 陷入无止境的复制当中. 我们计算了致癌基因 (oncogenes) 的激活率和抑癌基因 (tumor suppressor genes) 的灭活率, 并探讨诱发 "遗传不稳定性 (genetic instability)" 的突变的作用, 概括给出了导致癌变所须满足的 "染色体不稳定性 (chromosomal instability)" 条件.

第 13 章将致力于探讨一种真正由人类发明的特征——语言. 可以说, 语言是过去 6 亿年中最引人入胜的发明, 其重要意义可以与细菌和真核生物的出现相提并论. 细菌展示了生命形成的生化过程. 真核生物是复杂的高等多细胞生物的基本组成单元, 并表现出高级的遗传机制, 这些机制推动了动、植物分化. 而语言则将使人类智慧得以传承.

第 14 章对全书内容做了总结. 有兴趣深入研究的读者还可以参考本书最后的进一步阅读部分.

本书中, 所有不同的专题都围绕着进化动力学这一共同的主题. 我们对进

化的数学描述从单纯遗传系统出发，逐步扩展到存在噪声的（即自然的）环境下的信息复制过程．我们力求为读者提供一个全新的视角来认识身边的世界．生命系统所呈现的一切现象都可以从进化的角度得到解释．

2 进化是什么

本章将介绍进化动力学的三个基本原则:复制、选择和突变.这些原则决定了生命系统的进化,广泛适用于形式多样的生命体,而不依赖于其具体化学构成.可以说,任何活着的生命体的产生和发展都遵循这三大原则.

进化的先决条件是种群中的个体具有繁殖能力.在适当的环境条件下,病毒、细胞以及多细胞生命体等能够进行自我复制.遗传物质 DNA 或 RNA 对这些生命体的结构起决定作用,且可以通过复制传递给后代.当不同类型的生物体彼此间发生竞争时,选择将起作用.繁殖得较快的那些个体能在竞争中胜出.但是,繁殖过程也并非完美无瑕,其中偶尔也会出现差错,即突变.这些突变能促使生物产生多种变异,促成生物多样性的形成.而这些变异又会经受自然选择作用的筛选,最终它们或被保留下来,或被淘汰,这样就使遗传多样性得以提高或降低.

本章的末尾将关注随机交配下的哈迪—温伯格定律 (Hardy-Weinberg law).这是我们对描述有性生殖过程的数学模型所进行的唯一一次讨论.在随后的章节中,我们将会涉及进化动力学的其他一些原则,例如随机漂变和空间运动.

2.1 繁殖

假设一个细菌细胞生存在营养充足的理想环境中.在此细菌的天堂中,这个幸运的细胞及其所有后代将每 20 min 分裂一次,众所周知,这是细菌细胞在理想的实验室条件下进行分裂的世界纪录.20 min 后,一个细胞会分化出 2 个子细胞,40 min 后,会分化成 4 个孙细胞,1 h 后,会分化成 8 个曾孙细胞.那么 3 天后,会形成多少细胞呢?

t 世代后,一个细胞会产生 2^t 个后代.3 天将经历 216 个世代.因此,期望达到的细胞数量是 $2^{216}=10^{65}$.这些细胞的总质量将远远超过地球的质量.

这一无限扩张的增长规律可以通过如下的递归方程来描述:

$$x_{t+1} = 2x_t. \tag{2.1}$$

这里 x_t 表示 t 时刻的细胞数量，x_{t+1} 表示 $t+1$ 时刻的细胞数量. 该方程表示 $t+1$ 时刻的细胞数量是 t 时刻的细胞数量的两倍. 其中时间是用世代数来测度的.

定义 0 时刻的细胞数量为 x_0. 在这一初始条件下，方程 (2.1) 的解可以写成：

$$x_t = x_0 2^t. \tag{2.2}$$

方程 (2.1) 是所谓的差分方程，因为时间是用离散时间步来度量的.

对度量时间连续的指数生长过程，我们可以建立微分方程来描述. 令 $x(t)$ 表示 t 时刻的细胞数，假定细胞分裂速率为 r. 更准确地，我们假定细胞分裂的时间服从一个期望为 $1/r$ 的指数分布. 可以写出如下微分方程：

$$\dot{x} = \frac{dx}{dt} = rx. \tag{2.3}$$

全书中，我将始终使用标准符号 $\dot{x}$ 来表示 x 关于时间的导数. 如果 0 时刻的细胞数用 x_0 表示，那么微分方程 (2.3) 的解为：

$$x(t) = x_0 e^{rt}. \tag{2.4}$$

我们再次考虑上述那颗细菌超级新星. 如果我们以天为单位来测度时间，那么 $r = 72$ 就表示一个细胞分裂周期平均为 20 min（用一天的总分钟数 1440 除以 72 得到）. 因此，细胞一天分裂 72 次. 三天后，一个细菌细胞将分裂成 e^{216} 个细胞，约等于 6×10^{93} 个细胞.

差分方程和微分方程之间的差异源于对世代时间分布的不同假定. 差分方程假定每次细胞分裂确切地发生在 20 min 之后. 而微分方程则假定每次细胞分裂发生的时间间隔服从期望为 20 min 的指数分布. 该指数分布的定义如下：细胞分裂发生在 0 到 τ 时刻之间的概率为 $1 - e^{-r\tau}$. 平均而言，细胞分裂的时间间隔是 $1/r$.

到目前为止，我们一直没有考虑细胞的死亡. 现在我们假设细胞的死亡速率为 d，这表明它们的寿命服从期望为 $1/d$ 的指数分布. 此时，微分方程变成：

$$\dot{x} = (r - d)x \tag{2.5}$$

其中有效增长率为出生率 r 和死亡率 d 之差. 如果 $r > d$，那么种群将无限地扩张下去. 如果 $r < d$，种群大小将趋于零，以至最后灭绝. 如果 $r = d$，种群大小保持不变，但是这一状态并不稳定：对于该状态的小小偏离就将导致种群扩大或缩小. 因此，在方程 (2.5) 中设定 $r = d$ 并不能提供一种使种群大小稳定地保持恒定的机制.

在进化生物学、生态学和流行病学的研究中，式 (2.5) 中包含的基本繁殖率（basic reproductive ratio）r / d 是一个极其重要的概念. 这一比值可用于表示任何一个个体的期望子代个体数量. 其中，$1 / d$ 表示细胞的平均寿命. r 表示子细胞的生成速率. 如果每个细胞的平均后代数大于 1, 即 $r/d > 1$, 则细胞数量将呈现出指数扩张趋势. 因此, 基本繁殖率大于 1 是种群扩张一个必要条件.

我们已经观察到正在按指数增长的种群可以在短时间内产生大量个体. 在现实条件下, 种群将受到一些限制, 使其无法进一步扩张. 例如, 种群可能耗尽营养物质或缺乏扩张空间.

一个包含环境最大容纳量的种群增长模型由逻辑斯蒂方程 (logistic equation) 给出:

$$\dot{x} = rx(1 - x/K). \tag{2.6}$$

如前所述, 参数 r 表示当种群大小 x 远小于容纳量 K 时无密度调节的繁殖速率. 随着 x 增长, 种群增长速率会下降. 当 x 达到容纳量 K 时, 种群停止增长. 对于初始条件 x_0, 方程 (2.6) 的解如下:

$$x(t) = \frac{Kx_0 e^{rt}}{K + x_0(e^{rt} - 1)}. \tag{2.7}$$

当时间趋向于无穷时, 即 $t \to \infty$ 时, 种群大小趋于平衡态 $x^* = K$. 全书中, 我们始终用星号上标来表示平衡状态下的数量.

确定性混沌

我们也可以研究逻辑斯蒂差分方程. 在不失一般性的前提下, 我们可以换一种尺度来刻画种群多度, 此时假定最大容纳量 $K = 1$. 可得:

$$x_{t+1} = ax_t(1 - x_t). \tag{2.8}$$

在差分方程中, 种群增长速率 a 类似于微分方程 (2.6) 中的 $1 + r$. 与微分方程相比, 差分方程 (2.8) 会产生许多令人惊叹的结果. 这一方程的动力学行为如此之丰富, 以至于在许多文章甚至书籍中都可看到对它的描述, 一些科学家也因为对它的研究而声名鹊起.

种群多度 x 的取值介于 0 和 1 之间. 增长速率 a 可以在 0 到 4 之间变化. 如果 $a < 0$ 或 $a > 4$, 那么 x 是负值, 这在生物学中是无意义的.

点 $x = 0$ 总是平衡点. 如果 $a < 1$, 那么系统唯一的稳定平衡点就是 $x^* = 0$. 这意味着种群最终将会灭亡. 如果 $1 < a < 3$, 那么唯一的稳定平衡点是 $x^* = (a-1)/a$. 从任何初始条件 x_0 (大于 0 且小于 1) 出发的所有轨线将收敛于这一点. x^* 是开区间 $(0,1)$ 上的一个全局吸引子.

如果 $a > 3$, 那么 x^* 就变得不稳定了. 当 a 值略大于 3 时, 我们发现一个周期为 2 的稳定振荡. 随着 a 值的增大, 周期为 2 的振荡变成周期为 4 的振荡, 然后是周期为 8 的振荡, 以此类推. 当 $a = 3.57$ 时, 将出现无穷多偶周期振荡. 当 $a = 3.6786$ 时, 出现第一个奇周期. 当 $3.82 < a \leqslant 4$ 时, 所有的周期都将出现.

当 $a=4$ 时，逻辑斯蒂映射是研究确定性混沌的一个既简单又最能说明问题的例子．对于任意一个已知其值的 x_t，可以直接计算出下一代的种群大小 x_{t+1}．但是在下列情形中种群动态是无法预测的：假设仅仅知道 x_t 存在一个很小的不确定性，比如不清楚到底 $x_t=0.3156$ 还是 0.3157．10 代以后，分别从这两个初始值出发的轨线将完全分离开．因此，在这种情况下进行预测是不可能的．一切结果皆有可能发生．

从而我们可以推断出：根据简单的规则可能产生复杂的行为．也就是说，生物学中大量的时间序列数据所呈现出来的明显的复杂性和不可预测性，原则上都是遵循确定性法则变化的结果，如：特定生境中鸟类种群大小的波动、纽约城中麻疹病例的数量波动或者股票和债券的价格波动．

2.2 选择

只要不同类型的个体以不同速率进行繁殖，选择就会起作用．假设种群中有两个亚种群（图 2.1），记为 A 和 B．A 类个体的繁殖速率是 a，B 类个体的繁殖速率是 b．适合度用繁殖速率来描述．因此，A 的适合度是 a，B 的适合度是 b．$x(t)$ 表示 t 时刻 A 个体的数量，$y(t)$ 表示 t 时刻 B 个体的数量．在 $t=0$ 时，A 类个体和 B 类个体数量分别记为 x_0 和 y_0．由此可以得到描述亚种群 A 和 B 的增长规律的微分方程，即

正在进行繁殖的种群

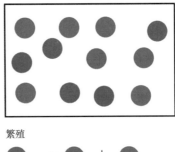

繁殖

图 2.1 进化需要种群中的个体能够繁殖．严格地讲，既不是基因，也不是细胞、生命体或者思想在进化．而是种群在进化．

$$\dot{x} = ax$$
$$\dot{y} = by \tag{2.9}$$

方程 (2.9) 是由两个线性常微分方程构成的系统. 其解析解为:

$$x(t) = x_0 e^{at}$$
$$y(t) = y_0 e^{bt} \tag{2.10}$$

因此,亚种群 A 和 B 分别以速率 a 和 b 进行指数生长. A 的倍增时间是 $\ln2/a$, B 的倍增时间是 $\ln2/b$. 如果 a 大于 b, 那么 A 比 B 繁殖得更快: 经过一段时间, A 类个体数将超过 B.

记 $\rho(t) = x(t)/y(t)$ 为 t 时刻 A 与 B 群体大小的比值, 我们得到:

$$\dot{\rho} = \frac{\dot{x}y - x\dot{y}}{y^2} = (a-b)\rho \tag{2.11}$$

若初始条件为 $\rho_0 = x_0/y_0$, 则这一微分方程的解是:

$$\rho(t) = \rho_0 e^{(a-b)t}. \tag{2.12}$$

因此, 如果 $a > b$, 那么 ρ 趋向于无穷大. 此时, A 将战胜 B, 意味着选择青睐 A. 相反, 如果 $a < b$, 那么 ρ 趋向于 0. 此时, B 将战胜 A, 意味着选择青睐 B.

现在我们来考虑整个种群大小保持恒定的情形. 这种情形可能会出现在环境容纳量恒定的生态系统中. 记 $x(t)$ 为 t 时刻亚种群 A 的相对多度. 我们还可以用 "频率" 来替代 "相对多度". 记 $y(t)$ 为亚种群 B 的频率. 由于种群中只包含两个亚种群, A 和 B, 所以 $x+y=1$. 如前所述, A 和 B 个体分别以速率 a 和 b 进行繁殖.

我们得到方程系统如下:

$$\dot{x} = x(a - \phi)$$
$$\dot{y} = y(b - \phi) \tag{2.13}$$

只有当 $\phi = ax + by$ 时, 才可保证 $x+y=1$. 这时, ϕ 就是种群的平均适合度.

系统 (2.13) 描述的仅仅是一个简单的微分方程, 因为 y 可以用 $1-x$ 替换, 于是得到:

$$\dot{x} = x(1-x)(a-b). \tag{2.14}$$

这一微分方程具有两个平衡点, $x=0$ 和 $x=1$. 在这两个平衡点, 都有 $\dot{x}=0$. 这一现象很有意义: 如果 $x=1$, 那么系统中只包括 A 个体, 别无其他可能; 如果 $x=0$, 那么系统中只包括 B 个体, 亦无其他可能.

但是, 我们可以再进一步观察. 如果 $a > b$, 那么对于严格大于 0 且严格小于 1 的所有 x 值来说, $\dot{x} > 0$. 这表明对于任意一个混合系统 (既包含一些 A 个

体也包含一些 B 个体），如果 A 的适合度高于 B，则 A 所占的比例将增大．在这种情况下，B 的比例将趋向于 0，而 A 的比例将趋向于 1．这就与"适者生存"这一概念不谋而合了（图 2.2）.

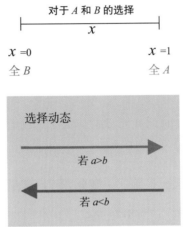

对于 A 和 B 的选择

x

$x=0$ 　　　　　 $x=1$

全 B 　　　　　 全 A

选择动态

若 $a>b$

若 $a<b$

图 2.2　如果两类个体 A 和 B 具有不同的繁殖速率，分别记为 a 和 b，则选择将起作用．如果 A 比 B 繁殖得快，即 $a>b$，那么 A 将会变得比 B 多．最终 A 将占满整个种群，B 将会灭绝．定义 x 为亚种群 A 的相对多度（即频率），x 的值介于 0 和 1 之间．因此，选择动态的定义域是闭区间 $[0,1]$.

2.2.1　最适者生存

上述模型可以进一步扩展来描述 n 个亚种群之间的选择过程．将各亚种群分别记为 $i=1,\cdots,n$．记 $x_i(t)$ 为亚种群 i 的频率．种群结构可以用向量 $\bar{x}=(x_1,x_2,\ldots,x_n)$ 表示.

记 f_i 为 i 的适合度．和前面一样，适合度是一个非负实数，所指的是繁殖率．种群的平均适合度如下：

$$\dot{\phi}=\sum_{i=1}^{n}x_if_i.\tag{2.15}$$

选择动力学方程可以写成：

$$\dot{x}_i=x_i(f_i-\phi)\qquad i=1,\ldots,n\tag{2.16}$$

如果 i 类个体的适合度超过种群的平均适合度，那么其频率将增加．否则将下降．整个种群的大小保持不变：$\sum_{i=1}^{n}x_i=1$ 且 $\sum_{i=1}^{n}\dot{x}_i=0$.

由满足 $\sum_{i=1}^{n}x_i=1$ 的点组成的集合被称为单形 S_n（图 2.3）．单形中的任意一点代表种群的一个特定结构. 单形内部是具有下面特性的点 $\bar{x}$ 的集合, 即对所有 $i = 1, \cdots, n$, 有 $x_i > 0$. 单形的面是具有下面特征的点 $\bar{x}$ 的集合: 即至少存在一个 i, 满足 $x_i = 0$. 单形的顶点表示种群中只存在一个亚种群, 所有其他亚种群都灭绝, 即 $x_i = 1$, 且对于所有 $j \neq i$, 有 $x_j = 0$ （图 2.4 和 2.5）.　　**17**

　　　单形 S_2 由闭区间 [0,1] 给出. [0,1] 是由所有大于等于 0 且小于等于 1 的点构成的集合. 与之相比, (0,1) 为开区间, 它包括所有严格大于 0 且严格小于 1 的点. 开区间 (0,1) 是闭区间 [0,1] 的内部, 因此也就是单形 S_2 的内部.　　**18**

　　　方程 (2.16) 具有一个全局稳定的平衡点. 种群从单形内部的任一位置出发, 最终都将趋向于一个顶点, 表示只有一个亚种群能幸存下来. 最后幸存的亚种群 k 具有最大的适合度 f_k, 即对于所有 $i \neq k$, $f_k > f_i$, 因而它是当之无愧的胜利者. 该系统表现出竞争排他性: 适合度最高的亚种最终获胜. 这就是 "最适者生存".

单形为满足坐标分量均为非负值且和为 1 的所有点的集合

S_2　　　　　S_3　　　　　S_4

图 2.3　如果整个种群的大小是常数, 那么选择动态可以用相对多度（即频率）的形式描述. 　　**17**
假定存在 n 个亚种群, 记为 $i = 1, \ldots, n$. i 的频率是 x_i. 所有 x_i 的和是 1. 具有性质 $\sum_{i=1}^{n} x_i = 1$ 的所有的点 $(x_1, x_2, \ldots, x_n)$ 构成的集合, 叫做单形 S_n. 选择动态作用于单形 S_n 上. 上图展现了 S_2, S_3 和 S_4. 单形 S_n 是嵌入在 n 维欧几里得空间的 $n-1$ 维结构. 单形 S_n 具有 n 个面, 每个面包含一个单形 S_{n-1}.

单形的组成　　**18**

内部　　　　　边（面）　　　　　顶点

图 2.4　单形内部是由所有坐标分量严格为正的点构成的集合; 这意味着任何一个亚种群都不会灭绝. 单形的面是由至少有一个坐标分量为 0 的点构成的集合; 这意味着至少有一个亚种群会灭绝. 单形的顶点描述了单一种群的状态, 即只有一个亚种群幸存下来.

19

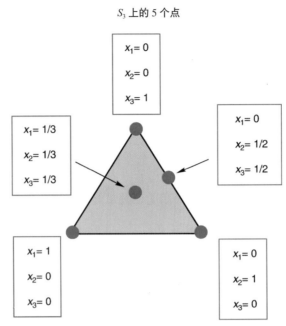

S_3 上的 5 个点

图 2.5 单形 S_3 上的 5 个点的意义. 其中 (1/3,1/3,1/3) 表示 3 个亚种群的频率相同. 该单形具有 3 个面. 一个特定的面的中点是 (0,1/2,1/2), 表示某一个亚种群灭绝. 顶点意味着种群中仅有一个亚种群幸存下来. S_3 具有 3 个顶点:(1,0,0),(0,1,0) 和 (0,0,1).

2.2.2 先到者生存,全部共存

19 我们再回到对于两个亚种 A 和 B 的选择上,但这次不假设它们的生长率为频率的线性函数,而改为考虑下列方程:

19
$$\dot{x} = ax^c - \phi x$$
$$\dot{y} = by^c - \phi y \tag{2.17}$$

同前所述,a 和 b 分别表示 A 和 B 的适合度. 如果 $c=1$,我们就回到了方程 (2.13). 如果 $c<1$,那么增长就是亚指数(subexponential)的. 在没有密度限制 ϕ 的情况下,它们的增长曲线都将慢于指数增长.

相反地,如果 $c>1$,那么增长就是超指数(superexponential)的. 在没有密度限制 ϕ 的情况下,它们的增长曲线都将快于指数增长(双曲线). 为了维持一个恒定的种群大小,即 $x+y=1$,我们设定 $\phi=ax^c+by^c$. 方程(2.17)可以简化为:

$$\dot{x} = x(1-x)f(x) \tag{2.18}$$

其中

$$f(x) = ax^{c-1} - b(1-x)^{c-1}. \qquad (2.19)$$

这一方程总是存在两个不动点 $x=0$ 和 $x=1$. 当 $c \neq 1$ 时, 在 0 到 1 之间严格存在一个不动点:

$$x^* = \frac{1}{1 + \sqrt[c]{a/b}}. \qquad (2.20)$$

如果 $c<1$, 那么边界不动点 $x=0$ 和 $x=1$ 总是不稳定的, 内部不动点 x^* 是全局稳定的. 因此, A 和 B 能够共存. 令人惊奇的是, 即使 A 的适合度大于 B 的适合度, 即 $a>b$, 少量的 B 仍能入侵到亚种群 A 中.

如果 $c>1$, 那么边界不动点 $x=0$ 和 $x=1$ 总是稳定的, 内部不动点 x^* 是不稳定的. 如果 $x>x^*$, 那么 A 将战胜 B. 如果 $x<x^*$, 那么 B 将战胜 A. 值得注意的是, 即使在 A 的适合度比 B 更高的情况下, 即 $a>b$, 亚种群 B 也不可能被一个 A 突变所入侵.

我们可以推断超指数增长有利于先到者 (先到者生存), 而亚指数增长导致所有亚种群共存 (图 2.6).

这一现象背后所隐藏的直觉究竟是什么呢? 亚指数增长的一个极端形式是 "迁入", 即 $c=0$. 此时增长速率完全不依赖于 x 或 y. 我们得到:

(1)$c<1$, 全部共存

(2)$c>1$, 先到者生存

图 2.6 全部共存: 对于亚指数增长 ($c<1$), A 和 B 之间始终存在一种稳定的混合平衡, 即使在一个亚种群的增长率比另外一个亚种群的增长率大的情况下这种平衡也成立. 先到者生存: 对于超指数增长 ($c>1$), A 和 B 之间存在一种不稳定的混合平衡, 而单一种群是稳定的. 例如, 如果整个种群都是 B 类个体, 那么, 即使 A 具有更高的繁殖速率也不可能入侵成功.

$$\dot{x} = a - \phi x$$
$$\dot{y} = b - \phi y$$

(2.21)

这里 $\phi = a + b$. 该方程可以被解释成 A 和 B 从其他地方迁移到种群中. 可以很清楚地看到, 这些迁移动态导致了共存. 介于 0 和 1 之间的 c 值代表迁移和线性增长之间的一种混合作用, 这时种群仍保持共存的特性.

另一方面, 如果 $c > 1$, 那么即使 $a > b$, A 也不能入侵 B ("入侵"是指极少的 A 类个体的多度在几乎完全由亚种群 B 占据的种群中能得以增长). 直观的解释如下: 我们可以以 $c = 2$ 为例, 这意味着为了能够繁殖, 同一亚种群中的两个个体必须相遇. 如果种群中只有极少的 A 个体, 那么 A 个体之间将无法相遇, 进而不能繁殖. 如果 $c = 3$, 则为了能够繁殖, 同一亚种中 3 个个体必须相遇. 这就再一次表明: 在此条件下, 任意小的亚种群无法进一步扩张. 对于所有 $c > 1$, 都有同样的解释.

$c = 2$ 的情形也可以用策略 A 和 B 之间的进化博弈过程来解释, 这种情况对应于严格的纳什平衡. 任一策略都不可能被其他一种策略入侵. 我们将在第 4 章中提到这些概念.

2.3 突变

在生命的遗传物质的复制和传递过程中, 差错在所难免. DNA 或 RNA 在复制中的小小改变就会形成许多新变异序列. 繁殖过程中的差错又称为突变. 在本小节, 我们将研究描述突变的最简单且合理的微分方程 (图 2.7).

我们再次仅考虑两类个体, A 和 B. 用 u_1 表示从 A 到 B 的突变率; u_1 是 A 类个体在繁殖时产生 B 类个体的概率. 反之, 用 u_2 表示从 B 到 A 的突变率. 如前所述, 用 x 和 y 分别表示 A 和 B 的频率. 我们得到:

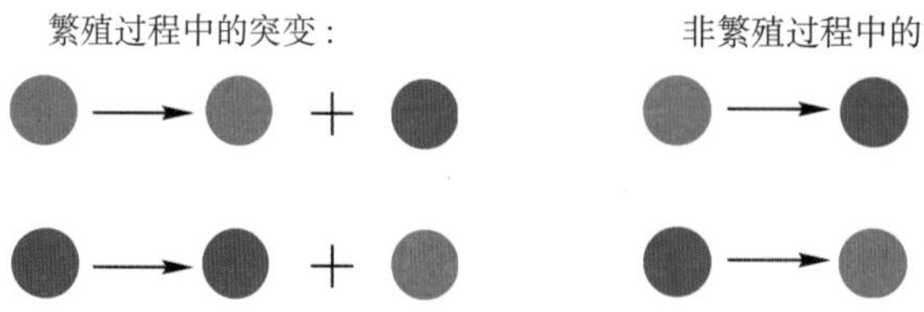

图 2.7 突变可能在繁殖过程中发生: A 类个体的子代变为 B 类个体. 此外, 突变也可能会在非繁殖过程中发生: A 类个体变成 B 类个体. 许多遗传突变是在细胞的遗传物质被复制的过程中发生的. 即使细胞没有发生分裂, 诱变因子仍然有可能改变细胞的遗传物质.

$$\dot{x} = x(1-u_1) + yu_2 - \phi x$$
$$\dot{y} = xu_1 + y(1-u_2) - \phi y \tag{2.22}$$

由于 A 和 B 的适合度相等（$a=b=1$），所以种群的平均适合度是恒定的，即 $\phi=1$. 考虑到 $x+y=1$，系统 (2.22) 化简为方程：

$$\dot{x} = u_2 - x(u_1 + u_2). \tag{2.23}$$

A 的频率趋向于稳定平衡点：

$$x^* = \frac{u_2}{u_1 + u_2}. \tag{2.24}$$

因此，突变导致了 A 和 B 的共存. 平衡点处 A 和 B 的相对比例依赖于突变率. 在平衡位置，A 对 B 的比例为 $x^*/y^* = u_2/u_1$. 如果突变率相同，即 $u_1 = u_2$，那么 $x^* = y^*$.

有时一个方向的突变率要比另一个方向大得多. 在这些情况下，通常完全 忽略另一方向的突变更有意义. 当 $u_2 = 0$ 时，我们有：

$$\dot{x} = -xu_1. \tag{2.25}$$

因此，A 的频率随时间的增加而降低，即

$$x(t) = x_0 \mathrm{e}^{-u_1 t}. \tag{2.26}$$

B 的频率随时间增加，即

$$y(t) = 1 - (1-y_0)\mathrm{e}^{-u_1 t}. \tag{2.27}$$

如果突变仅发生在从 A 到 B 这一方向，那么 A 将灭绝，而 B 将占满整个种群. 我们看到突变可以影响生存. 即使在繁殖率无差异的条件下，不同的突变率也可以诱导选择作用.

突变矩阵

我们可以将突变动态扩展到 n 类不同个体. 引入突变矩阵，$Q = [q_{ij}]$. 从 i 类突变为 j 类的概率记为 q_{ij}. 由于每个 i 类个体都要么完全复制，要么突变成其他类型，从而有 $\sum_{j=1}^{n} q_{ij} = 1$. 因此，$Q$ 就是一个 $n \times n$ 的随机矩阵. 随机矩阵的特征是：(i) 所有的元素都属于区间 $[0,1]$（即概率）；(ii) 行数和列数相同；(iii) 每一行的和为 1. 随机矩阵具有一个特征值 1，而且其他特征值的绝对值都不大于 1.

描述突变的动力系统可以写成：

$$\dot{x} = \sum_{j=1}^{n} x_j q_{ji} - \phi x_i \qquad i = 1, \cdots, n \tag{2.28}$$

使用向量形式可以表示成：

$$\dot{\bar{x}} = \bar{x}Q - \phi \bar{x}. \tag{2.29}$$

同样平均适合度 $\phi = 1$. 平衡点由与特征值 1 相对应的左特征向量给出:

$$\vec{x}^{*}Q = \vec{x}^{*}. \tag{2.30}$$

点 $\vec{x}^{*}$ 表示突变动力系统中唯一的全局稳定平衡点.

2.4 交配

在随机交配和融合遗传的情况下,一个种群中的变异将很快消失. 这也是困扰达尔文的难题之一. 然而, 很明显, 变异的出现是自然选择起作用的必要条件. 如果变异消失了, 那么自然选择就再无用武之地. 假设在一个种群中存在一个关于体型的分布, 如果孩子们继承了他们父母的平均体型, 那么, 若干世代后, 每个人的体型都会是一样的. 在这种情况下, 自然选择怎能再对体型起作用?

在解决这一难题的过程中, 孟德尔功不可没. 其研究结果显示, 遗传因子(在基因水平上)不是相互融合的而是具有颗粒(particulate)性的. 这就是说, 在交配过程中, 个体具有可以重组但并不融合的离散基因型. 尽管他在 1866 年就发表了研究结果, 但遗憾的是, 当时这个结果没有获得科学界的重视, 以至于达尔文并不知晓. 此外, 英国数学家哈迪(G. H. Hardy)对遗传过程进行了简单的数学分析. 终其一生, 他最引以为傲的是: 他的名字可以和群体遗传学中极其重要的概念永远联系在一起. 后来, 德国医生温伯格(Wilhelm Weinberg)对哈迪的简单计算进行了推广.

考虑一个无限大的二倍体种群, 其中两性之间进行随机交配(二倍体是指基因组有两个拷贝; 人类和许多其他动物都是二倍体的). 下面考虑一个特定的基因位点, 假设它有两个等位基因 A_1 和 A_2. 等位基因是同一基因的变异体, 它们之间可能具有一个或几个不同的点突变. (点突变是指 DNA 序列上的一个碱基发生了改变.)

这样可能会形成 3 个基因型: A_1A_1, A_1A_2, A_2A_2. 我们将它们在种群中的频率分别记为 x, y 和 z, 等位基因 A_1 和 A_2 的频率记为 p 和 q. 于是有 $x+y+z=1$ 和 $p+q=1$. 此外,

$$\begin{aligned} p &= x + \frac{1}{2}y \\ q &= z + \frac{1}{2}y \end{aligned} \tag{2.31}$$

现在我们假定个体进行随机交配. 在下一代中, 基因型频率为:

$$x' = p^2$$
$$y' = 2pq \qquad (2.32)$$
$$z' = q^2$$

对于下一代中的等位基因频率, 同样可以得到:

$$p' = x' + \frac{1}{2}y'$$
$$q' = z' + \frac{1}{2}y' \qquad (2.33)$$

联合 (2.32) 和 (2.33), 我们注意到:

$$p' = p \qquad q' = q \qquad (2.34)$$

由此可知, 从上一世代到下一世代, 等位基因频率保持不变. 此外, 结合 (2.32) 和 (2.34), 有:

$$x' = p'^2$$
$$y' = 2p'q' \qquad (2.35)$$
$$z' = q'^2$$

从第一个世代开始, 基因型频率就可以直接由等位基因频率导出. 值得注意的是, 对于起始状态的基因型频率和等位基因频率, 不一定有 (2.35) 式成立. 哈迪－温伯格定律 (Hardy-Weinberg law) (用方程 2.34 和 2.35 表示) 可以进一步推广到具有 n 个等位基因的情形.

综上所述, 哈迪－温伯格定律表明, 在随机交配的种群中, 颗粒式遗传使得变异得以保持.

小结

◆ 进化需要种群中的个体能够进行繁殖.
◆ 无性繁殖使种群呈现指数增长 (最终将会因为资源限制而停止).
◆ 描述种群在离散时间内增长的简单模型可以产生极其复杂的动力学行为.
◆ 当各种类型的个体以不同速率进行繁殖时, 选择会起作用.
◆ 通常, 快速繁殖 (更加适应) 的个体能战胜繁殖较慢 (不够适应) 的个体.
◆ 如果存在多种不同类型, 那么, 选择动态可以导致 "最适者生存". 所有其他类型都会灭绝.
◆ 亚指数 (译者注: 原文笔误为亚线性增长率) 增长率会导致共存的出现, 即 "全

部共存".

◆ 超指数（译者注：原文笔误为超线性增长率）增长率会阻碍突变个体的入侵，因此导致"先到者生存".

◆ 突变是由于繁殖过程出现差错而产生的.

◆ 突变促进不同类型个体的共存.

◆ 即使所有个体具有相同的繁殖速率，非对称突变也能够导致选择起作用.

◆ 哈迪－温伯格定律表明：在随机交配的种群中，颗粒式遗传使得变异得以保持.

3 适合度景观与序列空间

基因组是由 A、T、C、G 四字母符号系统构成的核苷酸序列，字母分别代表四种碱基：腺嘌呤、胸腺嘧啶、胞嘧啶、鸟嘌呤. 双链 DNA 是所有活细胞基因组信息的载体，也是许多病毒的基因组信息的载体，另有一些病毒的基因组信息以 RNA 为载体. 不同生命体的基因组长度之间存在很大差异，譬如微小病毒的基因组长度大约是 10^4 个核苷酸，细菌的基因组长度大约是 10^6 个核苷酸，人类的基因组长度大约是 3×10^9 个核苷酸. 奇怪的是，蝾螈（newts）和肺鱼（lungfish）的基因组比人类的还长（分别是 19×10^9 个核苷酸和 140×10^9 个核苷酸）. 与基因组大小和基因组构成相关的进化动态吸引了大批科学家的关注.

如果一个细胞试图产生某一种蛋白质，那么相应的 DNA 就会通过"转录"合成信使 RNA（mRNA），mRNA 再"翻译"成蛋白质. 转录过程是一个酶促反应，所需的酶叫做 DNA 指导的 RNA 聚合酶（DNA-dependent RNA polymerases）. 翻译过程是在由核糖体 RNA 和蛋白质组成的核糖体上完成的. "转录"和"翻译"这两个词是由数学大师冯·诺依曼（John von Neumann）首先提出的，他当时就已经想到了一种与细胞组织等价的结构体系，并计划研制一种具有自我复制功能的机器. 几十年后，分子生物学才正式诞生.

RNA 同样由 4 种碱基构成，它们分别是 A、U、C、G. 尿嘧啶取代了胸腺嘧啶的位置. 此外，RNA 的糖骨架上增加了一个羟基，这使得分子变得更加不稳定也更加有活力. DNA 是稳定的信息携带者，而 RNA 虽然也可以携带信息，但某些 RNA 还具有酶的活性.

组成蛋白质的基本单位是氨基酸，氨基酸有 20 种. 每种氨基酸是由一个三联体密码子编码而成. 密码是位于 mRNA 上的三个相邻碱基. 从细菌到人类乃至蝾螈，所有活细胞的遗传密码本质上是相同的. 因此，遗传密码被认为都来自同一个祖细胞，该细胞是现存所有细胞的共同祖先. 一个 4 字母符号系统可能会生成 64 种长度为 3 的密码子序列. 鉴于仅存在 20 种氨基酸，遗传密码将出现冗余：某些氨基酸并非只由一个密码子序列编码. 某些密码子序列被用来作为转录过程结束的标志. 可以看到分子生物学为研究进化动力学增添了严谨的信息论视角.

3.1　序列空间

理论生物学家 John Maynard Smith 居住在苏克瑟斯郡（Sussex）一座苍翠的小山上，其想象力极为丰富．他曾经描绘过以下情景：所有蛋白质(具有一定长度)按下列方式被放置于空间中：相邻两个蛋白质仅在一个氨基酸上存在差异．这就是人类第一次设想出的"序列空间"．

假设所有蛋白质的长度均是 100．蛋白质序列上任意位置由 20 种氨基酸中的一种进行填充．因此，该空间的维数是 100，空间中共有 20^{100} 个点，与之对应的是 10^{130} 种蛋白质．相比之下，宇宙中的粒子数约为 10^{80}．事实上，我们没有理由假设蛋白质长度仅为 100，某些蛋白质长度要远远大于 100．可想而知，蛋白质的潜在种类远远大于有效质子的数量，从远古至现在，甚至算上质子的剩余寿命 10^{30} 年，能够构造出来的蛋白质也只是所有潜在蛋白质总数的一个微乎其微的子集而已．

对于蛋白质的分析也同样适用于基因和基因组．假设所有具有一定长度的核苷酸序列按照同样的方式被放置于空间中：距离最近的两个核苷酸序列之间仅在一个位置上存在差异．设序列长度为 L，这样就生成了 L 维空间中的一个晶格，每一维有四种可能组成．因此，此空间中共存在 4^L 种可能的序列．

在编写计算机程序时，为简便起见，我们通常使用最基本的二进制序列．无论是莎士比亚（Shakespeare）还是大肠杆菌（E. coli），一切都可以用二进制序列编码．若序列长度是 L，则其可能的构成方式有 2^L 种．图 3.1 给出了长度 $L=3$ 的二进制序列空间．000 和 010 之间的距离是 1.000 和 011 的距离是 2（不是 $\sqrt{2}$ ）．因此，序列空间不能用欧几里德距离（Euclidean metric）来度量，而要用汉明距离（Hamming metric）或曼哈顿距离（Manhattan metric）来度量．一个直观的例子是，假如你现在处于曼哈顿第五大道第 51 街区，那么你需要经过 2 个街区才能走到第六大道第 52 街区，并非是 $\sqrt{2}$ 个街区．这种距离是由理查德·汉明（Richard Hamming）在信息论里引入的．

下面比较长度 $L=300$ 的二进制序列空间和一个具有同样多点数的三维立方体晶格．它们都具有 $2^{300} \approx 10^{90}$ 个点．设想近邻间相距为 1 m，三维立方体晶格的对角线长度大约是 10^{30} m，这大致相当于 10^{14} 光年．相比之下，在 L 维超立方体中最长距离仅是 300 m．序列空间的特点是距离短、维数高．虽然两序列之间的距离并不遥远，但是在从一个序列移动到另一个序列的过程中可能会发生很多差错．进化过程被看作是序列空间中的一条轨道，而沿此轨道正确运行亟需一个有效的指南．

长度 $L=3$ 的二进制基因组序列空间

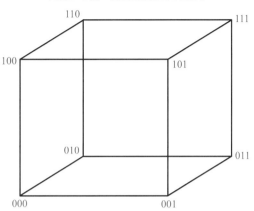

图 3.1　基因组存在于一个序列空间中. 该空间的维数由基因组的长度确定. 微小病毒的基因组序列空间是 10 000 维, 人类基因组序列空间大约是 30 亿维.

3.2　适合度景观（fitness landscape）

　　20 世纪 30 年代, 美国群体遗传学家 Sewall Wright 首次提出了"适合度景观"这一概念, 20 世纪 70 年代, Manfred Eigen 和 Peter Schuster 又联手将适合度景观和序列空间联系起来. 通过一个函数, 每个基因组序列可被赋予一个适合度的值. 这样我们就可以在 L 维序列空间上构造出一条适合度山脉（图 3.2）. 该山脉具有 $L+1$ 维. 突变和选择等进化过程就在此超高山脉上进行.

　　基因组序列所代表的是生物的基因型, 而其表现型则是指形态、行为、性能和各种生态因子的相互作用等. 生命体的适合度（繁殖率）由其表现型决定. 在基因型与表现型之间存在一个映射, 在表现型和适合度之间也存在一个映射. 适合度景观就是这两个映射的卷积, 即从基因型到适合度的直接映射.

　　在某些情况下适合度景观可以通过实验确定. 例如, HIV 病毒会产生具有抗药性的点突变（point mutations）. 这些突变的相对生长率可以通过做活体外（in-vitro）化验而得到. 但是, 通常情况下, 基因型、表现型和适合度这三者之间的关系是极其复杂的, 相关研究涉及诸多生物学分支, 如发育生物学、分子生物学、后基因组学和蛋白质组学等.

适合度景观=任一序列具有一个繁殖率（即适合度）

序列空间

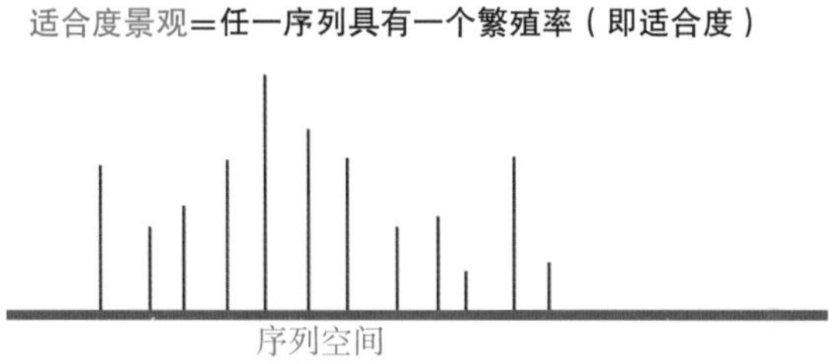

图 3.2 适合度景观是一条高维山脉. 每个基因组（即序列空间中的每个点）被赋予一个适合度的值.

3.3 准种方程（the quasispecies equation）

准种是在突变 – 选择过程中产生的相似基因组序列的全体 (图 3.3). 这一概念由化学家 Manfred Eigen 和 Peter Schuster 首先提出. 在化学中，"种"是指完全相同的分子总体. 例如，所有水分子构成一个"种". 但是，所有 RNA 分子并不具有完全相同的序列，因此，"准种"这一词汇被创造出来. 不过，生物学家很容易把它和生物的物种概念联系在一起，所以有时会对这个表述感到困惑不已.

为了简便起见，我们仍考虑二进制序列. 任何一个基因组信息或其他信息都可以由二进制序列编码. 假定所有的二进制序列的长度为 L，所有序列由 $i=0,1,2,\cdots,n$ 枚举出来，这里 $n=2^L-1$. 如果一个已知序列对应于某整数的二进制形式，那么通过该二进制序列自然可以获得相应的整数. 例如，令 $L=4$. 这时，

准种是由可进行复制的 RNA 或 DNA 分子组成的群体

ATCAGGACTCA	0000110011000110)
ATCGGGACTCA	0000110011100110)
ATCAGGAATCA	1000110011000010)
...	...
4– 核苷酸符号系统	二进制符号系统

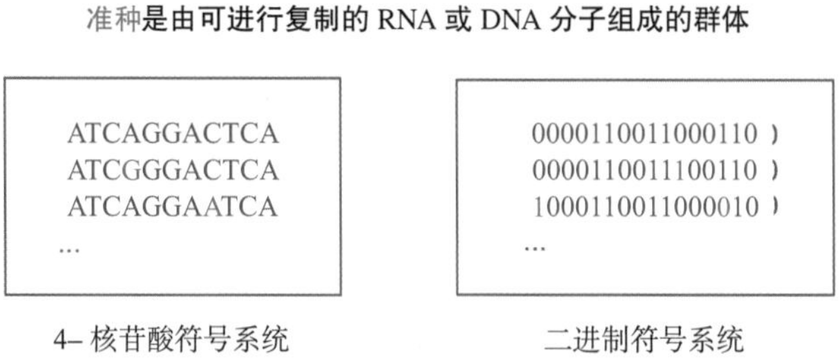

图 3.3 自然种群的基因组全体构成了准种：其中不同个体的基因组相似但不完全相同. 在生物学中，使用由核苷酸 A,T,C,G 组成的 4 字母符号系统来描述基因. 为了简便起见，在计算机模拟进化过程时，通常使用二进制符号系统. 序列之间的差异（突变）以红色标记.

序列 0000 对应于 $i=0$，序列 0001 对应于 $i=1$，序列 0010 对应于 $i=2$，…，序列 1111 对应 $i=15$.

假想一个无限大的生物种群，其中每个生物体基因组长度是 L. 定义 x_i 为包含基因组 i 的生物体的相对多度（即频率）. 于是，$\sum_{i=0}^{n} x_i=1$. 种群的基因组结构可记为向量 $\vec{x}=(x_0,x_1,\cdots,x_n)$.

定义基因组 i 的适应度为 f_i，它是一个非负实数. 因此，i 型基因组的繁殖速率为 f_i. 适合度景观由向量 $\vec{f}=(f_0,f_1,\cdots,f_n)$ 描述. 种群的平均适合度 $\phi=\sum_{i=0}^{n} x_i f_i$ 是向量 $\vec{x}$ 和 $\vec{f}$ 的内积. 因此，$\phi=\vec{x}\vec{f}$.

在基因组的复制过程中，差错在所难免. 假设从基因组 i 突变到基因组 j 的概率是 q_{ij}. 再次引入上一章 2.3 中提到的突变矩阵 $Q=[q_{ij}]$. Q 作为随机矩阵，满足以下条件：行和列的数目相同；每一元素都表示概率，取值必然在 0 和 1 之间；每一行的和均为 1，即 $\sum_{j=0}^{n} q_{ij}=1$.

准种方程（图 3.4）表示如下：

$$\dot{x}_i = \sum_{j=0}^{n} x_j f_j q_{ji} - \phi x_i \qquad i=0,\cdots,n \qquad (3.1)$$

32

序列 i 的生成速率等于所有序列 j 的自我复制速率 f_j 与其在复制中突变成序列 i 的概率的乘积之和. 为了确保种群大小不变，$\sum_{i=0}^{n} x_i=1$，每个序列具有自身消亡速率 ϕ，于是准种动力学方程的定义域是单形 S_n.

在复制完全无误的极端情况中，Q 是单位阵：所有对角线上的元素是 1，所有非对角线上的元素是 0. 设初始状态在单形内部，即对于所有 i，$x_i>0$. 准种将会逐渐成为一个只包含最适序列的同质群体. 如果对于所有的 $i\neq 0$，有 $f_0>f_i$，则 $x_0=1$ 且 $x_i=0$（其中 $i\neq 0$）为稳定的平衡态. 如果没有差错，准种方程就可以简化为 2.2.1 中的选择方程（2.16）.

33

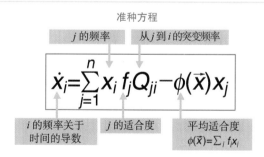

图 3.4　由 Manfred Eigen 和 Peter Schuster 提出的准种方程是理论生物学中最重要的方程之一. 它描述了在常数适合度空间中的无限种群的突变和选择过程.

现在我们假设复制过程存在差错. 这就意味着（至少一些）非对角线元素非零. 在许多现实情景中，矩阵 Q 是不可约的，即从任意一个基因组 i 出发，经历一系列突变过程，最终转变成为任意一个其他基因组 j 总是有可能实现的. 更进一步，假设至少对于某些 i，有 $f_i > 0$ 成立. 在这种情况下，在单形 S_n 内，准种方程存在一个全局稳定的平衡态，记为 $\vec{x}^*$.

33

平衡状态下的准种 $\vec{x}^*$ 并不一定使得平均适合度 ϕ 达到最大值. 再次考虑这样一个适合度景观，对于所有 $i \neq 0$，有 $f_0 > f_i$. 那么全部由 0 序列组成的种群的适合度将高于上述平衡态种群 $\vec{x}^*$ 的适合度. 因此，突变的出现使平衡状态的平均适合度降低.

方程（3.1）是一个非线性微分方程. $-\phi x_i$ 是二阶项. 线性微分方程总是可解，但是非线性微分方程通常很难求解. 这就意味着非线性微分方程的解通常不能

34

被明确地表示成关于时间的函数，但二阶非线性的准种方程（3.1）可以按照下面步骤求解. 首先，定义

$$\psi(t) = \int_0^t \phi(s)\mathrm{d}s. \tag{3.2}$$

注意到

$$\dot{x} + \phi x_i = \mathrm{e}^{-\psi} \frac{\mathrm{d}(x_i\,\mathrm{e}^{\psi})}{\mathrm{d}t}. \tag{3.3}$$

定义

$$X_i(t) = x_i(t)\,\mathrm{e}^{\psi(t)}. \tag{3.4}$$

$X_i(t)$ 可以满足下面的线性方程

$$\dot{X}_i = \sum_{j=0}^{n} X_j f_j q_{ji} \qquad i = 0, \cdots, n \tag{3.5}$$

该线性微分方程系统描述了准种中所有个体的指数增长过程. 线性系统（3.5）可以通过标准方法来求解.

同样注意到

$$X = \sum_{i=0}^{n} X_i = \left(\sum_{i=0}^{n} x_i\right)\mathrm{e}^{\psi} = \mathrm{e}^{\psi}. \tag{3.6}$$

这意味着从方程（3.4），我们可以得到 $x_i = X_i/X$，反之，这也意味着 X_i 可以被解释成具有基因组 i 的个体的绝对多度. 再注意到总种群大小 X，其增长规律如下：

$$\dot{X} = \dot{\psi}\,\mathrm{e}^{\psi} = \phi X. \tag{3.7}$$

34

因此，总种群呈指数增长，增长速率即为种群的平均适合度.

结合适合度景观 $\vec{f}$ 和突变矩阵 Q，我们获得突变－选择矩阵如下

$$W = [w_{ji}] = [f_j q_{ji}]. \tag{3.8}$$

35

准种系统的动力学性质由矩阵 W 的性质决定. 准种方程可以写成向量形式，表示如下

$$\dot{x} = \bar{x}W - \phi\bar{x}. \tag{3.9}$$

因此，准种系统的平衡态由下式给出

$$\bar{x}W = \phi\bar{x}. \tag{3.10}$$

这是一个标准的特征值问题. 平均适合度 ϕ 是矩阵 W 最大的特征值. 对应于该特征根的左特征向量为准种提供了平衡态结构，并且该特征向量满足正规化条件 $\sum_{i=1}^{n} x_i = 1$. 通常情况下，该方程具有唯一的全局稳定平衡点.

3.4 点突变的突变矩阵

在 DNA 基因组或 RNA 基因组的复制过程中，突变类型各异. "点突变（point mutations）"描述了由一个碱基变成另外一个碱基的情景. "嵌入（insertions）"表示的是在现有的序列上附加一串碱基的过程. "删除（deletions）"对应正好相反的过程，即现有序列上一串碱基的缺失. "重组（recombination）"是指在两个序列之间遗传物质发生交换. 下面我们主要探讨的是二进制序列的点突变过程.

考虑一个所有序列长度都是 L 的集合. 用汉明距离 h_{ij} 表示在序列 i 和序列 j 之间存在差异的位置数量. 例如，序列 1010 和 1100 之间的汉明距离是 2. 定义 u 为在某特定位置发生突变的概率. 于是 $1-u$ 是突变被正确复制的概率. 在复制过程中，序列 i 突变成序列 j 的概率可以写成

$$q_{ij} = u^{h_{ij}}(1-u)^{L-h_{ij}}. \tag{3.11}$$

因此，必须在序列 i 和序列 j 存在差异的位置上发生突变，严格地讲，满足这种要求的位置数量就等于汉明距离 h_{ij}. 在余下的 $L-h_{ij}$ 个位置上，无突变发生.

公式（3.11）将点突变过程描述得十分优美，与之对应的突变矩阵允许在长度恒定的二进制序列之间发生点突变. 对所有的位置，假设点突变率 u 都相同，并且某位置上所发生的突变和其他位置的突变彼此独立，即一次差错的发生不会增加其他差错发生的概率，同时要求无嵌入和删除现象发生. 原则上所有这些限制都可以被放宽，但放宽这些限制后讨论将相当复杂.

下面我们以人类免疫缺损病毒（HIV）为例，运用突变矩阵（3.11）对其进行描述. HIV 的点突变率近似值是 $u = 3 \times 10^{-5}$，而其基因组长度为 $L = 10^4$. 因此，整个 HIV 基因组被正确复制的概率是 $(1-u)^L \approx 0.74$，而在序列的任意一个位置上发生突变的概率是 $Lu(1-u)^{L-1} = 0.22$. 一个特定的单点突变（one-error mutation）（例如，一个会带来抗药性或免疫逃逸的突变）发生的概率 $u(1-u)^{L-1} = 2.2 \times 10^{-5}$. 如果每天新产生 10^9 个被感染的细胞，则一个特定的单点突变将发生 22000 次. 这个数字说明 HIV（或其他病毒或细菌）具有巨大的潜力来逃避试图控制它们的

选择压力. 我们会在第 10 章继续讨论这个问题.

3.5　适应是在序列空间的集中化

　　准种方程（3.1）描述了种群在序列空间中的动态. 准种能"感受"到适合度景观山脉上的梯度，它试图向山上攀爬并努力到达局部或全局的最高峰（图 3.5）. 那么，确保准种在适合度景观中成功登顶的条件是什么呢？下面要介绍的误差阈值（error threshold）给出了回答.

　　如果突变率 u 过高，那么准种向上攀爬并停留在山峰上的能力就被削弱了. 事实上，对于许多自然的适合度景观，存在一个最大突变率 u_c，它是与适应相关的. 如果突变率超过这个值，即 $u > u_c$，那么适应就不可能实现.

37　　　适应意味着准种有能力找到适合度景观的顶峰并停留在那里. 假设适合度景观仅仅包含一个峰，如果突变率足够低，那么方程（3.1）的平衡点就描述了一个集中于此峰的准种. 这个准种中集合了具有最大适合度的序列或与它们相似的突变序列. 在距离此峰较远的地方，序列的分布频率非常低.（在群体遗传学中，频率是指相对多度.）由此可以说，准种是适应此峰的. 类似地，我们可以认为准种是集中分布在此峰上的. 适应意味着在序列空间的集中化. 当准种的突变率为 0 时，它只包含具有最大适合度的序列. 当准种的突变率很小时，其分布范围会很窄. 随着突变率的增加，准种的分布范围不断扩大. 存在一个临界突变率 u_c，超过这个值，平衡状态下的准种将再也不会"触及"到顶峰，准种将不会在高峰集中分布，适应性也就失去了. 严格来说，只有无限长序列才会出现从定域态（localized state）到过渡态（delocalized state）界限明确的"相位跃迁"，但是对于长度 $L = 10$ 的二进制序列，这种现象就已经很明显了.

37

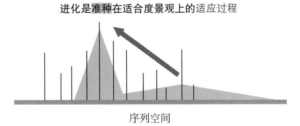

进化是准种在适合度景观上的适应过程

序列空间

图 3.5　准种热衷于在高维山脉上攀登. 爬得越高，表示越适应. 适应意味着能够攀上顶峰.

最大突变率 u_c 被称作"误差阈值",它提供了达到适应的条件. 并非所有的适合度景观中都存在误差阈值. 具有有限高度的狭窄高峰存在误差阈值. 但如果山峰太宽阔,空间中大多数序列分布在山坡上,那么误差阈值就不一定存在.

准种具有向上攀爬的趋势. 从某个随机选取的初值 $\vec{x}(0)$ 出发,根据准种方程(3.1),平均适合度 ϕ 将会增加. 但是,也很容易构造出一个反例. 假设某一序列具有最大适合度,而所有其他序列具有较低的适合度. 如果最初种群仅含有一个具有最高适合度的序列,根据方程(3.1),适合度 ϕ 将会降低直到最终在突变和选择之间达到平衡,即达到所谓突变－选择平衡.

对于复杂的适合度景观来说,计算误差阈值 u_c 是非常困难的,下面以一个简单的适合度景观为例,计算其中的误差阈值或许会加深我们对这个问题的理解. 考虑所有长度为 L 的二进制序列,其中所有非零序列的适合度是 1. 全零序列,00...0,具有最大适合度,即 $f_0 > 1$. 全零序列有时也叫做"主序列"或野生型(wild type),而所有其他序列叫做"突变".

主序列精确复制的概率是 $q=(1-u)^L$. 主序列发生突变的概率是 $1-q$. 忽略从突变到主序列的反突变过程. 在这种前提假设下,方程 (3.1) 可以写成

$$\dot{x} = x_0(f_0 q - \phi)$$
$$\dot{x}_1 = x_0 f_0(1-q) + x_1 - \phi x_1 \tag{3.12}$$

这里 x_0 表示主序列的频率,x_1 是所有突变的和,显然,$x_0 + x_1 = 1$. 平均适合度由下式给出:$\phi = f_0 x_0 + x_1$. 这样系统(3.8)可化简成

$$\dot{x}_0 = x_0[f_0 q - 1 - x_0(f_0 - 1)]. \tag{3.13}$$

如果 $f_0 q < 1$,x_0 将会收敛到零,最适序列将不能在种群中维持下去. 如果 $f_0 q < 1$,那么 x_0 将会收敛到

$$x^*_0 = \frac{f_0 q - 1}{f_0 - 1}. \tag{3.14}$$

由此,误差阈值由下式给出

$$f_0 q > 1. \tag{3.15}$$

这个不等式可以被改写成 $\ln f_0 > -L \ln(1-u)$. 对于很小的突变率,$u \ll 1$,有 $\ln(1-u) \approx -u$. 因此,我们得到以下条件

$$u < \frac{\ln f_0}{L}. \tag{3.16}$$

如果主序列的适合度优势不是太大也不是太小,那么 $\ln f_0$ 近似等于 1. 因此误差阈值条件可以简化为

$$u < 1/L. \tag{3.17}$$

因此,能够满足适应条件的最大突变率必须小于基因组长度的倒数(图3.6).

换句话说，基因组突变率 uL 必须小于 1. 事实上，这个条件对于突变率已经被测量出来的大多数生物体都能够成立（表 3.1）. 对于真核生物而言，基因组长度 L 实际上应该被定义为在 DNA 编码区域及调控区域的所有碱基的总和.

40

表 3.1 基因组长度（以碱基为单位），每个碱基的突变率，以及从 DNA 病毒到人类的每个基因组的突变率

生命体	基因组长度（单位：碱基）	碱基突变率	基因组突变率
RNA 病毒			
裂解病毒			
Qβ 噬菌体	4.2×10^3	1.5×10^{-3}	6.5
脊髓灰质炎病毒 (Polio)	7.4×10^3	1.1×10^{-4}	0.84
水疱性口炎病毒 (VSV)	1.1×10^4	3.2×10^{-4}	3.5
人流感病毒 A (Flu A)	1.4×10^4	7.3×10^{-6}	0.99
逆转录病毒			
辛诺柏病毒 (SNV)	7.8×10^3	2.0×10^{-5}	0.16
鼠白血病病毒 (MuLV)	8.3×10^3	3.5×10^{-6}	0.029
呼吸道合胞病毒 (RSV)	9.3×10^3	4.6×10^{-5}	0.43
噬菌体			
M13 噬菌体	6.4×10^3	7.2×10^{-7}	0.0046
λ 噬菌体	4.9×10^4	7.7×10^{-8}	0.0038
T2 和 T4 噬菌体	1.7×10^5	2.4×10^{-8}	0.0040
大肠杆菌（*E. coli*）	4.6×10^6	5.4×10^{-10}	0.0025
酿酒酵母菌 (*S. cerevisiae*)	1.2×10^7	2.2×10^{-10}	0.0027
果蝇 (*Drosophila*)	1.7×10^8	3.4×10^{-10}	0.058
鼠	2.7×10^9	1.8×10^{-10}	0.49
人 (*H. sapiens*)	3.5×10^9	5.0×10^{-11}	0.16

来源：Drake（1991，1993）和 Drake et al.（1998）

注意：正如误差阈值理论所预测的，在大多数生命体中，每个基因组的突变率小于 1. 而 *Qβ* 和 *VSV* 为何具有如此高的突变率目前尚无法解释.

误差阈值：仅当每个碱基的突变率 u 都小于基因组长度 L 的倒数的
时候，准种才有可能维持在顶峰（适应）

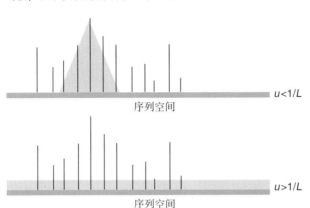

图 3.6 误差阈值：在适合度景观中，只有当突变率小于基因组长度的倒数时，一个准种才能维持在顶峰. 这是一个对所有生命体都适用的非常普遍且完美的结果. 其完美性并没有因为以下两个限制条件而遭到破坏：（i）对基因组长度 L 的定义需要谨慎，使其仅仅包括那些对适合度有影响的位点；（ii）存在一些病态景观，即超过误差阈值时高峰仍可以被维持，例如：山峰无限高或者过于宽阔，以至于大多数序列都能觉察到它的存在，进而集中于此.

3.6 准种的选择

　　下面的特殊景象由 Peter Schuster 和 Jorg Swetina 首次观察得到. 考虑某适合度景观，其中包括一个"瘦高"峰和一个"矮胖"峰，它们之间存在一定距离（图 3.7）. 如果突变率太小，平衡态准种将会集中分布在高峰附近. 随着突变率的增加，会出现一个骤变情形，准种从高峰移向矮峰. 一个直观的解释如下：当突变率非常小时，只有适合度最大者起作用，但当突变率略微增加时，邻近序列的适合度也会显得很重要. 虽然第二个峰的最大适合度相对低一些，但是它有更多的好邻居. 第一个峰类似那种能够独当一面的聪明人，第二个峰则类似另外一种聪明人，其自身能力虽然稍逊一筹，但是周围有优秀的团队支持.

　　当突变率足够小时，集中在"瘦高"峰周围的准种具有最大适合度. 但是当突变率增大时，集中在"矮胖"峰周围的准种具有最大适合度. 超过误差阈值后，任何一峰都不会被维持.

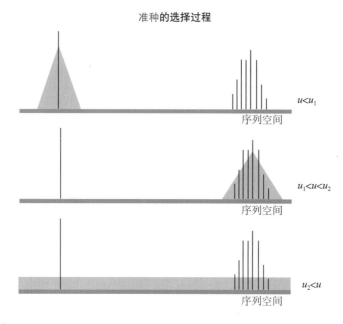

图 3.7　考虑一个具有双峰的适合度景观. 一个"瘦高", 另一个"矮胖". 如果突变率 u 小于临界值 u_1, 则高峰被选择, 以蓝色表示. 如果突变率 u 大于 u_1, 且小于误差阈值 u_2, 则矮峰被选择. 如果突变率 u 高于误差阈值 u_2, 那么两峰都不会被维持. 对于一个给定的突变率, 选择过程有利于平均适合度最大的平衡准种. "最适者生存"被"准种生存"所替代.

　　　我们可以推断出: 选择并不会总青睐于最适者. 对于任意给定的一个突变率来讲, 选择有利于平均适合度最大的平衡分布 (准种). 这里"最适者选择"被"准种选择"所替代.

小结

◆　准种是相似基因组的总体.

◆　突变 - 选择过程中形成准种.

◆　在序列空间中, 长度固定的所有可能的基因组是这样被安置的: 相邻基因组之间只存在一个点突变的差异. 所有长度为 L 的序列被排列在 L 维空间的一个点阵中.

◆　适合度景观是由全体被赋予适合度 (繁殖率) 值的序列构成的. 适合度景观

是纵横于序列空间上的一条高维山脉.

◆ 准种定义在序列空间上, 并对适合度景观进行考察.

◆ 准种在适合度景观中向上攀爬.

◆ 准种方程通过无限种群的突变和常数选择过程来描述确定性进化动态.

◆ 一般来说, 准种方程具有一个全局稳定的平衡点.

◆ 在此平衡点, 准种并不是由一个单独的最适基因组序列构成, 而是突变 – 选择平衡下的一个基因组分布.

◆ 该分布可能不包括最适基因组. 从而"最适者生存"被"准种生存"所替代.

◆ 适应是序列空间的集中化. 只有在突变率低于误差阈值的条件下才有可能实现适应. 43

◆ 误差阈值说明, (每个碱基) 可能达到的最大突变率必须小于基因组长度的倒数 (以碱基为单位).

4 进化博弈理论

进化博弈理论是研究进化动力学的一种通用方法，其研究对象是频率制约选择下的进化动态. 这种情况下，个体的适合度并非常数，而是依赖于不同表现型在种群中所占的比例（频率）. 常数选择仅仅是其中一个特例.

博弈论的开创者为由数学家冯·诺依曼 (John von Neumann) 和经济学家奥斯卡·摩根斯坦（Oskar Morgenstern）. 他们的初衷是应用博弈论来研究人类在战略和经济上的决策行为. 除此之外，冯·诺依曼在数学的诸多领域都进行了开创性工作，并做出了重要贡献. 第三章所提到的"转录"和"翻译"这两个概念就是由他首先提出的，当时他正在筹划制造能够进行自我复制的机器. 随后，他成功地研制出第一台具有内存的计算机，这样运算程序就可以存在机器的内存中，大大提高了运算速度. 顺便提一句，闲暇时他还曾利用这台计算机对进化系统进行了数值模拟.

在博弈论的发展中，约翰·纳什（John Nash）创造了一个简明且影响深远的概念，现在称之为"纳什均衡". 纳什均衡和进化稳定策略（ESS）十分相似，二者都对进化动力学的发展有重要影响. 在纳什到普林斯顿大学申请攻读博士学位时，教授为他写的推荐信言简意赅："这个人是个天才." 而他的博士论文也极为精炼，曾以一页纸的篇幅发表在《美国国家科学院院刊》（*Proceedings of the National Academy of Sciences USA*(1950)）上，也正是由于这个工作，他荣获了 1994 年的诺贝尔经济学奖.

首次将博弈思想引入到生物学领域的是 William Hamilton 和 Robert Trivers. 随后，Maynard Smith 和 Peter Taylor、Josef Hofbauer 和 Karl Sigmund 等研究者为进化博弈理论体系的正式确立做出了巨大贡献.

1973 年，John Maynard Smith 和 George Price 发表在 *Nature* 上的文章将博弈思想引入到进化生物学研究中,同时将种群的思考模式引入到博弈论中. 通常,传统的博弈论关注的是两个个体之间的相互作用，例如你和我. 其所针对的问题是:在你不清楚我的做法的前提下，你如何做才会保证在博弈中获得最大收益. 此时,理性开始发挥作用. 你也许会假定我采取使我自己收益最大的策略. 但是,没有理由确保我会按理性行动，事实上，许多博弈实验的结果也显示人类没有采取理性的行为.

进化博弈理论不依赖于理性. 它针对的是一个由进行博弈的个体所组成的群体. 个体在博弈中采取固定的策略, 他们之间的相遇是随机的. 在这些相遇过程中, 支付可以累加, 这里支付可以理解为适合度. 在博弈中, 获胜对应于繁殖成功. 策略较好的个体繁殖得比较快, 策略不好的就会被淘汰. 这简直就是自然选择的过程.

46

图 4.1 中描述了两个表现型. A 能够移动, 而 B 不能移动. 虽然 A 为获得移动性需要付出一定的代价, 但是也获得相应的优势. 我们假设, 对成本收益进行分析之后, 得到 A 的适合度是 1.1, 而 B 的适合度是 1. 这种情况下, 适合度是常数, A 毫无疑问会战胜 B. 若再假定: 当路上其他个体较少时, 具备可移动性的策略优势较大, 当道路变得拥堵时, 该优势就会减弱. 这时 A 的适合度不再是常数, 而是一个关于 A 的频率的减函数. 当 A 较少时, A 的适合度高于 B, 但是当 A 比较普遍时, A 的适合度将比 B 低. 这样的选择过程结局如何呢?

47

下面正式描述 A、B 两策略之间的频率制约选择的一般情形. 定义 A 的频率为 x_A, B 的频率为 x_B. 定义向量 $\vec{x} = (x_A, x_B)$ 表示种群组成. 定义 $f_A(\vec{x})$ 为 A 的适合度, $f_B(\vec{x})$ 为 B 的适合度. 则选择动力学方程如下:

常数选择

A 的适合度 =1.1 B 的适合度 =1

频率制约选择:

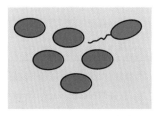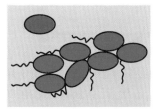

47

A 的适合度 >B 的适合度 A 的适合度 <B 的适合度

图 4.1　常数选择指适合度既不依赖于种群的组成, 也不随时间变化而改变. 举例来说, A 具有常数适合度 1.1, 而 B 具有常数适合度 1. 频率制约选择指适合度依赖于个体类型的相对多度（即频率）. 这里, A 具有可移动性. 当移动个体较少时, A 的适合度高于 B. 但如果"路上"还有许多其他个体在移动, 那么（在这个假想的例子中）适合度优势就会翻转.

$$\dot{x}_A = x_A[f_A(\vec{x}) - \phi]$$
$$\dot{x}_B = x_B[f_B(\vec{x}) - \phi]$$

(4.1)

平均适合度 $\phi = x_A f_A(\vec{x}) + x_B f_B(\vec{x})$.

由于 $x_A + x_B = 1$ 始终成立，我们可以引入变量 x，令 $x_A = x$，则 $x_B = 1 - x$. 这时，适合度函数可以写成 $f_A(x)$ 和 $f_B(x)$.

系统（4.1）变为

$$\dot{x} = x(1-x)[f_A(x) - f_B(x)]$$

(4.2)

该微分方程的平衡点为 $x = 0, x = 1$，及所有满足 $f_A(x) = f_B(x)$ 的 $x \in (0,1)$. 若 $f_A(0) < f_B(0)$，则平衡点 $x = 0$ 稳定. 相反，若 $f_A(1) > f_B(1)$，则平衡点 $x = 1$ 稳定. 若 f_A 和 f_B 的一阶导函数满足 $f_A'(x^*) < f_B'(x^*)$，则内平衡点 x^* 稳定. 图 4.2 给出了图形解释. 在区间 $[0,1]$ 中，可能存在几个稳定和不稳定的平衡点.

两策略 A、B 的频率制约选择

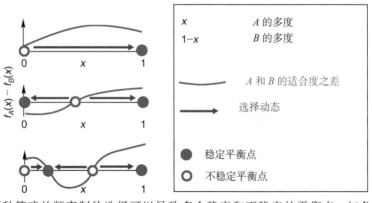

图 4.2 两种策略的频率制约选择可以导致多个稳定和不稳定的平衡点. 红色曲线代表 $f_A(x) - f_B(x)$，如图所示，A 和 B 的适合度之差是 A 在种群中的频率 x 的函数. 如果 $f_A(x) - f_B(x) > 0$，那么 A 的频率就会增加，蓝色箭头指出了选择过程的方向. 如果 $f_A(x) - f_B(x) < 0$，那么 A 的频率会减小. 无论何时，只要 $f_A(x) - f_B(x) = 0$，A 的频率就不会再改变. 这个条件刻画了选择动力系统的平衡状态. 如果 $f_A(x) - f_B(x)$ 在平衡点处的斜率是正的，那么这个平衡点是不稳定的. 如果该斜率是负的，那么平衡点是稳定的. $x = 0$ 和 $x = 1$ 总是平衡点. 如果满足 $f_A(0) - f_B(0) < 0$，平衡点 $x = 0$ 是稳定的. 如果满足 $f_A(1) - f_B(1) > 0$，平衡点 $x = 1$ 是稳定的.

4.1 两策略的博弈（two-player games）

博弈中通常有两个策略，A 和 B，用支付矩阵描述如下

$$\begin{array}{cc} & A \quad B \\ \begin{matrix} A \\ B \end{matrix} & \begin{pmatrix} a & b \\ c & d \end{pmatrix} \end{array} \tag{4.3}$$

支付矩阵的含义是：当 A 和 A 相遇时，A 获得的收益是 a；当 A 和 B 相遇时，A 获得的收益是 b；当 B 和 A 相遇时，B 获得的收益是 c；当 B 和 B 获得的收益是 d（图 4.3）.

进化博弈理论的核心思想是考虑一个包含 A 和 B 两种类型个体的种群，并将支付和适合度等同起来. 如果 x_A 表示种群中 A 类型个体的频率，x_B 表示种群中 B 类型个体的频率，那么 A 和 B 的期望支付（适合度）可以由下式表示

$$\begin{aligned} f_A &= ax_A + bx_B \\ f_B &= cx_A + dx_B \end{aligned} \tag{4.4}$$

这个方程假定任意一个个体与一个 A 型个体的相遇概率是 x_A，与一个 B 型个体相遇的概率是 x_B. 这样，个体之间是随机相遇的.

下面我们在方程（4.1）中引入上述线性适合度函数. 再令 $x = x_A$，得到方程：

$$\dot{x} = x(1-x)[(a-b-c+d)x+b-d]. \tag{4.5}$$

下面根据支付矩阵中元素的大小关系对这个非线性微分方程的动力学行为进行分类. 可以归纳出以下五种情况（图 4.4）：

支付矩阵

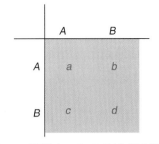

如果 A 与 A 相遇，则二者都获得收益 a
如果 B 和 B 相遇，则二者都获得收益 d
如果 A 遇上 B，则 A 获得收益 b，B 获得收益 c

图 4.3　两策略 A 和 B 的博弈过程由 2×2 支付矩阵定义.

两策略 A, B 的频率制约选择动态

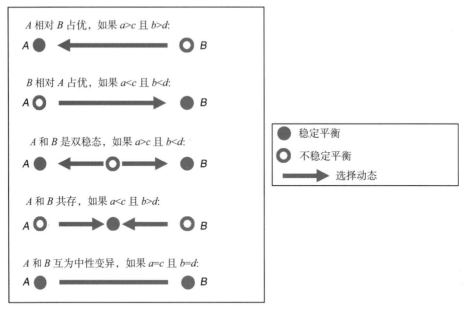

A 相对 B 占优，如果 $a>c$ 且 $b>d$:

A 相对 B 占优，如果 $a<c$ 且 $b<d$:

A 和 B 是双稳态，如果 $a>c$ 且 $b<d$:

A 和 B 共存，如果 $a<c$ 且 $b>d$:

A 和 B 互为中性变异，如果 $a=c$ 且 $b=d$:

● 稳定平衡
○ 不稳定平衡
→ 选择动态

图 4.4 两个策略的选择过程有以下五种可能：（ⅰ）A 相对 B 占优 ,（ⅱ）B 相对 A 占优，（ⅲ）A 和 B 是双稳态，（ⅳ）A 和 B 在一个稳定的平衡点上共存，（ⅴ）A 和 B 是彼此的中性变异.

　　（ⅰ）A 相对 B 占优，如果 $a>c$，$b>d$ 成立. 在这类博弈中，无论对手采取何种策略（A 或是 B），对于你来讲，采取 A 都是最佳选择. 对于一个包含 A 型个体和 B 型个体的种群，支付之间存在的这种大小关系意味着 A 型个体的平均适合度总是高于 B 型个体的平均适合度. 于是，无论种群组成如何，选择都更加青睐于 A. 选择使得种群最终全部由 A 类型个体构成，即 $x_A=1$. 更确切地说，A 相对 B 占优，当 $a \geqslant c$ 和 $b \geqslant d$ 中至少一个不等式严格成立时成立.

　　（ⅱ）B 相对 A 占优，如果 $a<c$，$b<d$ 成立. 这是情况和（ⅰ）类似，只是将 A 和 B 互换了位置. 更确切地说，B 相对 A 占优，如果 $a \leqslant c$，$b \leqslant d$，其中至少一个不等式严格成立.

　　（ⅲ）A 和 B 是双稳态，如果 $a>c$，$b<d$ 成立. 在这类博弈中，由于 A 为 A 的最佳响应，B 为 B 的最佳响应，所以你应该和对手采取相同的对策. 对于种群中的选择动态，结果依赖于初始条件. 在区间 [0,1] 中，存在一个不稳定的内平衡点 $x^*=(d-b)/(a-b-c+d)$. 如果初始条件 $x(0)$ 小于这个值，即 $x(0)<x^*$，那么系统将最终收敛到全 B 状态. 如果 $x(0)>x^*$，那么系统会最终将收敛到全 A 状态.

　　（ⅳ）A 和 B 稳定共存，如果 $a<c$，$b>d$ 成立. 在这类博弈中，由于 A 是

B 的最佳响应，B 也是 A 的最佳响应，所以你应该永远使用和对手相反的策略. 一个具有 A 和 B 两类个体的种群将会收敛到稳定的内平衡点.

$$x^* = \frac{d-b}{a-b-c+d}.\tag{4.6}$$

（ⅴ）A 和 B 互为中性变异，如果 $a=c$，$b=d$. 在这类博弈中，无论你采取什么策略，你都会获得和对手相同的支付. 选择将不会改变种群的组成. 任何一个 A 和 B 的混合状态都是选择动力系统的平衡态.

4.2 纳什均衡（Nash equilibrium）

在博弈论的发展过程中，获得诺贝尔奖的纳什均衡概念的提出是一个重要的里程碑. 以两人博弈为例，如果二者恰好都采取纳什均衡策略，那么任何一方都不可能轻易改变策略，因为改变并不会给自己带来更大的利益.

考虑两策略 A 和 B 之间支付矩阵的一般形式，

$$\begin{array}{cc} & A \quad B \\ \begin{array}{c} A \\ B \end{array} & \begin{pmatrix} a & b \\ c & d \end{pmatrix} \end{array}$$

可以得到以下准则：

（ⅰ）A 是严格的纳什均衡，如果 $a > c$.

（ⅱ）A 是纳什均衡，如果 $a \geqslant c$.

（ⅲ）B 是严格的纳什均衡，如果 $d > b$.

（ⅳ）B 是纳什均衡，如果 $d \geqslant b$.

考察如下博弈

$$\begin{array}{cc} & A \quad B \\ \begin{array}{c} A \\ B \end{array} & \begin{pmatrix} 3 & 0 \\ 5 & 1 \end{pmatrix} \end{array}\tag{4.7}$$

如果两个个体都采用 A 策略，那么，一方策略的改变都会使其自身的收益增加. 如果两者都选择 B 策略，那么任何一方改变策略都不会使自己获得更大的利益. 因此，B 是一个纳什均衡. B 相对 A 占优. 博弈中双方采取纳什均衡策略 B 所获得的收益低于他们使用策略 A 所获得的收益. 支付矩阵（4.7）其实是著名的囚徒困境的一个例子，在第 5 章中，我们会继续研究这个问题.

考虑如下博弈

52

52

$$A \quad B$$
$$\begin{matrix} A \\ B \end{matrix} \begin{pmatrix} 3 & 1 \\ 5 & 0 \end{pmatrix} \qquad (4.8)$$

如果两个个体都选择 A 策略，那么一方可以改用 B 策略使自己的收益提高. 如果两者都选择 B 策略，那么一方可改用 A 策略来提高自己的收益. 于是，A 和 B 都不是纳什均衡. 这是一个鹰 — 鸽博弈的例子，我们将会在 4.6 小节进行探讨.

最后，考虑如下博弈

$$A \quad B$$
$$\begin{matrix} A \\ B \end{matrix} \begin{pmatrix} 5 & 0 \\ 3 & 1 \end{pmatrix} \qquad (4.9)$$

如果两个个体都选择 A 策略，那么任何一方都不会通过改变策略而提高收益. 如果双方都使用 B 策略，那么任何一方也都不会通过改变策略而提高收益. 因此，A 和 B 都是纳什均衡.

4.3 进化稳定策略（ESS）

在对纳什均衡概念毫无所知的情况下，Maynard Smith 提出了进化稳定策略这一概念. 假想存在一个由 A 类个体组成的大种群. 引入一个 B 型突变. 在 A 和 B 之间进行的博弈可以由支付矩阵（4.3）描述，适合度函数由公式（4.4）给出. 那么在什么条件下选择会抵制 B 入侵 A 呢？

假设有一批数量充分小的 B 类入侵者. 设 B 的频率是 ε，则 A 的频率是 $1-\varepsilon$. 对于该种群来讲，A 的适合度高于 B 的适合度，当

$$a(1-\varepsilon)+b\varepsilon > c(1-\varepsilon)+d\varepsilon. \qquad (4.10)$$

忽略 ε 的形式，这个不等式变为

$$a > c. \qquad (4.11)$$

但如果 $a=c$，那么不等式（4.10）导致

$$b > d. \qquad (4.12)$$

因此，如果（i）$a>c$ 或者（ii）$a=c$ 且 $b>d$，则策略 A 是 ESS. 这个定义保证了选择会抵制 B 入侵 A. 在后面我们将会看到，这个概念仅仅对于无限小的潜在入侵者群体和无限大的固有种群才成立.

4.4 多策略博弈

现在我们来进一步探讨多于两个策略的博弈系统. 设策略 S_i 和策略 S_j 相遇, 所对应的支付是 $E(S_i, S_j)$.

（i）策略 S_k 是严格的纳什均衡, 如果

$$E(S_k, S_k) > E(S_i, S_k) \qquad \forall i \neq k \tag{4.13}$$

这里符号 $\forall$ 指"对于所有", 于是 $\forall i \neq k$ 读作"对于所有不等于 k 的 i".

（ii）策略 S_k 是纳什均衡, 如果

$$E(S_k, S_k) \geqslant E(S_i, S_k) \qquad \forall i \tag{4.14}$$

（iii）策略 S_k 是 ESS, 如果 $\forall i \neq k$, 有

$$E(S_k, S_k) > E(S_i, S_k) \tag{4.15}$$

或者

$$E(S_k, S_k) = E(S_i, S_k) \text{ 且 } E(S_k, S_i) > E(S_i, S_i). \tag{4.16}$$

注意到 ESS 的条件保证了选择将会抵制潜在的入侵者. 严格的纳什均衡同样具有这个性质, 但纳什均衡并没有这样的性质. 如果 $E(S_k, S_k) = E(S_j, S_k)$ 且 $E(S_k, S_j) < E(S_j, S_j)$, 那么 S_k 仍然是一个纳什均衡, 但选择将会有利于 S_j 入侵 S_k. 于是有必要补充一个定义.

（iv）策略 S_k 在选择作用下可以稳定的抵制入侵（叫做"弱 ESS"）, 如果 $\forall i \neq k$, 有

$$E(S_k, S_k) > E(S_i, S_k) \tag{4.17}$$

或者

$$E(S_k, S_k) = E(S_i, S_k) \text{ 且 } E(S_k, S_i) \geqslant E(S_i, S_i). \tag{4.18}$$

如果一个策略是严格的纳什均衡, 那么它一定也是 ESS. 如果一个策略是 ESS, 那么它一定也是弱 ESS. 如果一个策略是弱 ESS, 那么它一定也是一个纳什均衡, 于是严格的纳什均衡蕴含 ESS 蕴含弱 ESS 蕴含纳什均衡:

$$\text{严格的纳什均衡} \Rightarrow \text{ESS} \Rightarrow \text{弱 ESS} \Rightarrow \text{纳什均衡}. \tag{4.19}$$

所有这些概念对研究频率制约选择下的进化博弈动态都具有十分重要的意义.

在 Maynard Smith 提出进化稳定策略之前, William Hamilton 在研究性别比例时提出了"不可打败策略"（unbeatable strategy）的概念. 策略 S_k 是不可打败的, 如果 $\forall i \neq k$ 存在:

$$E(S_k, S_k) > E(S_i, S_k) \text{ 且 } E(S_k, S_i) > E(S_i, S_i).\tag{4.20}$$

因此，不可打败策略相对所有其他策略占优. 一个不可打败策略必然是一个严格的纳什均衡. 不可打败的策略是人们所渴望获得的最佳策略，但期望可能过高，在现实中不可打败策略极为罕见.

4.5　复制动力学

Peter Taylor 和 Leo Jonker 首次将微分方程应用到进化博弈动力学的研究中. 其后的主要研究者有：Christopher Zeeman（Warwick），Peter Schuster，Josef Hofbauer 和 Karl Sigmund（后面三位均在维也纳）.

基于本书前面所述的内容，我们很容易得到相关方程. 考虑 n 个策略之间的相互作用. 策略 i 与策略 j 相遇所获的支付，记做 a_{ij}. 这样构成的 $n \times n$ 矩阵 $A = [a_{ij}]$ 被叫做"支付矩阵". 令 x_i 表示策略 i 的频率. 则策略 i 的期望支付是 $f_i = \sum_{j=1}^{n} x_j a_{ij}$. 所有策略的平均支付是 $\phi = \sum_{i=1}^{n} x_i f_i$. 支付对应于适合度，我们可以得到复制方程（图 4.5）

$$\dot{x} = x_i(f_i - \phi) \qquad i = 1, \cdots, n \tag{4.21}$$

式 (4.21) 和式 (2.16) 的区别在于其分别对应频率制约选择和常数选择. 在式 (4.21) 中，适合度是频率的线性函数.

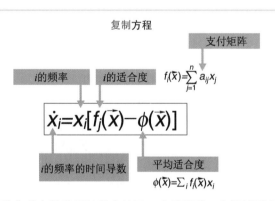

图 4.5　复制方程是进化动力学发展过程中的又一个里程碑. 它描述了在无突变出现的无限种群中的 n 个不同表现型（策略）的频率制约选择过程. 一般情况下，表现型 i 的适合度 f_i 依赖于种群组成，$\vec{x} = (x_1, \dots, x_n)$. 通常，$f_i$ 是频率 x_i 的线性函数. 这个函数的系数由支付矩阵 $A = [a_{ij}]$ 的元素构成. 元素 a_{ij} 表示策略 i 与策略 f 相遇所获的支付.

式(4.21)定义于单形 S_n 中,其满足 $\sum_{i=1}^{n} x_i = 1$. 注意到此单形的内部是不变的: 如果一条轨线从单形内部出发,那么它将永远保持在单形内部;或许会收敛于边界,但是它永远都无法到达边界. 并且,单形的每个面也是不变的. 单形的面是单形的子集,其中至少有一个策略的频率为零. 那些原本不存在的策略将永远不会出现.

复制动力学描述了无突变出现的纯选择过程. 但是,通常情况下,我们想要知道在一个种群中本来不存在的那些新策略是否会入侵到种群中,并不断提高它在整个种群中的频率. 于是,尽管没有精确的建模,但分析者已经考虑到了有突变出现的情景.

单形的顶点是复制动力系统的固定点. 根据支付矩阵 A,在单形的每个面上和单形内部也存在固定点.

4.5.1 两策略

对于 $n = 2$ 的情形,在 4.2 节,我们已经推导出完整的进化动力学结果. 单形 S_2 为闭区间 $[0,1]$. 顶点 $x_1 = 0$ 和 $x_1 = 1$ 是复制方程的固定点. 在该区间内,复制方程至多存在一个固定点. 如果 $(a_{11} - a_{21})(a_{12} - a_{22}) < 0$,那么存在内部固定点,这个条件保证 A 不能相对 B 占优,B 也不能相对 A 占优. 这时 A 和 B 是双稳态或共存. 如果 A 和 B 共存,即 $a_{11} < a_{21}$ 且 $a_{12} > a_{22}$ 成立,则内部的固定点稳定.

中性的情形,即 $a_{11} = a_{21}$ 且 $a_{12} = a_{22}$,蕴含区间 $[0,1]$ 内任意一个点都是平衡点. 在这种情况下,复制动态不变. 对于任意种群组成,策略 A 和 B 具有相同的适合度. 这种条件下的复制方程无法充分反映生物的行为. 对于任何一个有限的种群,A 和 B 的相对比例将不断变化,直到最终一个策略绝灭. 我们将在第 6 章探讨有限种群的进化动态.

A 和 B 之间的常数选择可以由复制方程的特例来描述,即 $a_{11} = a_{12} \neq a_{21} = a_{22}$. 因此,进化博弈动态是对自然选择过程的一个普适的描述,常数选择只是自然选择的一个特例而已.

4.5.2 三策略

对于 $n = 3$ 的系统,可能会产生一些新的有趣的动力学特征. 相空间是用等边三角形来表示的单形 S_3. 对于所有可能的相图来说,其分类是完整的.

特别考虑 B 相对 A 占优,C 相对 B 占优,A 相对 C 占优的情况. 这就是所谓的石头 – 剪子 – 布(Rock-Paper-Scissors)博弈. 在这个众所周知的儿童游戏中,石头打败剪子,剪子打败布,布打败石头.

具有循环占优关系的 3×3 支付矩阵刻画了石头 – 剪子 – 布博弈. 可以采用一种对所有复制方程都可行的变换技巧使进化博弈动力学分析简化:如果在支付

矩阵的每一列元素同时加上一个任意常数，复制方程（4.21）的动态保持不变.
于是，将矩阵每一列元素减去该列中位于对角线上的元素，就可以把任意一个
支付矩阵转换成一个对角元素是零的矩阵.

例如，支付矩阵

$$A = \begin{array}{c} R \\ S \\ P \end{array} \begin{pmatrix} R & S & P \\ 4 & 2 & 1 \\ 3 & 1 & 3 \\ 5 & 0 & 2 \end{pmatrix}$$

可以转换成矩阵

$$A = \begin{array}{c} R \\ S \\ P \end{array} \begin{pmatrix} R & S & P \\ 0 & 1 & -1 \\ -1 & 0 & 1 \\ 1 & -1 & 0 \end{pmatrix} \tag{4.22}$$

两个支付矩阵会产生相同的复制动态.

支付矩阵（4.22）定义了对称石头 – 剪子 – 布博弈. 单形 S_3 内部包含唯一
的平衡点 $(1/3,1/3,1/3)$. 这个点是稳定的，但不是渐近稳定的. 在这个中心点周
围存在无数条周期轨道. 事实上单形内所有其他点都位于这些周期轨道上. 每
个周期的时间平均是 $(1/3,1/3,1/3)$. 这种情况并不具有一般性：只要 A 的对称性
稍微偏离一点，相图就会改变.

注意到支付矩阵（4.22）描述了一个零和博弈. 对于零和博弈，有 $a_{ij} = -a_{ji}$.
一个个体的收益等于其对手的损失；种群的平均适合度总是零，即 $\phi = 0$. 于是
对于所有的 $i = 1,...,n$，复制方程变为 $\dot{x}_i = x_i f_i$.

一般的石头 – 剪子 – 布博弈由如下的支付矩阵给出

$$A = \begin{pmatrix} 0 & -a_2 & b_3 \\ b_1 & 0 & -a_3 \\ -a_1 & b_2 & 0 \end{pmatrix} \tag{4.23}$$

存在如下两种可能.

（i）如果 A 的行列式是正的（即 $a_1 a_2 a_3 < b_1 b_2 b_3$），那么存在唯一的全局稳定
的内平衡点. 从单形内部出发的复制方程的轨线将会以振荡的形式收敛到这个
平衡点（图4.6）.

（ii）如果 A 的行列式是负的（即 $a_1 a_2 a_3 > b_1 b_2 b_3$），那么单形内存在唯一平衡点，
且该平衡点是不稳定的. 从单形内任意一点出发的轨线将以增幅振荡的形式收
敛到单形的边界. 单形的边界是一个异宿环，它是从单形内出发的所有轨线的
吸引子（异宿环是一个不变集，异宿轨线连接了鞍点）. 就微分方程而言，振荡
将会收敛于异宿环，但不能达到它. 出于现实考虑，一个策略最终会消失，或

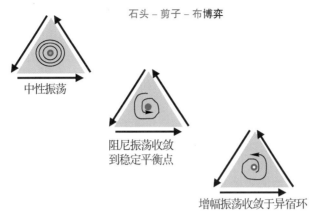

石头 – 剪子 – 布博弈

中性振荡

阻尼振荡收敛
到稳定平衡点

增幅振荡收敛于异宿环

图 4.6 在石头 – 剪子 – 布博弈中,三策略循环占优. 总是存在一个内平衡点. 根据支付矩阵,内平衡点是(i)中心,周围存在中性振荡,(ii)稳定的平衡点,阻尼振荡收敛于此,或(iii)不稳定平衡,增幅振荡收敛于单形的边界.

是由于计算机程序的舍入误差,或是因为自然界的随机波动. 于是仅有两个策略被保留下来,其中一个战胜另外一个,最终只剩下一个策略. 究竟是哪个策略会留下来是无法预测的. 因此,具有吸引性的异宿环揭示了一类不同于混沌现象的确定性系统的不可预测性.

4.5.3 多于三策略

对于四种策略的情形,复制方程被定义在四面体单形 S_4 上. 这是复制方程能够产生极限环和混沌吸引子需要达到的最小维数.

最后,叙述一些在任意维数下都成立的重要结果.

(i) 复制方程的内平衡点由以下线性方程的解给出

$$f_1 = f_2 = \cdots = f_n \text{ 且 } x_1 + x_2 + \cdots + x_n = 1 \qquad (4.24)$$

这里 $f_i = \sum_{j=1}^{n} x_j a_{ij}$. n 个线性方程系统至多具有一个非退化的解. 于是在单形内部至多存在一个孤立的平衡点.

(ii) 若单形内无平衡点,则所有的轨线都收敛于边界. 而且如果内部无平衡点,内部也就不会出现混沌吸引子和极限环. 这个结果十分有用,因为有时可以利用这个性质来证明某个复制方程不存在内平衡点. 如果是这样,那么在单形内部就不会很复杂;所有策略也就不可能共存.

(iii)在退化的情况下,单形内存在一个中心流型. 这些平衡点是稳定的,但不是渐近稳定的.

59

（iv）如果一个策略是严格的纳什均衡或者 ESS，那么与使用该策略的单一种群相对应的单形顶点是渐近稳定的.

关于这些结论的证明可以查阅 Hofbauer 和 Sigmund（1998）.

4.6　鹰鸽博弈

同种动物之间为争夺食物、领地、配偶等资源而发生冲突. 雌性狮子会为了捍卫自己的栖息地而战. 而雄性黑猩猩也会为争夺统治权而战：一个雄性黑猩猩要想成为首领，就必须经得起其他雄性的挑战，成功后它会获得绝大多数交配机会. 在动物界，许多冲突极其残忍乃至致命. 当然，人类社会中的冲突强度更是有过之而无不及，凶杀、战争、种族屠杀等事实令人触目惊心.

但是通常情况下，动物（包括人类）之间的冲突只是在受一定条件制约的个体之间发生，并不会升级扩大. 动物行为学长期以来一直关注所谓的常规斗争（conventional fight）. 在这种情景中，竞争者可以根据对方一系列的恐吓信号和炫耀行为来对彼此的实力或决策进行简单估计，进而确定自己是否要撤退. 例如，当雄鹿之间进行咆哮竞赛时，它们彼此平行移动，头向前紧锁双角. 尽管由鹿角攻击所带来的伤害可以致命，但是在战斗中重伤的情况还是极其罕见.

长期以来，对于上述情形，生物学家已经接受了下面的解释：因为常规斗争对物种有利，而导致严重伤害的斗争对物种本身是不利的，所以在自然界中前面所描述的现象很容易观察到. 但对这种解释也存在一些质疑. 在种内或种群之间必然存在选择，但通常更强的选择是作用于个体身上. 假如种群中某个体违背规则而且使所有的冲突升级，即给对手造成致命伤害，那么它就会战胜众多竞争对手，因此，与其他个体相比，它的基因复制效率更高.

Maynard Smith 首次从个体选择（individual selection）的角度对常规斗争进行了解释. 假设有两种策略，鹰策略（H）和鸽策略（D）. 鹰策略是使斗争升级，鸽策略是在对手使斗争升级时撤退. 这个斗争中获胜者的收益是 b，失败者的损失是 c. 如果两个鹰策略者相遇，它们之间的这场斗争会升级. 最终是一鹰获胜，另外一鹰受伤. 由于两鹰具有同样的实力，那么它们获胜或失败的概率都是 1/2，因此，它们各自的期望收益是 $(b-c)/2$. 如果一个鹰策略者和一个鸽策略者相遇，那么最终鹰获胜且得到收益 b，鸽撤退且收益是 0. 如果两个鸽策略者相遇，二者都将不会有损失. 最终，其中之一会获胜，期望收益是 $b/2$. 由此可得，支付矩阵如下

$$
\begin{array}{cc}
\quad H \quad\; D \\
\begin{array}{c} H \\ \\ D \end{array}
\begin{pmatrix}
\dfrac{b-c}{2} & b \\
0 & \dfrac{b}{2}
\end{pmatrix}
\end{array}
\qquad (4.25)
$$

如果 $b < c$，任意一个策略都不是纳什均衡．如果所有其他个体都使用"鹰"，你最好使用"鸽"．如果其他个体都使用"鸽"，你最好使用"鹰"．因此，鹰鸽会共存．这种选择动态最终促成一个混合种群．在稳定平衡点，鹰的频率是 b/c．如果在战争中受伤的代价远远大于获胜的收益，即 $c \gg b$，那么，在达到平衡时，鹰的频率会很低．

对这种博弈的命名稍微有些误导性，因为我们一般考虑的是同种个体之间进行的博弈．此外，一旦被关在笼子里，即使是真正的鸽子也会激战至死．

混合策略

到目前为止，我们已经考虑了使用纯策略的情形，即要么永远使用"鹰"，要么永远使用"鸽"．现在开始考虑混合策略，即以概率 p 使用"鹰"，以概率 $1-p$ 使用"鸽"．这时对应的策略集合将不再是一个只包含两个策略的离散集合，而是一个具有无限多策略的连续集合．策略空间为闭区间 $[0,1]$，策略 p_1 和策略 p_2 相遇所得的支付是

$$
E(p_1, p_2) = \frac{b}{2}\left(1 + p_1 - p_2 - \frac{c}{b}p_1 p_2\right) \qquad (4.26)
$$

从这个函数可知，策略 $p^* = b/c$ 是进化稳定的，注意到

$$
E(p^*, p^*) = \frac{b}{2}\left(1 - \frac{b}{c}\right)
$$

$$
E(p, p^*) = \frac{b}{2}\left(1 - \frac{b}{c}\right)
$$

$$
E(p^*, p) = \frac{b}{2}\left(1 + \frac{b}{c} - 2p\right)
$$
$$\qquad (4.27)$$

$$
E(p, p) = \frac{b}{2}\left(1 - \frac{c}{b}p^2\right)
$$

对于所有的 p，有 $E(p^*, p^*) = E(p, p^*)$．因此，p^* 是一个纳什均衡，但并不是严格的纳什均衡．而对于所有的 $p \neq p^*$，有 $E(p^*, p) > E(p, p)$，因此，p^* 是进化稳定策略．

63

4.7 纳什均衡永远存在

考虑一个 $n \times n$ 支付矩阵 A 的博弈过程. n 种策略用 $S_1, \cdots, S_n$ 表示. 根据支付矩阵 A 可以判断在纯策略中是否存在纳什均衡. 但是, 当考虑所有混合策略和纯策略时, 总是会找到一个纳什均衡.

策略可以用向量 $\vec{p} = (p_1, \cdots, p_n)$ 表示. 这里 P_i 表示使用策略 S_i 的概率. 显然 $\sum_{i=1}^{n} p_i = 1$. 则策略 $\vec{q}$ 对策略 $\vec{p}$ 的支付是

$$E(\vec{q}, \vec{p}) = \sum_{i=1}^{n} \sum_{j=1}^{n} a_{ij} q_i p_j. \tag{4.28}$$

用向量形式表示如下

$$E(\vec{q}, \vec{p}) = \vec{q} A \vec{p}. \tag{4.29}$$

可以证明, 对于任意支付矩阵 A, 至少存在一个策略 $\vec{q}$, 它满足以下性质

$$\vec{q} A \vec{q} \geqslant \vec{p} A \vec{q} \quad \forall \vec{p} \tag{4.30}$$

因此, $\vec{q}$ 是自身的一个最佳响应, 也是一个纳什均衡.

4.8 懦夫博弈和雪堆博弈 (chicken and snowdrift)

懦夫博弈所描述的情景是:两辆车相对高速行驶, 首先退缩的一方为失败者, 胜利者可以在路上继续行驶. 如果双方都不退缩, 那么就会发生对撞. 这里假定存在两策略: A 表示继续向前, 而 B 表示行驶一段时间后退缩. 胜利者将获得收益 b, 两车相撞的代价是 $-c$. 如果两个人都决定退缩, 那么最终两人获胜的概率都是 1/2, 因此, 支付矩阵为

$$\begin{array}{cc} & \begin{array}{cc} A & B \end{array} \\ \begin{array}{c} A \\ B \end{array} & \begin{pmatrix} -c & b \\ 0 & \dfrac{b}{2} \end{pmatrix} \end{array} \tag{4.31}$$

比较矩阵中每一列的元素, 会得到与鹰 – 鸽博弈相同的结论, 即最好总是采取与对手相反的策略. A 和 B 的混合策略是 ESS.

雪堆博弈所描述的情景是:由于路被雪堆堵住了, 两个司机同时被困在回家的路上. 他们可以选择合作或背叛. 合作意味着下车去铲雪, 背叛意味着仍然呆在车里, 休息, 听音乐, 让另外一个人去铲雪. 如果两个人都选择合作, 那么对于每个人来讲, 工作量将减少一半. 如果两个人都背叛, 那么两个人将会一直等到扫雪机出现才能回家. 回到家的收益用 b 表示, 寒风中铲雪的代价

用 $-c$ 表示. 得到支付矩阵如下

$$
\begin{array}{cc}
 & \begin{array}{cc} C & D \end{array} \\
\begin{array}{c} C \\ D \end{array} &
\begin{pmatrix}
b - \dfrac{c}{2} & b - c \\
b & 0
\end{pmatrix}
\end{array}
\tag{4.32}
$$

65

如果 $b > c$，该博弈和鹰 – 鸽博弈具有相同的结构. 当对方选择合作时，你最好选择背叛. 当对方选择背叛时，你最好选择合作. 如果 $b < c$，无论对方使用何种策略，你最好的选择都是背叛. 这样就陷入了囚徒困境.

4.9 博弈论和生态学

生态学家主要研究的是物种之间的相互作用以及物种多度随时间的变化规律. 曾在第 2 章中介绍过的逻辑斯蒂映射是生态学中的一个重要方程，由其可知，关于物种多度的复杂时间序列可以根据极其简单的规则生成. 在生态学研究中，最基本的数学模型是 Lotka-Volterra 方程. 而逻辑斯蒂映射实际上就是在离散时间尺度上的一维 Lotka-Volterra 方程.

4.9.1 捕食者和猎物

在第一次世界大战中，由于奥地利海军和意大利海军之间的战争，亚得里亚海（Adriatic Sea）的鱼类捕捞曾被中断. 战后，鱼类中的捕食者数量增加，"为何战争会对鲨鱼有利？"这个问题曾经令当时意大利的著名物理学家 Vito Volterra 困惑不已.

Volterra 给出如下方程，令 x 和 y 分别代表鱼类中猎物和捕食者的多度. 假设猎物繁殖速率为 ax. 猎物被捕食者吃掉的速率是 bxy. 捕食者死亡速率是 cy，繁殖速率是 dxy. 由此，可以得到二维非线性微分动力系统如下

$$
\dot{x} = x(a - by) \\
\dot{y} = y(-c + dx)
\tag{4.33}
$$

如果没有捕食者，即 $y = 0$，那么，猎物种群会以指数形式增长

66

$$
x(t) = x(0)e^{at}
\tag{4.34}
$$

如果没有猎物，即 $x = 0$，那么，捕食者种群会以指数形式减少

$$
y(t) = y(0)e^{-ct}
\tag{4.35}
$$

$x = 0$，$y = 0$ 是该系统的鞍点. 系统中存在一个内平衡点

$$
x^{*} = c/d \quad 且 \quad y^{*} = a/b.
\tag{4.36}
$$

线性化的稳定性分析结果表明，该平衡点是中性稳定的．即它被无数周期轨所环绕．猎物和捕食者的种群多度呈现出无限振荡．振荡周期是 $2\pi\sqrt{ac}$，但是振荡的振幅依赖于初始条件．这种振荡下，种群的平均大小与平衡点 x^*，y^* 坐标相同．中性振荡反映的只是一种不普遍的现象，因为微分方程（4.33）的一点小改变都会破坏这种中性稳定．

　　Volterra 就这样回答了为何战争中人类捕鱼活动的减少对捕食者更有利．人类捕鱼使猎物的繁殖速率从 a 降到 $a-k$，而使捕食者的死亡率从 c 增加到 $c+m$．因此，在考虑捕鱼因素时，捕食者和被捕食者的种群大小是

$$x_F^* = (c+m)/d \ \text{和} \ y_F^* = (a-k)/b. \tag{4.37}$$

在无捕鱼情况下，捕食者的多度要相对较高：

$$y^*/x^* > y_F^*/x_F^* \tag{4.38}$$

4.9.2　Kolmogorov 的捕食者－猎物定理

　　在假定捕食者和猎物之间满足特定条件时，方程（4.33）的平衡点是中性稳定的．针对实际问题，随后派生出很多其他模型，例如考虑到猎物和捕食者的最大容纳量和捕食者对猎物的饱和响应．所有这些模型都试图改进原有模型，使其更加贴近实际．这时中性稳定性被破坏掉，捕食者和猎物的多度通常会收敛于稳定的平衡点或稳定的极限环．与中性振荡相比，稳定的极限环是更稳健的．在经历小扰动后，轨线会回到极限环．而且周期和振幅不依赖于初始条件，只是由方程的参数确定．

　　1936 年，苏联数学家 A. N. Kolmogorov 给出了一般的捕食者－猎物系统

$$\dot{x} = xF(x,y)$$
$$\dot{y} = yG(x,y) \tag{4.39}$$

这里 F 和 G 是具有连续的一阶导函数的连续函数．Kolmogorov 定理表明，如果以下条件成立，系统（4.39）具有一个稳定的极限环或一个稳定的平衡点：

（ⅰ）$\partial F/\partial y < 0$

（ⅱ）$x(\partial F/\partial x) + y(\partial F/\partial y) < 0$

（ⅲ）$\partial G/\partial y < 0$

（ⅳ）$x(\partial G/\partial x) + y(\partial G/\partial y) > 0$

（ⅴ）$F(0,0) > 0$

并且，存在常数 $A > 0$，$B > C > 0$，使得

（ⅵ）$F(0, A) = 0$

（ⅶ）$F(B, 0) = 0$

（ⅷ）$G(C, 0) = 0$

这些条件的生物学解释发人深思：（ⅰ）猎物的每头增长率是关于捕食者多度的减函数；（ⅱ）对于给定的两物种比例，猎物的增长率是关于种群大小的减函数；（ⅲ）捕食者的每头增长率是关于它们的多度的减函数；(ⅳ) 对于给定的两物种比例，捕食者的增长率是关于种群大小的增函数；(ⅴ) 当两个种群都很小时，猎物的多度会增加；（ⅵ）捕食者种群增大到一定程度后会阻碍猎物种群的增长；（ⅶ）猎物种群大小存在阈值 B，超过这个值，即使没有捕食者，猎物种群也不会增大，这就意味着该生态系统具有最大的猎物容纳量；（ⅷ）猎物种群大小存在阈值 C，低于这个值，即使捕食者很少，捕食者种群也不会增大.

读者如果想进一步了解关于这些条件的完整讨论和其他附加条件，那么还需要阅读 Robert May 于 1973 年出版的经典著作 *Stability and Complexity of Model Ecosystems*.

4.9.3　Lotka-Volterra　方程

在研究化学反应动力学时，美国生物学家 Alfred Lotka 同样得到方程（4.33），因此，这个方程被叫做 Lotka-Volterra 方程. Lotka-Volterra 方程的一般形式可以描述 n 种物种之间的相互作用，具体形式如下：

$$\dot{y}_i = y_i(r_i + \sum_{j=1}^{n} b_{ij}y_j) \qquad i=1,\cdots,n \qquad (4.40)$$

种 i 的多度记为 y_i，y_i 非负. 因此，该方程的定义域是正象限 R_n^+，由所有满足 $y_i \geq 0$ 的点 $(y_1, y_2, \cdots y_n)$ 构成. 物种 i 的增长率记为 r_i. 种 i 和种 j 之间的相互作用记为 b_{ij}，参数 r_i，b_{ij} 可以是正数、零、或负数.

Lotka-Volterra 方程（4.40）和复制方程（4.21）是等价的. 一个具有 n 种策略的复制方程可以转换成包含 $n-1$ 个物种的 Lotka-Volterra 方程. $n \times n$ 矩阵 $A = [a_{ij}]$ 在下述复制方程中定义了 n 种策略之间的相互作用

$$\dot{x}_i = x_i(\sum_{j=1}^{n} a_{ij}x_j - \phi) \qquad i=1,\cdots,n \qquad (4.41)$$

与之等价的 Lotka-Volterra 方程

$$\dot{y}_i = y_i(r_i + \sum_{j=1}^{n-1} b_{ij}y_j) \qquad i=1,\cdots,n-1 \qquad (4.42)$$

具有参数 $r_i = a_{in} - a_{nn}$，$b_{ij} = a_{ij} - a_{nj}$.

令 $y = \sum_{i=1}^{n-1} y_i$. 上述两方程的等价性可以通过如下变换得到：$x_i = y_i/(1+y)$，$i=1,\cdots,n-1$ 且 $x_n = 1/(1+y)$.

因此，无论获得什么结论，只要对其中一个系统成立，则对另外一个也必然成立. Lotka-Volterra 方程和复制方程的等价性将理论生态学和进化博弈理论完美的联系在一起.

我们将会看到，理论生态学是数学生物学领域中许多研究的基础. 例如，病毒和细胞可以被看成是捕食者和猎物的关系. 免疫细胞可以"捕食"被感染的细胞. 寄主体内的病毒动力学可以很好的描述"微生态学"（microecology）.

小结

◆ 进化博弈理论是对于频率制约选择的研究.

◆ 博弈可以由矩阵形式表示，矩阵元素表示一个策略和其他策略相遇时的支付. 进化博弈理论将适合度定义为支付：获胜的策略繁殖更快.

◆ 纳什均衡是具有以下性质的策略：如果博弈双方均采取纳什均衡的策略，那么任何一方都不可能通过改变策略来提高收益.

◆ 如果种群中所有个体（种群无限大）都采取进化稳定策略，那么其他对策无法入侵.

◆ 复制方程描述了进化博弈的确定性动态. 对于两策略 $n=2$ 的情形，可能出现的结果包括：占优（dominance），共存，双稳态或中性稳定. 对于多个策略 $n \geq 3$ 的情形，可能存在异宿环. 对于更多个策略 $n \geq 4$ 的情形，可能出现极限环和混沌.

◆ 在石头－剪子－布博弈中，可能存在收敛到稳定平衡点的阻尼振荡（damped oscillation）或最终导致使两策略随机被淘汰的增幅振荡.

◆ 鹰－鸽博弈解释了许多动物能够在不全面升级战争的情况下解决冲突的现象.

◆ 懦夫博弈和雪堆博弈和鹰－鸽博弈类似.

◆ 复制方程和生态学中的 Lotka-Volterra 方程等价. 进化博弈理论和生态学具有共同的数学基础.

◆ Kolmogorov 定理揭示了二维捕食者－猎物系统具有稳定平衡点或稳定极限环的条件.

5 囚徒困境

警方逮捕了两个犯罪嫌疑人，但没有足够的证据指控他们犯罪．于是警方把他们分别关押在两个房间，以避免他们串供．州检察官分别和两人见面并约定：供认罪行，成为控方证人，那么就有可能避免牢狱之灾．具体解释如下：如果一人认罪，而另一人保持沉默，那么认罪一方将当即获释，沉默一方将被判十年监禁；如果双方都认罪，那么两人都将被判七年监禁；如果双方都不认罪，则警方无法指控他们犯罪，两人都将被判一年监禁．上述情景描述的就是博弈论中经典的囚徒困境．它对应的支付矩阵是

$$
\begin{array}{cc}
& \begin{array}{cc} 沉默 & 认罪 \end{array} \\
\begin{array}{c} 沉默 \\ 认罪 \end{array} &
\begin{pmatrix} -1 & -10 \\ 0 & -7 \end{pmatrix}
\end{array} \tag{5.1}
$$

他们究竟应该如何选择？这个例子与进化生物学又有什么关系呢？

事实上，生物学中的囚徒困境问题伴随着生命的诞生而出现．在进化过程中，新特征的产生往往需要原有简单部件之间相互合作．例如，能够进行自我复制的分子只有彼此合作才能形成最早的细胞；单个细胞只有合作才能形成最早的多细胞有机体；体细胞彼此合作并帮助生殖细胞复制；动物通过合作形成社群、种群和社会．例如工蜂为了保护蜂巢，可以不惜牺牲自己的生命，甚至为了抚养蜂后的后代而放弃繁殖能力；在某些鸟类种群中，也存在一些利他者，它们会协助其他个体喂养幼鸟；人类则可以在更大的尺度上进行合作，从而形成了城市、州和国家．合作使每个个体不必万事皆通，能够促进个体的专业化．但是，合作者往往会受到背叛者的利用．

假设有两个个体，他们分别有两个选择：合作 (C)，背叛 (D)．如果双方都选择合作，双方将各得 3 分；如果一方合作，而另一方背叛，合作者得到 0 分，背叛者得到 5 分；如果双方都背叛，双方将各得 1 分．支付矩阵是

$$
\begin{array}{cc}
& \begin{array}{cc} C & D \end{array} \\
\begin{array}{c} C \\ D \end{array} &
\begin{pmatrix} 3 & 0 \\ 5 & 1 \end{pmatrix}
\end{array} \tag{5.2}
$$

上述支付矩阵与囚徒困境的支付矩阵结构相同．假设让你做出选择，你会怎么

办？合作还是背叛？

72   你应该这样来分析上述博弈过程，如果对方合作，那么你选择合作会得到3分，选择背叛会得到5分，因此，当对方选择合作时，你的最优选择是背叛．如果对方选择背叛，那么你选择合作会得到0分，选择背叛会得到1分．因此，当对方选择背叛时，你的最优选择仍是背叛．因此，不管对方如何选择，背叛都是你的最佳选择．

如果对方同样的用理性分析上述博弈，那么你们双方都会选择背叛．你们最终都仅得到1分，该收益低于双方都选择合作时获得的收益，即双方各得3分．

73   在囚徒困境（PD）中，为实现收益最大化，理性的参与者会选择背叛．而相互合作会比相互背叛获得更高的收益，然而，合作是非理性的（图5.1），这正是困境所在．

73   请不要反感上文中应用到的"理性"与"非理性"这两个术语，其实它们远没有你想的那么晦涩．支付可以精确地描述参与者的需求，支付矩阵可以明确给出奖励（物质的或非物质的）的多少．在这种假设下，理性参与者可以被定义为根据收益最大化的原则来进行选择的参与者．这样定义言简意赅．

然而，实验博弈论的结果表明，人类的行为多半是非理性的，人类的行为往往依靠直觉，这种直觉是会随处境改变而发生变化的．因此，在囚徒困境中，人们往往都先试图合作．只有当他们意识到努力是徒劳时，才会转向背叛．

在囚徒困境中，双方可以选择合作策略 (C)，或者选择背叛策略 (D)

支付矩阵如下：

73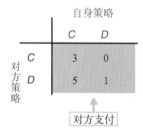

图5.1　囚徒困境抓住了合作的本质．假设我选择合作，则若你也选择合作，那么你将得到3分，如果你选择背叛，那么你将得到5分．假设我选择背叛，那么若你选择合作，则你将得到0分，如果你也选择背叛，则你将得到1分．因此，不管我怎样选择，你的最优选择都是背叛．背叛是"理性的"（使收益最大化）策略．然而，如果我以同样的方式分析这场博弈，那么我们双方都会选择背叛，从而都得到1分．实际上，如果我们双方都选择合作，我们每人都可以得到3分．但是，合作行为是"非理性的"，这正是困境所在．

    对于前面所提到的犯罪嫌疑人，合作是指同伙之间相互配合而不与州检察官配合．如果双方都保持沉默，那么警方就没有充分证据指控．背叛意味着供认罪行，如果双方都背叛，双方都会被判长时间的监禁．按理性分析可知，不管自己同伙怎样选择，背叛都是自身的最佳选择，双方都将供认罪行，然后都要被监禁七年．

    如果理性的分析导致背叛，那么对于两种策略都存在的种群来说，结局将如何？自然选择又将揭示什么？设想一个既有合作者又有背叛者的种群，合作者的频率是 x，背叛者的频率是 $1-x$．这时，合作者的平均支付是 $f_C=3x$，背叛者的平均支付 $f_D=5x+1-x=4x+1$．因此，背叛者的适合度总是高于合作者的适合度，背叛者对合作者占优．自然选择使背叛者的频率稳定地增加，直至合作者消亡．因此，自然选择同样青睐背叛（图 5.2）. 74

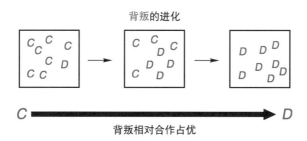

图 5.2　自然选择青睐背叛．在一个由合作者 (C) 和背叛者 (D) 组成的混合种群中，后者总是具有更高的适合度．因此，在进化博弈理论的框架下，背叛者繁殖得更快，并战胜合作者．在自然选择作用下，种群平均适合度将持续下降．当种群只包含背叛者时，平均收益达到最低点．在自然选择下，需要特定的机制来支持合作．

74

5.1　直接互惠

考虑支付矩阵

$$
\begin{array}{cc}
 & \begin{array}{cc} C & \ \ D \end{array} \\
\begin{array}{c} C \\ D \end{array} & \left(\begin{array}{cc} R & S \\ T & P \end{array} \right)
\end{array}
\tag{5.3}
$$

如果 $T>R>P>S$，该博弈是一个囚徒困境．T 是指背叛的诱惑（单独背叛所得的收益），R 是指相互合作所获得的奖励，P 是指相互背叛受到的惩罚，S 是指"笨蛋的代价（sucker's payoff）"，也就是被同伙出卖所受到的严厉惩罚．此外，通 75

常要求 $R > (T+S)/2$ 成立（注：原文作者笔误写成 $R > (T+P)/2$）。如果上式不成立，那么在重复博弈中，与单纯选择合作相比，两名参与者约定轮流选择合作和背叛会带来更高的收益。

直接互惠涉及以下概念，两参与者之间的博弈并不是只进行一次，而是重复进行多次。这时，合作成为一个很有希望被选择的策略。假设一共进行 m 回合这种博弈。"冷酷（GRIM）"策略是在指第一回合时选择合作，而后只要对方不背叛就继续合作。一旦对方背叛，那么它将会永远选择背叛，也就是该策略决不宽恕。另一个策略是"永远背叛（ALLD）"。

支付矩阵如下：

$$
\begin{array}{cc}
 & \begin{array}{cc} \text{GRIM} & \quad\quad \text{ALLD} \end{array} \\
\begin{array}{c} \text{GRIM} \\ \text{ALLD} \end{array} & \begin{pmatrix} mR & S+(m-1)P \\ T+(m-1)P & mP \end{pmatrix}
\end{array}
\tag{5.4}
$$

如果 $mR > T+(m-1)P$，那么在和 ALLD 策略的博弈中，GRIM 是一个严格的纳什均衡。从博弈参与者的角度来看，如果有两个参与者进行此博弈，那么任何一方都不能通过转向采取 ALLD 策略而提高自身收益。从进化动力学的角度来讲，如果整个种群都选择 GRIM，那么 ALLD 不能入侵：自然选择抵制低频率的 ALLD 策略。如果博弈回合数 m 超过如下临界值，GRIM 可以稳定地对抗 ALLD 的入侵，

$$
m > \frac{T-P}{R-P}.
\tag{5.5}
$$

对于矩阵（5.2）中的支付，我们得到相应的临界值 $m > 2$。

至此，对于已经确立的合作，我们似乎找到了一种使其保持稳定的机制。但是注意，ALLD 也是一个严格的纳什均衡，因为 mP 总是大于 $S+(m-1)P$。因此，我们没有给出使合作出现的进化机制，随后我们将讨论这个问题。

接下来还有一个更尖锐的问题亟需处理。假设我们双方都知道要进行 m 回合博弈，在最后一个回合进行合作不会给自己带来任何好处。因此，就最后一个回合而言，对于非重复囚徒困境的分析同样成立。意识到这一点，我们可能会选择使用稍加修改后的 GRIM 策略：即最后一轮我们选择背叛。记这个策略为 GRIM*。GRIM 对 GRIM* 的支付矩阵为

$$
\begin{array}{cc}
 & \begin{array}{cc} \text{GRIM} & \quad\quad \text{GRIM*} \end{array} \\
\begin{array}{c} \text{GRIM} \\ \text{GRIM*} \end{array} & \begin{pmatrix} mR & (m-1)R+S \\ (m-1)R+T & (m-1)R+P \end{pmatrix}
\end{array}
\tag{5.6}
$$

我们注意到 GRIM* 相对 GRIM 是占优策略。一个 GRIM 种群会被一小部分的 GRIM* 个体入侵。一旦所有个体都选择 GRIM*，可以对倒数第二个回合进行和前面类似的分析。如果最后一个回合是相互背叛，那么在倒数第二个回合选择

合作将是非理性的. 这种分析一直可以递推回第一个策略. 这样, 我们就可以写出一个策略序列, 起始策略是 GRIM, 仅在最后一个回合选择背叛的变异策略相对 GRIM 是占优策略, 而在最后两个回合都选择背叛的策略又相对它占优, 以此类推, 直到我们得到 ALLD 策略, ALLD 是严格的纳什均衡. 在这个策略空间中, 唯一严格的纳什均衡和唯一的进化稳定策略是 ALLD.

值得注意的是, 人们在实验条件下并没有使用这种逆向归纳法. 也许人们会认识到在最后一个回合选择背叛是最优的, 但是他们的分析不会像逻辑推理的结果那样严格. 为什么不会呢? 一个解释是: 人们的直觉策略并非是在参加具有确定回合数的博弈时形成的. 设想博弈者并不清楚博弈到底何时结束, 下一个回合总是可能存在. 我们的计划中总会存留着希望, 历史有开始, 但是没有结束.

明日永恒

我们进一步研究回合数不确定的重复囚徒困境博弈. 假设每一回合结束后, 双方进行下一回合博弈的概率是 w. 那么, 期望回合数为 $\overline{m} = 1/(1-w)$. GRIM 和 ALLD 博弈的支付矩阵变为

$$
\begin{array}{cc}
 & \begin{array}{cc} \text{GRIM} & \text{ALLD} \end{array} \\
\begin{array}{c} \text{GRIM} \\ \text{ALLD} \end{array} &
\begin{pmatrix}
\overline{m}R & S+(\overline{m}-1)P \\
T+(\overline{m}-1)P & \overline{m}P
\end{pmatrix}
\end{array}
\tag{5.7}
$$

如果 $\overline{m} > (T-P)/(R-P)$, GRIM 策略是进化稳定的. 和具有确定回合数的情况相比, 一切都未曾改变, 只是此时不可能存在只在最后一个回合简单选择背叛的策略.

但是对于重复囚徒困境来讲, GRIM 是理想的策略吗? 如果对方只背叛一次, 也许是想看看能否侥幸逃脱惩罚? 那么再也不和这样的个体进行合作是最优的吗? 采取具有某些和解机制的策略也许会比采取 GRIM 策略获得更高的收益.

在重复囚徒困境问题中, 策略集合是如何组成的呢? 策略分为两种类型: 确定性策略和随机性策略, 它们分别对应两种不同的规则. 对于博弈的任一历史阶段, 前者规定了参与者下一回合的决策是合作还是背叛; 后者给定了参与者在下一回合选择合作或背叛的概率. 每一回合有四种可能的结果: CC, CD, DC, DD. 如果仅考虑上一个回合的话, 共有 $2^4 = 16$ 种确定性策略; 每一种可能的结果都规定了下一步的决策是合作或是背叛. 因此, 只具有一步记忆性的确定性策略可以用长度为 4 的二进制字符串进行编码. 例如, 0000 表示 "永远背叛", 1000 表示只有在 CC 后选择合作, 否则选择背叛. 考虑之前两个回合, 确定性策略共有 2^{16} 种. 考虑之前的 m 个回合, 确定性策略共有 2^{4^m} 种. 对于之前 m 个回合, 随机性策略构成一个 4^m 维空间. 每一维都是区间 $[0,1]$, 用来定义一

个概率. 对一个具有任意回合数的博弈, 所有可能的策略构成的空间是无限维的. 因此, 将重复囚徒困境中所有可能的策略都考虑在内的计算机模拟是不可能实现的. 那么我们通过怎样的途径才能找到直接互惠中的成功策略呢?

5.2 AXELROD 的比赛

作为密歇根大学安阿伯校区 (Ann Arbor) 的一名政治学家, Robert Axelrod 在寻找最优策略的过程中, 产生了一个绝妙的想法. 1978 年, 他决定举行一场囚徒困境比赛. 邀请世界各国对此感兴趣的人来参加该比赛并提交策略, 这些策略都可以写成计算机程序. 策略之间进行博弈, 然后每一个策略的所有收益被累加起来. 最后, Axelrod 分析哪一个策略总分最高.

在这次比赛中, 参赛策略共有十四种, 其中某些程序可以巧妙地蒙蔽对手或预测出对手的行为. 在博弈中, 最终获胜的是以牙还牙策略 (简称 TFT), 而它在所有参赛策略中是最简单的. TFT 策略是指在第一回合选择合作, 而后每一回合采用对手在上一回合中使用的策略. 换句话说, 如果对手上一回合采用 C 或 D, 那么采用 TFT 策略的参与者在本回合就会选择 C 或 D. 和 TFT 策略进行博弈就像是和自己的影子进行博弈一样, 只不过后移了一个回合. TFT 策略是由著名的博弈论专家 Anatol Rapoport 提供的.

Axelrod 公布了比赛结果并进行了全面分析. 然后, 他再次在世界范围内为第二次比赛征集策略, 这一次共提交了 63 种策略. 对于其中很多策略来说, 如果它们在前一次的比赛中被使用, 那么也可能获胜, 其中就包括 Maynard Smith 建议的两报还一报 (Tit-for-two-tats) 策略. 只有 Rapoport 故技重施, 仍旧建议 TFT 策略, 并且再一次赢得了比赛.

当对手策略集已知时, 推测出最优策略是有可能的, 但当对手策略集未知时, 找到最优策略是很困难的. Axelrod 出版了一本畅销书, 叫做《合作的进化》(*The Evolution of Cooperation*). 书中具体分析了重复囚徒困境博弈, 且指出 TFT 策略作为冠军实至名归.

由于 TFT 策略具有一些重要特征, Axelrod 在他的书中对其进行了高度评价. 这个策略很 "友好", 也就是它从不首先背叛. 对策略进行直接的两两比较发现, TFT 策略从来都没有去努力尝试比对手得到更多的收益. 在单场比赛中, 它的得分最多是和对手的得分持平, 从来不可能超过对手. 但是, 把所有比赛的收益累加起来之后, TFT 策略的得分是最高的. 因此, TFT 策略并不是通过直接打败对手而获得成功. 它的成功之处在于, 平均来说, 在和策略 X 进行博弈时, TFT 策略获得的收益比其他策略获得的收益高. 很明显, TFT 策略在诱导其他策略进行合作上是很成功的.

而且, 如果平均回合数 $\overline{m}$ 不是太小的话, TFT 策略能够稳定地抵制 ALLD

策的入侵. TFT 和 ALLD 策略进行博弈时, 在第一回合合作, 而后在每一回合背叛. TFT 对 ALLD 的支付矩阵和 GRIM 对 ALLD 的支付矩阵相同

$$\begin{array}{c} \\ \begin{array}{c} TFT \\ ALLD \end{array} \end{array} \begin{array}{c} TFT ALLD \\ \begin{pmatrix} \overline{m}R & S+(\overline{m}-1)P \\ T+(\overline{m}-1)P & \overline{m}P \end{pmatrix} \end{array} \tag{5.8}$$

当 $\overline{m} > (T-P)/(R-P)$, TFT 能够抵制 ALLD 的入侵.

TFT 策略相对于 GRIM 策略的优势在于, 如果对手合作, 它能够重新选择合作. 和 GRIM 不同, TFT 策略不会陷入永久的背叛.

致命弱点

最早的 Axelrod 比赛是在完全无误差的数字世界进行的, 而真实世界充满差错. "颤抖的手" 导致个人行为出错, "模糊的头脑" 造成对对手行为的错误理解.

TFT 策略存在一个致命弱点 (图 5.3). 当出现差错时, 两个 TFT 策略参与者只能获得极低的收益. 仅仅一个差错就使博弈从相互合作转向合作和背叛交替, 再出现一次差错将导致相互背叛. 长远来看, 在犯差错的概率比较小的情况下, 两个 TFT 策略参与者和两个依靠投掷硬币来随机确定每回合是合作还是背叛的参与者的收益相等. 因此, 在行为噪声比较小的情况下, 两个 TFT 策略参与者的收益如下

$$A(TFT, TFT) = \frac{R+T+P+S}{4} \tag{5.9}$$

该收益一定低于 R , 因为 $R > (T+S)/2$, 且 $R>P$. 因此, 在存在差错的情况下, TFT 策略占据劣势. 就像我们很快将会看到的, 差错的出现意味着 TFT 策略能被很多其他策略入侵, 甚至占优.

以牙还牙策略**不能**勘误

TFT: $C\,C\,C\,\overset{*}{D}\,C\,D\,C\,D\,D\,D\ldots$

TFT: $C\,C\,C\,C\,D\,C\,D\,\underset{*}{D}\,D\,D\ldots$

图 5.3 致命弱点: 如果产生差错 (红星), 以牙还牙策略 (TFT 策略) 就不能纠正差错, 博弈会从相互合作转向合作和背叛交替. 另一个差错的产生使博弈双方相互背叛. 更多的差错使博弈转回合作. 但长远看来, 两个 TFT 策略参与者的期望收益等于两个参与者用抛硬币的方式来决定是合作还是背叛所获得的收益. 差错的出现削弱了 TFT 策略的优势.

即使差错不会发生，TFT 策略仍有另外一个弱点. 设想 TFT 策略和"永远合作"（ALLC）进行博弈. 支付矩阵是

$$
\begin{array}{cc}
& \begin{array}{cc} \text{TFT} & \text{ALLC} \end{array} \\
\begin{array}{c} \text{TFT} \\ \text{ALLC} \end{array} &
\left(
\begin{array}{cc}
\overline{mR} & \overline{mR} \\
\overline{mR} & \overline{mR}
\end{array}
\right)
\end{array}
\qquad (5.10)
$$

两参与者在每一回合都进行合作. 因此，TFT 策略既不是严格的纳什均衡，也不是进化稳定策略. 在有限种群中，TFT 策略会随机漂变为 ALLC 策略（图5.4, 图5.5）.

在 Axelrod 所展示的博弈世界中，策略序列既没有噪声（即差错），也不会随机漂变. 那么在这些因素的影响下，博弈冠军 TFT 策略会垮台吗?

重复囚徒困境

ALLC:*C C C C C C* ...

ALLD:*D D D D D D* ...

ALLD:*D D D D D D* ...

TFT:*C D D D D D* ...

TFT:*C C C C C C* ...

TFT:*C C C C C C* ...

图 5.4　重复囚徒困境中三类简单的策略: 永远合作（ALLC），永远背叛（ALLD），以及以牙还牙（TFT 策略）. ALLC 被 ALLD 利用，ALLD 仅仅能在第一回合利用 TFT 策略，然后 TFT 策略转向背叛. 相反地，两个 TFT 策略参与者，只要不产生差错就会在每一回合都进行合作. 因此，在 ALLD 对 TFT 策略的博弈中，ALLD 获得稍微高于 TFT 策略的收益，但两个 TFT 策略参与者将获得高得多的收益. 鉴于这一点，TFT 策略是成功的策略.

ALLD 相对 ALLC 占优

ALLD ◀———————— ALLC

ALLD 和 TFT 是双稳态

ALLD ◀——○——▶ TFT

ALLC 和 TFT 是中性的

ALLC ———————— TFT

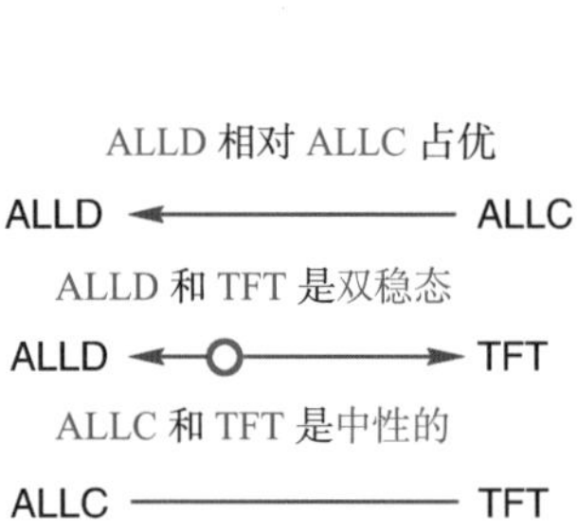

图 5.5　三个基本策略的两两选择动态. 在 ALLD 和 ALLC 的混合种群中，前者总获得相对较高的适合度; 在 ALLD 和 TFT 策略的混合种群中，只有当 TFT 策略频率很小时，ALLD 才会有相对较高的适合度，否则 TFT 策略会有相对较高的适合度. 选择动态具有双稳态. 有一个不稳定平衡点（红圈）作为入侵屏障: 如果 TFT 策略的频率大于不稳定平衡点，TFT 策略将淘汰 ALLD. 在 ALLC 和 TFT 策略的混合种群中，所有参与者获得相同的适合度. 因此 TFT 策略不是进化稳定的.

5.3 反应策略

我们已经看到，重复囚徒困境的策略空间无比巨大. 任何特定的计算都只能探索这个空间中一个有限的区域. 现在我们考虑"反应策略"（reactive strategies）集合. 该策略由两个参数给出：p，表示在对手上一回合选择合作的条件下，自身在本回合选择合作的概率；q，表示在对手上一回合选择背叛的条件下，自身在本回合选择合作的概率. 需要注意的是反应策略具有极短暂的记忆：仅仅考虑对手在上一回合的选择，甚至不考虑自身上一步的选择.

一个特定的反应策略，$S(p,q)$，是单位正方形中的一个点. 这个正方形的三个顶点代表三个熟知的策略：（i）$S(0,0)$ 表示 ALLD；（ii）$S(1,1)$ 表示 ALLC；$S(1,0)$ 表示 TFT 策略. 第四个顶点，$S(0,1)$ 代表一种矛盾策略，当对手在上一回合选择背叛时，自身在本回合选择合作，当对手在上一回合选择合作时，自身在本回合选择背叛（图 5.6）.

81

82

82

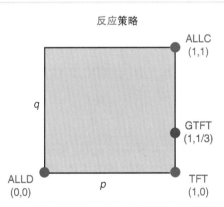

反应策略

p：在对方选择合作后，自身采取合作策略的概率

q：在对方选择背叛后，自身采取合作策略的概率

图 5.6 反应策略由两个参数定义：p 表示对方在上一回合选择合作后，自身在本回合选择合作的概率；q 表示对方在上一回合选择背叛后，自身在本回合选择合作的概率. 具体的反应策略由 (p, q) 给出. 反应策略的实例包括：ALLD(0,0)，ALLC(1,1) 和 TFT 策略 (1,0). 一个出错率为 10% 的 TFT 策略由 (0.9,0.1) 表示. 可以证明，TFT 策略最能激发合作，但是一旦合作已经建立起来，它将很快被大度的以牙还牙策略（GTFT 策略）取代. 对于标准的支付取值，$R=3,T=5,P=1,S=0$，GTFT 策略由 (1,1/3) 给出. 平均来说，GTFT 策略在遭到三次背叛后宽容一次. 反应策略之间的自然选择作用导致宽容行为的出现.

82

我们能否获得反应策略集中全部可能的进化动态呢？上述两种策略之间的重复囚徒困境模型是定义在状态空间（CC, CD, DC, DD）上的一个 Markov 链. 用数字 1 到 4 来标记状态. 状态 1 表示双方都选择合作, 即 CC; 状态 2 表示自身选择合作而对方选择背叛, 即 CD; 状态 3 表示自身选择背叛而对方选择合作, 即 DC; 状态 4 表示双方都选择背叛, 即 DD.

83

自身的反应策略由 $S_1(p_1, q_1)$ 给出, 对方的反应策略由 $S_2(p_2, q_2)$ 给出. 相应的 Markov 链由下面的 4×4 转移概率矩阵确定, $M = [m_{ij}]$. 元素 m_{ij} 表示从 i 转移到状态 j 的概率. 我们有

83

$$M = \begin{array}{c} \\ CC \\ CD \\ DC \\ DD \end{array} \begin{pmatrix} \overset{CC}{p_1 p_2} & \overset{CD}{p_1(1-p_2)} & \overset{DC}{(1-p_1)p_2} & \overset{DD}{(1-p_1)(1-p_2)} \\ q_1 p_2 & q_1(1-p_2) & (1-q_1)p_2 & (1-q_1)(1-p_2) \\ p_1 q_2 & p_1(1-q_2) & (1-p_1)q_2 & (1-p_1)(1-q_2) \\ q_1 q_2 & q_1(1-q_2) & (1-q_1)q_2 & (1-q_1)(1-q_2) \end{pmatrix} \tag{5.11}$$

例如, 状态从 CD 到 DC 的转移概率是 $(1-q_1)p_2$, 这是两个概率之积: $(1-q_1)$ 表示当对方上一回合选择背叛时, 自身在本回合选择背叛的概率, p_2 表示当自身上一回合选择合作时, 对方在本回合选择合作的概率. 矩阵 M 的其他所有元素类似可得.

定义 $\vec{x}_t$ 为进行 t 回合博弈后, 状态的概率分布, 这意味着向量 $\vec{x}_t$ 有四个分量: 它们分别对应博弈处于四种可能状态（CC, CD, DC, DD）的概率. 将向量和转移矩阵相乘可以得到下一回合状态的概率分布

$$\vec{x}_{t+1} = \vec{x}_t M. \tag{5.12}$$

如果存在正数 k, 使得矩阵 M^k 中所有元素均为正数, 则称随机矩阵称 M 正规的. 如果矩阵 M 是正规的, 那么存在唯一的特征值为 1 的左特征向量 $\vec{x}$, 即

$$\vec{x} = \vec{x} M. \tag{5.13}$$

标准化的特征向量表示 Markov 链的平稳分布.

84

定义 $r_1 = p_1 - q_1$, $r_2 = p_2 - q_2$. 当且仅当 $|r_1 r_2| < 1$ 成立时, 矩阵 M 正规. 由于 M 具有特殊的对称性, 平稳分布形式如下

$$\vec{x} = [s_1 s_2, s_1(1-s_2), (1-s_1)s_2, (1-s_1)(1-s_2)] \tag{5.14}$$

这里,

$$s_1 = \frac{q_2 r_1 + q_1}{1 - r_1 r_2} \tag{5.15}$$

且

$$s_2 = \frac{q_1 r_2 + q_2}{1 - r_1 r_2}. \tag{5.16}$$

s_1 和 s_2 表示平稳分布中参与者 1 和参与者 2 合作的概率. 策略 S_1 对 S_2 的期望收益是

$$E(S_1, S_2) = Rs_1s_2 + Ss_1(1-s_2) + T(1-s_1)s_2 + P(1-s_1)(1-s_2). \quad (5.17)$$

只要 $|r_1r_2|<1$，就可以通过等式（5.15~5.17）计算任意两个策略进行博弈的收益. 满足 $|r_1r_2|=1$ 的所有情形中包含了确定性策略，对于确定性策略，收益是很容易计算的.

"计算机模拟"进化

现在我们通过一个实验来探寻反应策略的进化动态. 利用随机数生成器，在 [0,1] 区间随机生成服从均匀分布的 $n=100$ 个反应策略. 我们同样使用 Axelrod 在两次比赛中选用的支付：$R=3, T=5, S=0, P=1$. 利用等式（5.17）计算 $n \times n$ 支付矩阵. 将该支付矩阵引入到复制方程中，假设在初始时刻 $t=0$ 时，所有 n 个策略的频率相同. 进一步观察进化轨迹.

大多数情况下，你将观察到以下情形. 很多策略趋于消失，最具合作性的策略最先灭绝. 一段时间过后，只剩下一个策略. 它正是与 ALLD 策略最为相似的一个策略. 这里我们再一次见证了背叛的进化. 同样也看到频率制约选择的潜在破坏性：种群平均适合度平稳地从接近于 $(R+T+S+P)/4=9/4$ 降到 $P=1$.

然而在某些情形下，会出现一些特殊情况. 假设最初的策略总体中包含一个接近 TFT 策略的策略，这可能出于偶然或者出于特定设计. 起初仍有向 ALLD 进化的趋势. 但当几乎所有策略都灭绝后，只剩四面楚歌的少数类 TFT 策略个体和强大的 ALLD 群体进行较量. 报答者的频率突然增加，背叛者的频率降低. 但是 TFT 策略占优的好景不长，辉煌时刻如同昙花一现. TFT 策略很快就被接近于 $p=1$，且 $q=1/3$ 的策略取代. 这是选择动态的结局.

哪种策略会在 TFT 策略激起的合作浪潮中脱颖而出呢？正是策略 $p=1$，$q=1/3$，它在对方合作时总是合作，但在对方背叛三次中有一次选择合作. 我们称之为"大度的 TFT 策略"（GTFT 策略）. 在面对背叛行为时，这个策略比严格 TFT 策略更加宽容. 这个性质导致以下两个结果.

（i）两个 GTFT 策略个体博弈时，在每一回合，每一个体的平均收益很接近相互合作的全部收益 R. 相比之下，两个 TFT 策略个体仅获得收益 $(R+T+S+P)/4$. GTFT 策略能够弥补差错带来的损失（图 5.7）.

（ii）当 GTFT 策略和 ALLD 博弈时，GTFT 策略的收益略低于 TFT 策略对 ALLD 的收益. 于是在背叛大行其道时，TFT 策略能够比 GTFT 策略更有力的扭转这种局面. 因此，我们需要 TFT 策略来发动合作，但是合作群体一旦建立起来，TFT 策略就会被 GTFT 策略取代.

大度的 TFT 策略**能够**勘误

$$GTFT:C\ C\ C\ \overset{*}{D}\ C\ D\ C\ C\ C\ C\ ...$$
$$GTFT:C\ C\ C\ C\ D\ C\ C\ C\ C\ C\ ...$$

图 5.7　与 TFT 策略迥然不同，GTFT 策略能够纠正差错. 经历一系列合作和背叛后，会以一定的概率回到相互合作. 两个 GTFT 策略参与者的期望收益比两个 TFT 策略参与者的期望收益高.

5.4　大度的 TFT 策略

对囚徒困境中一般的参数取值，GTFT 策略定义如下：

$$\text{GTFT 策略：}\qquad p=1\qquad q=\min\left\{1-\frac{T-R}{R-S},\frac{R-P}{T-P}\right\}\qquad (5.18)$$

这里的 q 是能够抵制 ALLD 入侵的最大宽容度. 进一步增大 q，将会使 ALLD 相对 GTFT 策略占优.

我们可以利用等式（5.17）证明 GTFT 策略在如下意义上是最优的：在所有

能够抵制 ALLD 入侵的反应策略中，选用 GTFT 策略能够使种群获得最高收益.

5.5　胜 - 保持，败 - 改变（Win-stay, lose-shift）

现在我们考虑由所有根据上一回合双方的行为来确定本回合行为的随机策略所构成的集合，这里的上一回合行为既包括对方的行为，也包括自身的行为. 每一个策略由本回合选择合作策略的条件概率 (p_1,p_2,p_3,p_4) 定义，假设上一回合的结果是 CC,CD,DC,DD. 两个策略 $S(p_1,p_2,p_3,p_4)$ 和 $S'(p_1',p_2',p_3',p_4')$ 之间的博弈可以用 Markov 链表示. 博弈过程的转移概率矩阵是

$$M=\begin{array}{c}\\CC\\CD\\DC\\DD\end{array}\begin{array}{cccc}CC & CD & DC & DD\end{array}\\
M=\begin{pmatrix}p_1p_1' & p_1(1-p_1') & (1-p_1)p_1' & (1-p_1)(1-p_1')\\ p_2p_3' & p_2(1-p_3') & (1-p_2)p_3' & (1-p_2)(1-p_3')\\ p_3p_2' & p_3(1-p_2') & (1-p_3)p_2' & (1-p_3)(1-p_2')\\ p_4p_4' & p_4(1-p_4') & (1-p_4)p_4' & (1-p_4)(1-p_4')\end{pmatrix}\qquad (5.19)$$

M 是一个随机矩阵. 如果 M 是正规的，那么它具有唯一的特征值为 1 的左特征向量，$\vec{x}=(x_1,x_2,x_3,x_4)$，

$$\vec{x} = \vec{x}M. \tag{5.20}$$

这个特征向量表示 Markov 链的平稳分布. 因此，x_1, x_2, x_3, x_4 表示经历很多回合后处于状态 CC, CD, DC, DD 的概率. 由此，策略 S 对 S' 的期望收益是

$$E(S, S') = Rx_1 + Sx_2 + Tx_3 + Px_4. \tag{5.21}$$

严格来说，这是在进行无限次重复的囚徒困境博弈的情况下，每一回合的期望收益. 一切都与 5.3 给出的结果一样，只是转移矩阵 M 不再具有很好的对称性，因此，一般说来，我们不能简单地写出特征向量 $\vec{x}$ 的表达式.

新的策略空间由一个四维的超立方体 $[0,1]^4$ 给出. 反应策略其实是该策略空间上的一个子集，它仅具有单向记忆（memory-one），即满足限制条件 $p_1 = p_3$，$p_2 = p_4$. 其他策略可表示如下：ALLD 由 $(0,0,0,0)$ 给出；ALLC 由 $(1,1,1,1)$ 给出；TFT 策略由 $(1,0,1,0)$ 给出. 对应 Axelrod 的支付取值，$R = 3, T = 5, S = 0, P = 1$，我们有 GTFT 策略为 $(1,1/3,1,1/3)$.

我们进行了一个略微有些差异的计算机模拟进化实验，它适应更大的策略空间. 起初我们有一个同质种群，都使用随机策略 $(1/2,1/2,1/2,1/2)$. 平均来说，在每次经历 100 代后，引入少量的新策略. 通过复制方程推演出选择动态. 新策略可能逐渐消失，也可能取代整个种群，或者与原来的策略建立一种平衡关系. 一段时间过后，再引入另外一个随机突变. 这些新突变策略服从策略空间中一个固定的随机分布. 由于位于超立方体边界的策略意义最大，所以考虑那些趋于边界的分布是有益的. 随着时间的推移，会不断引入新突变，所以，在这种情况下，动力学性质不同于经典的复制动态.

进行这个实验的初衷是为了证实 GTFT 策略的成功. 事实上，对于这个进化过程中的某些实例，GTFT 策略确实成为最终的获胜者. 但是，更多情况下，我们意外发现进化中出现了另外一种策略. 这个策略的确定性形式是 $(1,0,0,1)$. 在上一回合为 CC 或 DD 时，自身在本回合选择合作；在上一回合是 CD 或 DC 时，自身在本回合选择背叛. 这说明什么呢？

这个策略总是重复使其获得高收益 T 或 R 的策略，改变使其获得低收益 P 或 S 的策略. 因此，这个策略总是遵循简单的"胜 - 保持，败 - 改变（WSLS）"原则（图 5.8）.

Rapoport 其实也考虑过 WSLS 策略，但他意识到这个策略在面对 ALLD 时，每隔一轮总试图合作，

$$\begin{aligned} &\text{WSLS: } CDCDCDCD... \\ &\text{ALLD: } DDDDDDDD \end{aligned} \tag{5.22}$$

因此，Rapoport 称这个策略为"傻瓜"策略.

然而，注意到如果 $R > (T+P)/2$，WSLS 就能够抵制 ALLD 策略的入侵. 巧

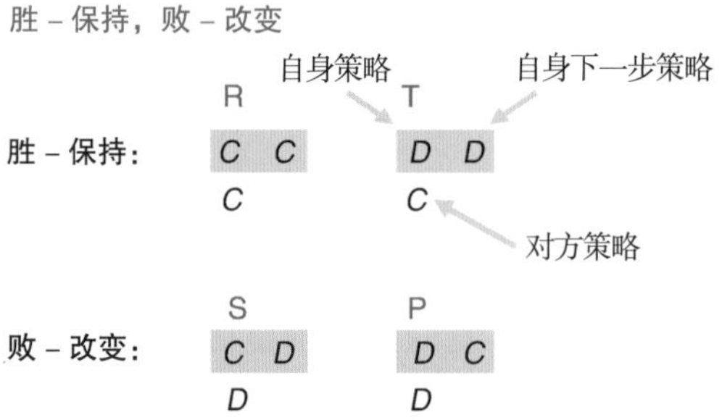

图 5.8　胜 – 保持，败 – 改变（WSLS）策略只关注自身的收益："如果我做得好，我仍继续现在的选择；如果我做得不好，我将尝试其他选择."上一回合相互合作，即 CC，自身获得支付 R.此时，WSLS 会再次选择合作.获得支付 R 和 T 并被视为"胜"，因此，WSLS 会保持目前选择；上一回合相互背叛，即 DD，自身会获得支付 P.此时，WSLS 从 D 转向 C.获得支付 S 和 P 并被视为"败"，因此，WSLS 会"改变"目前的选择.值得注意的是，在重复的囚徒困境中，这个简单而基本的规则比 TFT 策略和 GTFT 策略更好.

合的是，Axelrod 的支付取值具有特殊性，也就是 $R=(T+P)/2$.此时，WSLS 策略的变体策略($1,0,0,1-\varepsilon$)能够稳定的抵制 ALLD 策略的入侵.在 $R<(T+P)/2$ 时，我们发现策略$(1,0,0,x)$（其中 $x<(R-P)/(T-R)$），能够稳定抵制 ALLD 的入侵.

　　WSLS 具有一个很好的性质，就是它能够纠正偶发的差错.如果两个 WSLS 策略进行博弈，双方开始都选择合作，然后继续合作直到一方错误地选择了背叛.下一回合双方都选择背叛.首先背叛的一方获得了很高的收益，会高兴地再次选择背叛.合作的一方因此获得了低收益，感觉不快，由合作转向背叛.这时双方都选择背叛，都因收益降低而感到不快，再次都转向合作.回合序列如下

$$\text{WSLS: } CCCCC\overset{*}{D}DCCC...$$
$$\text{WSLS: } CCCCCCDCCC \tag{5.23}$$

　　星号表示出错的选择.回合序列看起来很符合人类的心理：一个差错导致短暂的争执，然后友谊得以恢复.WSLS 与 TFT 策略相比更有优势，因为它能够纠正偶发的差错.WSLS 是一种确定的纠错策略 (deterministic corrector)，而 GTFT 策略是一种随机纠错策略（图 5.9）.

　　与 GTFT 策略相比，WSLS 仍然具有优势.考虑 WSLS 对 ALLC 的博弈.最初双方都选择合作，而一段时间后 WSLS 发现 ALLC 不会选择背叛行为.这样 WSLS 就从合作转向背叛.回合序列是

$$\text{WSLS: } CCCCC\overset{*}{D}DDDD...$$
$$\text{ALLC: } CCCCCCCCCC \tag{5.24}$$

胜 – 保持，败 – 改变（WSLS）策略**能够**勘误

WSLS: $C\,C\,C\,\overset{*}{D}\,D\,C\,C\,C\,...$
WSLS: $C\,C\,C\,C\,D\,C\,C\,C\,...$

WSLS 相对 ALLC 占优

WSLS: $C\,C\,C\,\overset{*}{D}\,D\,D\,D\,D\,...$
ALLC: $C\,C\,C\,C\,C\,C\,C\,C\,...$

图 5.9　胜 – 保持，败 – 改变（WSLS）策略能够勘误．两个 WSLS 参与者，一个差错（红星）会导致一个回合的相互背叛，然后恢复合作．WSLS 相对 ALLC 占优．产生一个差错后，WSLS 转向背叛．因此，WSLS 会带来比 TFT 策略和 GTFT 策略更稳定的合作行为．与 WSLS 迥然不同的是，（ⅰ）TFT 策略不能纠正差错，（ⅱ）TFT 策略和 GTFT 策略都不能稳定地抵制向 ALLC 的随机漂变．

89

　　星号依然表示出错的选择．可悲的是，上述行为同样符合人类的心理：无条件的（无防备的）合作者最容易被人利用．

　　总之，在包含大量背叛者的群体中，TFT 策略最能激发合作．然而一旦合作建立起来，TFT 策略决不宽容的报复行为将导致其彻底垮台．宽容的策略，如 GTFT 策略或 WSLS 会取代 TFT 策略．不过，GTFT 策略种群能够转向无条件合作，从而使背叛者有机可乘．而 WSLS 策略种群能够稳定地抵制向 ALLC 的中性漂变，同时也能够抵制 ALLD 的入侵．事实证明，WSLS 并非一个傻瓜策略（图 5.10）．

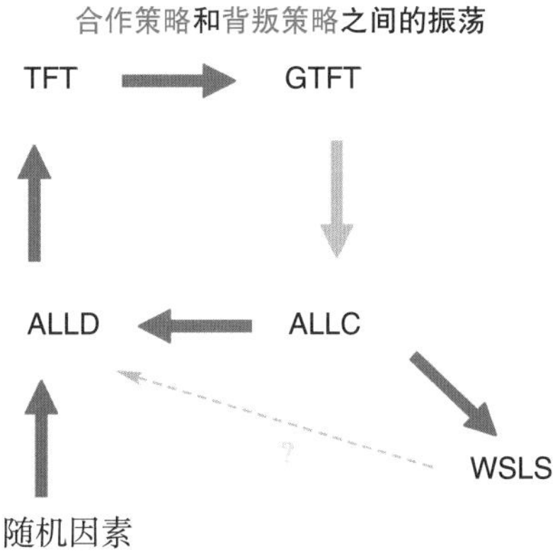

合作策略和背叛策略之间的振荡

图 5.10　战争与和平．在最初的随机策略"混战"中，背叛策略脱颖而出，且 ALLD 成为第一个赢家．而 TFT 策略最能激发合作，少数使用 TFT 策略的参与者群体就能够入侵并取代 ALLD．一旦 TFT 策略大量存在，由于它的绝不宽恕性会使其自身受损，TFT 策略最后被 GTFT 策略取而代之．如果每一个体都是友好大度的，生物的报复特性就会丧失．ALLC 作为中性突变出现并利用随机漂变占据整个种群．无条件合作者（ALLC）又会导致背叛者（ALLD）的兴起．这样，在战争与和平的较量中，社会形态在合作型和背叛型之间循环往复．这种循环被 WSLS 的出现打断，WSLS 能

91

够相对 ALLC 占优，并能抵制 ALLD 的入侵．我们偶尔会观察到 WSLS 被战胜的进化轨迹（点线箭头）；但是，其中蕴含的进化机制尚不完全清楚．

90

小结

◆ 合作意味着一方付出一定代价，而另一方获得一定收益.

◆ 在进化生物学中，用繁殖成功率来测度代价和收益.

◆ 自然选择作用将竞争引向合作的机制尚不明确.

◆ 在生物界中，合作现象十分普遍.

◆ 囚徒困境博弈模型抓住了合作的本质.

◆ 在囚徒困境中，背叛相对合作占优.

◆ 直接互惠是合作进化的机制之一，而重复的囚徒困境是研究直接互惠的一种方法.

◆ 以牙还牙（TFT）策略是直接互惠中一个简单且成功的策略. 该策略在第一回合选择合作，之后模仿对手上一回合的策略.

◆ 以牙还牙（TFT）策略有两个弱点：(ⅰ)不能纠正差错；(ⅱ)不能防止向"永远合作"（ALLC）策略的中性漂变.

◆ 大度的 TFT(GTFT) 策略在对手选择合作时选择合作，在对手背叛时仍有可能选择合作，且能够纠正差错.

◆ 对"反应策略"进行分析的结果表明，TFT 策略能够激发合作，但不是最终的获胜者. 它将被 GTFT 策略取代.

◆ 上述两种策略都不能打败 WSLS. WSLS 不仅可以纠正差错，并能稳定地抵制向 ALLC 的中性漂变.

6 有限种群

本章将着重考虑有限种群的进化动态. 在这里个体的多度 (abundance) 是由个体的数量直接测度的, 因此它不是一个连续变量. 在此条件下, 确定性的微分方程模型不再适合描述种群的进化动态, 而需要借助所谓的随机模型.

一般说来研究生物学问题的最佳方式是: 首先尝试一个确定性模型; 当确定性方程无法给出满意的答案时, 再尝试做随机分析. 通常微分方程比随机过程更加容易分析和解释, 但是许多重要的生物学效应只有在随机的背景下才能产生, 譬如中性漂变 (neutral drift). 在本章中我们将探讨在有限种群中的中性漂变和常数选择 (constant selection) 过程.

6.1 中性漂变

假定一个大小为 N 的种群中有两类个体 A 和 B. 它们具有相同的繁殖率和死亡率. 因此对于选择而言, A 和 B 是所谓中性变异 (neutral variants) 或选择中性的. 在任何一个时间步, 随机挑选一个个体进行繁殖, 再随机挑选出一个个体令其死亡. 这一过程 (替代取样法, sampling with replacement) 的基本规则是: 同一个体有机会同时被挑选去繁殖和死亡; 繁殖时不考虑突变, 即 A 的后代仍是 A, B 的后代仍是 B.

这一过程是由澳大利亚群体遗传学家 P. A. P. Moran 于 1958 年首次提出的, 并以其名字命名. 在任一时间步, 总是有一个个体出生, 一个个体死亡, 这样可以保证种群的大小是严格不变的 (见图 6.1). 在此过程中, 唯一的随机变量是 A 类个体的数量, 记为 i. 则可知 B 类个体的数量为 $N-i$. 仅具有一个随机变量的随机过程比具有两个或者更多个随机变量的过程研究起来要简单许多.

Moran 过程的状态空间是 $i = 0, 1, \cdots, N$. 挑选出 A 类个体 (出生或死亡) 的概率为 i/N, 挑选 B 类个体的概率是 $(N-i)/N$. 在任一时间步, 可能会出现以下四种情况:

(i) 选中一个 A 类个体, 繁殖并死亡. 该事件发生的概率为 $(i/N)^2$. A 类个体在种群中的数量维持不变, 随机变量 i 没有发生变化.

Moran 过程

挑选一个个体
进行繁殖

进行繁殖的个体的后代取代
死亡个体的位置.

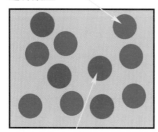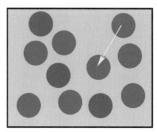

94

...挑选一个个体死亡

图 6.1 Moran 过程是研究有限种群选择过程的最简单的随机模型. 在每个时间步, 随机挑选两个个体: 一个个体进行繁殖, 另一个个体死亡. 后者的位置被前者的后代所取代. 这种随机选择可能会导致两次选中同一个个体进行繁殖和死亡, 即该个体被其自己的后代所取代. 无论如何, 种群的大小在这个过程中始终是常数.

(ii) 选中一个 B 类个体, 繁殖并死亡. 该事件发生的概率为 $[(N-i)/N]^2$. B 类个体在种群中的数量维持不变, 随机变量 i 也不会发生变化.

95

(iii) 分别挑选出一个 A 类个体和一个 B 类个体, A 个体进行繁殖, B 个体死亡. 该事件发生的概率为 $i(N-i)/N^2$. 该事件发生后, A 个体的数量会增加一个, 随机变量 i 变为 $i+1$.

(iv) 分别挑选出一个 B 类个体和一个 A 类个体, B 个体进行繁殖, A 个体死亡. 该事件发生的概率是 $i(N-i)/N^2$. 该事件发生后, A 个体的数量会减少一个, 随机变量 i 变为 $i-1$.

转移概率矩阵 $P=[p_{ij}]$ 给出了从状态 i 到状态 j 的转移概率. P 是一个 $(N+1)\times(N+1)$ 的随机矩阵, 所有的元素都表示转移概率, 且每一行的和为 1. 对于此随机过程, 转移概率矩阵的元素为

$$p_{i,i-1} = i(N-i)/N^2$$

$$p_{i,i} = 1 - p_{i,i-1} - p_{i,i+1} \quad \text{（译者注: 原书误为 } i+1\text{）} \quad (6.1)$$

$$p_{i,i+1} = i(N-i)/N^2$$

矩阵中其他位置的元素均为零. 该转移概率矩阵是所谓的三对角（tri-diagonal）矩阵, 也满足"生灭（birth-death）过程"的定义. 对于任意一随机步, 状态变量 i 的变化最多为 1（见图 6.2）.

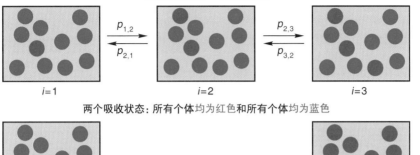

图 6.2　Moran 过程是一个生灭过程. 在任一时间步, 蓝色个体的数量 i 的变化最多为 1. 该过程具有两个吸收状态, $i=0$ 及 $i=N$. 在这两种状态下, 都是由一种颜色的个体最终占领整个种群. 没有可能再发生其他变化 (除非出现突变).

对于这一特定的生灭过程, 我们有

$$p_{0,0}=1 \quad p_{0,i}=0 \quad \forall i>0 \tag{6.2}$$

及

$$p_{N,N}=1 \quad p_{N,i}=0 \quad \forall i<N \tag{6.3}$$

状态 $i=0$ 和 $i=N$ 是"吸收状态"(absorbing states): 即一旦过程达到此状态, 就会永远停留下来. 状态 $i=1,2,\cdots,N-1$ 被称为瞬态. 随机过程在瞬态只能停留有限的时间. 最终种群会变成全 A (所有成员都是 A 类个体) 种群或全 B 种群. 尽管在这个过程中并没有引入选择机制, 但是由于最终一个类型的个体将完全被另一个类型的个体所替代, 因此不同类型的个体无法共存.

注意到该随机过程具有两个吸收状态, 那么一个自然的问题是: 从状态 i 出发, 到达状态 N 的概率有多大? 换言之, 若初始状态下种群中 A 个体的数量为 i, 那么最后种群成为全 A 种群的概率是多少?

我们做一个形式的计算, 其结果将在下一节被推广. 定义 x_i 为从状态 i 出发到达状态 N 的概率, 由于该过程没有其他吸收状态, 所以从状态 i 出发到达状态 0 的概率为 $1-x_i$.

$$x_0 = 0$$

$$x_i = p_{i,i-1} x_{i-1} + p_{i,i} x_i + p_{i,i+1} x_{i+1} \qquad \forall i = 1, \cdots, N-1 \qquad (6.4)$$

$$x_N = 1$$

从状态 i 出发到吸收状态 N 的概率由三部分组成:(i) 从状态 i 出发到达状态 $i-1$ 的概率与从状态 $i-1$ 出发到达吸收状态的概率的乘积;(ii) 停留在状态 i 的概率与从状态 i 出发到达吸收状态的概率的乘积;(iii) 从状态 i 出发到达状态 $i+1$ 的概率与从状态 $i+1$ 出发到达吸收状态的概率的乘积. 这样就得到一个关于 x_i 的迭代方程. 注意到 $x_0 = 0$,即从状态 0 出发永远都无法到达状态 N. 同理,我们有 $x_n = 1$,即从状态 N 出发将永远停留在此状态.

由于 $p_{i,i-1} = p_{i,i+1}$, $p_{i,i} = 1 - 2p_{i,i+1}$,线性系统(6.4)的解为

$$x_i = i/N \qquad \forall i = 0, \cdots, N \qquad (6.5)$$

这一结果是显然的. 由于所有的个体以相同的概率繁殖和死亡,一个特定个体的后代最终将占据整个种群的机会一定是 $1/N$(见图6.3).如果有 i 个 A 个体,那么其中之一的后代将占据整个种群的机会是 i/N(同理,$N-i$ 个 B 个体中的某一个体的后代将占据整个种群的概率为 $(N-i)/N$).

对于该随机过程的每一条样本轨道,最终只可能有两个归宿:即轨道进入状态 0 或者状态 N. 被状态 0 吸收的概率等于 1 减去被状态 N 吸收的概率. 从一个具有 $N-i$ 个 B 个体的种群演变为全 B 种群的概率是 $(N-i)/N$.

中性漂变

原种群中某一特定个体为新种群中所有个体的祖先的概率为 $1/N$

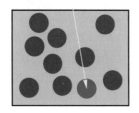

图 6.3 在一个有限种群中,如果时间足够长,种群中某一特定个体的后代们将占据整个种群. 如果所有个体都具有相同的适合度,那么当前在种群中出现的所有个体的机会是均等的. 因此,在中性漂变下,任意特定个体(的后代)的固定概率是 $1/N$.

6.2 生灭过程

现在我们给出一般生灭过程的计算方法. 生灭过程是定义于离散状态空间

$\{i=0,1,\cdots,N\}$ 上的一维随机过程. 当每一个随机事件发生时, 状态变量 i 可能保持不变、转移到状态 $i-1$ 或转移到状态 $i+1$.

令 α_i 为从状态 i 转移到状态 $i+1$ 的概率, β_i 为从状态 i 转移到状态 $i-1$ 的概率, 且 $\partial_i + \beta_i \leqslant 1$. 停留在状态 i 的概率是 $1 - \partial_i - \beta_i$. 考虑吸收状态为 $i=1$ 和 $i=N$ 的生灭过程. 显然有 $\alpha_0 = 0$, $\beta_N = 0$. 转移概率矩阵为

$$P = \begin{bmatrix} 1 & 0 & 0 & \cdots & 0 & 0 & 0 \\ \beta_1 & 1-\partial_1-\beta_1 & \partial_1 & \cdots & 0 & 0 & 0 \\ \vdots & \vdots & \vdots & \ddots & \vdots & \vdots & \vdots \\ 0 & 0 & 0 & \cdots & \beta_{N-1} & 1-\partial_{N-1}-\beta_{N-1} & \partial_{N-1} \\ 0 & 0 & 0 & \cdots & 0 & 0 & 1 \end{bmatrix} \quad (6.6)$$

令 x_i 是从状态 i 出发到达吸收状态 N 的概率. 易知, 从状态 i 出发到达状态 0 的概率是 $1-x_i$. 类似于式 (6.4) 可得

$$x_0 = 0$$

$$x_i = \beta_i x_{i-1} + (1-\partial_i-\beta_i)x_i + \partial_i x_{i+1} \quad i = 1, 2, \cdots, N-1 \quad (6.7)$$

$$x_N = 1$$

上式也可以写成向量形式

$$\vec{x} = P\vec{x} \quad (6.8)$$

吸收概率由对应于最大特征根的右特征向量 (right-hand eigenvector) 给出, 且由于 P 是随机矩阵, 所以其值为 1.

引入变量

$$y_i = x_i - x_{i-1} \qquad i = 1, 2, \cdots, N \quad (6.9)$$

注意到 $\sum_{i=1}^{N} y_i = x_1 - x_0 + x_2 - x_1 + \cdots + x_N - x_{N-1} = x_N - x_0 = 1$, 令 $\gamma_i = \beta_i / \partial_i$. 由式 (6.7) 可知 $y_{i+1} = \gamma_i y_i$. 因此, 有 $y_1 = x_1$, $y_2 = \gamma_1 x_1$, $y_3 = \gamma_1 \gamma_2 x_1$, 以此类推. 对上述所有表达式求和可得

$$x_1 = \frac{1}{1 + \sum_{j=1}^{N-1} \prod_{k=1}^{j} \gamma_k}. \quad (6.10)$$

由

$$x_i = x_1(1 + \sum_{j=1}^{i-1} \prod_{k=1}^{j} \gamma_k), \quad (6.11)$$

可知

$$x_i = \frac{1 + \sum_{j=1}^{i-1} \prod_{k=1}^{j} \gamma_k}{1 + \sum_{j=1}^{N-1} \prod_{k=1}^{j} \gamma_k}. \quad (6.12)$$

考虑由一个 A 个体和 $N-1$ 个 B 个体构成的种群. A 类个体的固定概率被

定义为由 A 类个体最终占领整个种群的概率，记为 ρ_A. 基本思想源于在 B 个体构成的同质种群中产生了一个类型为 A 的突变个体. 我们感兴趣的是这个突变在种群中固定下来的概率，即由突变 A 的后代最终占据整个种群的概率. 同理，令 ρ_B 为最初仅有一个 B 个体的种群最后演变为全 B 种群的概率. 注意到 A 和 B 的固定概率分别为 $\rho_A = x_1$ 和 $\rho_B = 1 - x_{N-1}$. 故有

$$\rho_A = \frac{1}{1 + \sum_{j=1}^{N-1} \prod_{k=1}^{j} \gamma_k}$$

$$\rho_3 = \frac{\prod_{k=1}^{N-1} \gamma_k}{1 + \sum_{j=1}^{N-1} \prod_{k=1}^{j} \gamma_k} \tag{6.13}$$

这两个固定概率之比可以简单地表示为 γ_i 的乘积，即

$$\frac{\rho_B}{\rho_A} = \prod_{k=1}^{N-1} \gamma_k \tag{6.14}$$

如果 $\rho_B / \rho_A > 1$，那么一个单独的 B 突变个体将更容易在 A 种群中得以固定.

在本节中所推导出来的固定概率对于其他类型的选择作用仍然成立，包括中性漂变、常数选择以及频率制约选择.

6.3 常数选择下的随机漂变

本节仍然研究与上节相同的过程，但是假设 A 的适合度是 r，B 的适合度是 1. 如果 $r > 1$，那么选择有利于 A 类个体. 如果 $r < 1$，那么选择倾向于 B 类个体. 如果 $r = 1$，就回到了上节讨论的中性漂变的情形. 在这一过程中引入适合度差异可以通过改变挑选 A 或 B 进行繁殖的概率来实现.

一个 A 类个体被挑选出来进行繁殖的概率是 $ri/(ri + N - i)$. 一个 B 类个体被挑选出来进行繁殖的概率是 $(N-i)/(ri + N - i)$. 一个 A 类个体死亡的概率是 i/N，一个 B 类个体死亡的概率是 $(N-i)/N$. 对于转移概率矩阵，我们有

$$p_{i,i-1} = \frac{N-i}{ri + N - i} \cdot \frac{i}{N}$$

$$p_{i,i} = 1 - p_{i,i+1} - p_{i,i-1} \tag{6.15}$$

$$p_{i,i+1} = \frac{ri}{ri + N - i} \cdot \frac{N-i}{N}$$

矩阵中所有其他元素都为零. 计算从状态 i 出发到达状态 N 的固定概率 x_i. 注意到

$$\gamma_i = \frac{p_{i,i-1}}{p_{i,i+1}} = \frac{1}{r}. \tag{6.16}$$

101

因此，从状态 i 出发最终到达吸收状态 N 的概率是

$$x_i = \frac{1-1/r^i}{1-1/r^N}. \tag{6.17}$$

一个 A 类个体在具有 $N-1$ 个 B 类个体的种群中固定下来的概率（见图 6.4）为

$$\rho_A = x_1 = \frac{1-1/r}{1-1/r^N} \tag{6.18}$$

同理，一个 B 类个体在具有 $N-1$ 个 A 类个体的种群中的固定下来的概率为

$$\rho_B = 1 - x_{N-1} = \frac{1-r}{1-r^N} \tag{6.19}$$

这两个固定概率之比是

102

$$\frac{\rho_B}{\rho_A} = r^{1-N} \tag{6.20}$$

对于一个有利的 A 突变来说，$r>1$，且在大种群条件下，$N \gg 1$，我们近似得到

$$\rho_A = 1 - 1/r \tag{6.21}$$

相对适合度为 r 的一个突变在种群中的固定概率为

$$\rho = \frac{1-1/r}{1-1/r^N}$$

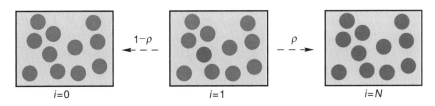

101

$i=0$ $1-\rho$ $i=1$ ρ $i=N$

图 6.4 假定在种群中出现了一个突变个体（以蓝色表示），其相对适合度为 r. 它的后代或者灭绝，或者占据整个种群. 突变个体占据整个种群的概率叫做"固定概率（fixation probability）"，即 $\rho = (1-1/r)/(1-1/r^N)$.

因此, 即使在一个无限大的种群中, 即 $N \to \infty$, 也不能保证一个有利突变最终将占据整个种群. 这是在研究进化问题时确定性模型与随机模型的重要区别. 在确定性背景下, 无论 r 的取值如何小, 只要 $r > 1$, 一个有利突变必然会繁衍, 最后占据整个种群. 在随机背景下, 无论种群大小 N 多么大, 突变灭绝的风险始终存在.

对于一个 $N = 100$ 的种群, 数值实例表明:

100% 的选择优势, $r = 2$, 则 $\rho = 0.5$.

10% 的选择优势, $r = 1.1$, 则 $\rho = 0.09$.

1% 的选择优势, $r = 1.01$, 则 $\rho = 0.016$.

中性突变, $r = 1$, 则 $\rho = 1/N = 0.01$.

1% 的选择劣势, $r = 0.99$, 则 $\rho = 0.005\,8$.

10% 的选择劣势, $r = 0.9$, 则 $\rho = 0.000\,003$.

我们也可以问: 适合度为 r 的突变在其以 $1/2$ 的概率占据整个种群之前会出现多少次? 答案是 $m = -\lg 2 / \lg(1-\rho)$. 很显然对于一个大小为 100 的种群, 一个 $r = 2$ 的突变会出现一次, 一个 $r = 1.1$ 的突变会出现 7 次, 一个 $r = 1.01$ 的突变会出现 44 次. 中性突变, 即 $r = 1$, 会出现 69 次. 劣势突变 $r = 0.99$ 和 $r = 0.9$ 分别会出现 119 次和 234\,861 次.

6.4 进化速率

设想有一个大小为 N 的可繁殖种群, 种群由 A 类个体构成. 在种群中由于突变出现一个 B 类个体的概率微乎其微. 假设在繁殖过程中发生突变. 突变率 μ 为从 A 突变成 B 的概率. 于是繁殖过程中没有发生突变的概率为 $1-\mu$. 在一个大小为 N 的 A 种群中需要等待多长时间才能产生一个 B 突变体? 注意到一个 B 突变出现的概率是 $N\mu$. 因此, B 突变发生需要等待的时间服从期望为 $1/(N\mu)$ 指数分布.

假定 B 类型个体的相对适合度为 r, A 类型个体的适合度是 1. 于是一个新的 B 突变占据种群的概率是

$$\rho = \frac{1 - 1/r}{1 - 1/r^N}. \tag{6.22}$$

种群由全 A 演变成为全 B 的进化速率为

$$R = N\mu\rho \tag{6.23}$$

一个 B 突变出现的概率是 $N\mu$. B 突变在种群中固定的概率是 ρ. 因此从全 A 到全 B 的转移概率是这二者的乘积.

如果 B 突变是中性的, 则 $\rho = 1/N$, 中性进化速率为

$$R = \mu. \tag{6.24}$$

中性进化速率独立于种群大小, 并且简单地等于突变率. 这个重要的结果由 Motoo Kimura 最先给出.

这一观点是所谓中性进化理论 (neutral theory of evolution) 的核心. 根据这一理论, 大多数能够被观察到的突变——例如比较人类和黑猩猩的遗传序列——是中性的, 在那些由物种的祖先经历上百万代的优化过程保留下来的基因则完全不可能发生所谓的有利突变. 另一方面, 由于被淘汰的概率很高, 有害突变不可能被观察到. 因此, 在任何系统发生过程中观察到的大多数突变应是中性的 (或接近中性的).

104

中性突变的累积率可以简单地由突变率表示, 它不依赖于种群大小, 且不受种群大小波动的影响. 如果突变率主要依赖于 DNA 复制的精确性, 而 DNA 的复制又是由在真核生物里很少发生改变的高度优化的酶系统控制完成的, 则进化速率应是一个常数. 中性理论为我们提供了一个 "分子钟 (molecular clock)" (见图 6.5).

中性理论的提出曾掀起一场支持者和反对者之间的激烈论战. 中性理论的极端拥护者认为所有可以观察到的突变, 例如在人类和黑猩猩之间, 都是中性的. 因此, 仅用中性变异 (variation) 就可以完全解释这两个物种的进化分支问题, 而适应 (adaptation) 是不重要的. 极端的适应论者则认为中性进化是不重要的, 甚至中性进化不能被认为是进化, 因为它仅仅代表没有适应的随机变异; 进化的本质是适应.

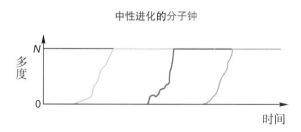

中性进化的分子钟

图 6.5 中性突变发生的速率是 $N\mu$, 这里 N 代表种群大小, μ 为突变率. 一个中性突变的固定概率是 $1/N$. 因此, 中性进化速率是 $R = N\mu/N = \mu$: 进化速率等于突变率, 而与种群大小无关. 这种关系甚至在总种群大小会随时间发生变化的情况下依然成立. 如果突变率是一个常数, 那么中性突变以一个常速率进行累积, 产生了所谓 "分子钟". 上图描述了三次成功占据整个种群的突变. 每次突变固定之前平均都经历 N 次失败的尝试.

104

6 有限种群

对于局外人来讲,这场争论的答案是显而易见的. 大多数分子变异是中性的. 因此，中性理论在研究遗传变异问题时是一个极好的模型. 在构建数学模型来计算物种间系统发生关系时，中性突变常常提供了一个很好的假设. 自从生命起源开始,在种群中固定下来的绝大多数突变确实是中性的. 仅在极少数情况下，有利突变发挥作用. 中性突变对于确定进化轨迹起到了极其重要的作用.

小结

◆ 有限种群的进化动态需要借助于随机理论.

◆ Moran 过程是一个生灭过程，它描述了有限种群的进化.

◆ 如果有限种群由不同类型的个体组成，那么在没有突变的情况下，最终只有一种类型会保留下来，其他类型将全部灭绝. 即使在所有个体适合度都相同的情况下情况亦是如此. 这种原理就被称为"中性漂变假说".

◆ 在一个大小为 N 的种群中，中性突变的固定概率是 $1/N$.

◆ 一个相对适合度为 r 的突变的固定概率是 $\rho = (1-1/r)/(1-1/r^N)$.

◆ 进化速率为种群大小 N、突变率 μ 以及突变的固定概率 ρ 的乘积.

◆ 中性进化的速率为突变率 μ，不依赖于种群大小（因为 $\rho = 1/N$）.

◆ 如果突变率是常数，那么在基因组水平上的中性突变就将以定常速率累积. 这种效应叫做"分子钟".

◆ 进化的中性理论认为基因组中固定下来的大多数突变是中性的.

7 有限种群中的博弈

在第 4 章中，我们已经利用进化博弈动力学中经典的复制方程讨论了无限种群中的确定性进化动态. 到目前为止，我们对于频率制约选择的全部理解都来源于复制方程. 但是，由于有限种群的进化动态受随机因素影响很大，所以这里我们将运用一种新的研究方法来考查有限种群中的进化博弈动态. 在有限种群中，随机漂变和频率制约选择的交互作用决定了进化博弈结果. 考虑下列含有 A 和 B 两类策略的种群，假设初始状态有一个采取 A 策略的个体，N–1 个采取 B 策略的个体，最终若 A 个体经过世代繁衍，其后代能够以一定概率统治整个种群而不是消亡，这个概率就被称为策略 A 的固定概率（fixation probabilities）. 我们可以通过计算固定概率来推测自然选择是否对某类策略存在偏好. 如果策略 A 的固定概率大于 1/N，那么自然选择就会有利于 A 取代 B.

对于有限种群的博弈动态而言，选择强度发挥了重要作用. 博弈中获得的支付会对个体的总适合度产生或强或弱的影响. 如果支付对适合度影响不大；就称选择为弱选择，反之，如果支付对个体适合度的影响很大，就称选择为强选择. 我们得到的部分结果只适用于选择极弱的情况. 相比之下，在经典的复制方程中，没有使用任何表示选择强度的参数.

生物学家之所以对严格的纳什均衡策略或进化稳定策略感兴趣，是因为在自然选择作用下，采取这类策略的种群能够抵制突变的入侵. 而我们将看到，上述进化稳定条件只对无限种群的确定性动态成立，对于有限种群中的随机性动态则需要提出新的进化稳定条件.

风险占优（risk dominance）策略是博弈论中一个非常重要的概念. 其定义如下：如果策略 A 和 B 都是自身的最佳响应（best reply），那么称具有较大吸引域的策略为风险占优策略. 我们将会看到，对于有限种群而言，风险占优策略不一定具有更大的固定概率，取而代之的是 1/3 定律：在弱选择作用下，对于充分大的种群数量 N，如果策略 B 的吸引域小于 1/3，那么自然选择将有利于 A 策略被固定下来.

7.1 基本模型和 1/3 定律

考虑一个两策略博弈，策略分别记为 A 和 B，相应的支付矩阵为

$$\begin{array}{c} \quad\ A \quad B \\ \begin{array}{c} A \\ B \end{array}\left(\begin{array}{cc} a & b \\ c & d \end{array}\right) \end{array} \tag{7.1}$$

限定种群大小为 N，其中采取 A 策略的个体数为 i，采取 B 策略的个体数 $N-i$. 就种群中每一个个体而言，有 $N-1$ 个其他个体，相应的，对单个 A 个体，种群中有 $i-1$ 个其他个体采取 A 策略，对单个 B 个体，种群中有 $N-i-1$ 个其他个体采取 B 策略. 种群中个体之间的相互作用是随机的，从而一个 A 个体与另外一个 A 个体相互作用的概率是 $(i-1)/(N-1)$，而与 B 个体之间相互作用的概率是 $(N-i)/(N-1)$；一个 B 个体与另外一个 B 个体相互作用的概率是 $(N-i-1)/(N-1)$，与 A 个体相互作用的概率是 $i/(N-1)$. 因此，A 和 B 的期望支付分别是

$$\begin{aligned} F_i &= \frac{a(i-1)+b(N-i)}{N-1} \\ G_i &= \frac{ci+d(N-i-1)}{N-1} \end{aligned} \tag{7.2}$$

指标 i 表示种群中含有 i 个 A 个体.

在经典的进化博弈动力学框架下，期望支付代表适合度. 无论是从遗传还是从文化传播的角度来看，个体繁殖速率都正比于相应的支付. 引入选择强度参数 w，则 A 和 B 的适合度为

$$\begin{aligned} f_i &= 1-w+wF_i \\ g_i &= 1-w+wG_i \end{aligned} \tag{7.3}$$

选择强度 w 介于 0 和 1 之间. 如果 $w=0$，则博弈对适合度没有影响，策略 A 和 B 是中性变量；如果 $w=1$，则选择作用强度很大，适合度完全由期望支付决定. 在 $w\to 0$ 的极弱选择情况下，支付对适合度影响不大. 图 7.1 给出了描述有限种群进化博弈动态的基本模型.

值得关注的是，在描述无限种群的确定性复制动力学模型中，代表选择强度的参数 w 曾被忽略，而它在描述有限种群的随机过程中将发挥极其关键的作用. 下面我们将给出在极弱选择情况下的优美结果.

考虑下面的 Moran 过程，它描述 A、B 两策略的随机进化过程，（7.3）给出了频率制约选择下的适合度形式. 状态变量 i 表示采取 A 策略的个体的数量. 从状态 i 转移到状态 $i+1$ 的概率是

有限种群中的博弈

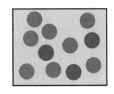

图中有 i 个 A 类个体和 $N-i$ 个 B 类个体

110

A 的适合度是：

$$f_i = 1 - w + w \frac{a(i-1) + b(N-i)}{N-1}$$

B 的适合度是：

$$g_i = 1 - w + w \frac{ci + d(N-i-1)}{N-1}$$

参数 w 表示选择强度

图 7.1 我们可以研究大小为 N 的有限种群中的进化博弈动态. 在该种群中，每一个体可以与另外的 $N-1$ 个体相互作用，个体的期望支付由彼此的相互作用决定. a,b,c,d 代表支付矩阵中的支付大小. 参数 w 表示选择强度，其取值介于 0 和 1 之间. 如果 $w=1$，则个体适合度等于它的支付；如果 $w=0$，则每一个体将具有相同的适合度. 较小的 w 对应弱选择：此时对应的博弈行为对个体的总适合度影响很小. 在任意一个时间步，一个个体被挑选出来进行繁殖，繁殖速率正比于其适合度，同时在另外 $N-1$ 个个体中随机地选一个个体被消灭，到底是哪个个体被消灭是由随机因素决定的. 这样，种群大小保持不变.

$$p_{i,i+1} = \frac{if_i}{if_i + (N-i)g_i} \frac{N-i}{N}. \tag{7.4}$$

从状态 i 转移到 $i-1$ 的概率是

$$p_{i,i-1} = \frac{(N-i)g_i}{if_i + (N-i)g_i} \frac{i}{N}. \tag{7.5}$$

从而过程保持在状态 i 的概率为

110

$$p_{i,i} = 1 - p_{i,i+1} - p_{i,i-1}. \tag{7.6}$$

从状态 i 转移到其他状态的概率是 0.

注意到 $p_{0,0}=1$ 和 $p_{N,N}=1$，因而上述 Moran 过程含有两个吸收态，$i=0$ 和 $i=N$. 一旦种群到达吸收状态，那么种群将永远保持在那里. 任何由 A 和 B 构成的混合种群最终将达到全 A 或全 B 状态. 下面分别给出 A 和 B 的固定概率（图 7.2）.

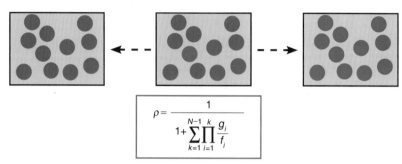

A 策略的固定概率

111

$$\rho = \frac{1}{1 + \sum_{k=1}^{N-1} \prod_{i=1}^{k} \dfrac{g_i}{f_i}}$$

若 $\rho > 1/N$，则选择有利于 A 取代 B

若 $\rho < 1/N$，则选择抵制 A 取代 B

图 7.2 ρ 表示频率制约选择作用下的固定概率. 对于一个中性突变，有 $\rho=1/N$. 当 $\rho > 1/N$ 时，选择有利于入侵策略；当 $\rho < 1/N$ 时，选择抵制入侵策略.

---

111   向后转移概率和向前转移概率之比为

$$\frac{p_{i,i-1}}{p_{i,i+1}} = \frac{g_i}{f_i}. \tag{7.7}$$

结合第 6 章中的式（6.13），A 的固定概率可以写成

$$\rho_A = 1 \Big/ \left(1 + \sum_{k=1}^{N-1} \prod_{i=1}^{k} \frac{g_i}{f_i}\right). \tag{7.8}$$

A 和 B 的固定概率之比为

$$\frac{\rho_B}{\rho_A} = \prod_{i=1}^{k} \frac{g_i}{f_i}. \tag{7.9}$$

112   现在考虑极弱选择的情况，将等式（7.8）在 $w \to 0$ 处进行泰勒展开，有

$$\rho_A \approx \frac{1}{N} \frac{1}{1 - (\partial N - \beta)w/6} \tag{7.10}$$

这里 $\partial = a + 2b - c - 2d$，$\beta = 2a + b + c - 4d$.

如果 $\rho_A > 1/N$，那么选择有利于 A 被固定下来. 从等式（7.10）得到：条件 $\rho_A > 1/N$ 等价于条件 $\alpha N > \beta$. 即

$$a(N-2) + b(2N-1) > c(N+1) + d(2N-4). \tag{7.11}$$

对于一个只有两个个体的种群，$N=2$，我们有

$$b > c. \tag{7.12}$$

这个结果意义很明显：在一个由单个 A 个体和单个 B 个体组成的混合种群中，前者所获得的支付为 b，后者所获得的支付为 c；如果 $b>c$，自然选择会更青睐 A（图7.3）.

对于大种群，不等式（7.11）就变成

$$a+2b>c+2d. \qquad (7.13)$$

那么怎么理解这个条件呢？

考虑一个博弈，满足 $a>c$ 且 $b<d$. 此时，A 和 B 都是自身的最佳响应. 这里假设种群充分大. 如果 A 的频率高，那么 A 相对于 B 具有更大的适合度，反之亦然，如果 B 的频率高，那么 B 相对于 A 具有更大的适合度. 这样就存在一个频率临界点，在这一点上 A 和 B 具有相同的适合度. 要得到该博弈的平衡点，只需要在等式（7.2）中令 $F_i=G_i$ 即可. 对充分大的 N，当 A 的频率满足下式时，可到达平衡点.

$$x^* = \frac{d-b}{a-b-c+d}. \qquad (7.14)$$

在复制方程中，x^* 定义了一个不稳定平衡点.

由不等式（7.13）可得，A 更受青睐的条件是

$$x^* < 1/3. \qquad (7.15)$$

对于**弱选择**而言，有

$$\rho>1/N$$

等价于

$$a(N-2)+b(2N-1)>c(N+1)+d(2N-4)$$

113

112

对于 $N=2$: $b>c$

$N=3$: $a+5b>4c+2d$

$N=4$: $2a+7b>5c+4d$

$N=5$: $3a+9b>6c+6d$

...

对比较大的 N: $a+2b>c+2d$

图7.3 当选择极弱，即 $w \to 0$ 时，$\rho>1/N$ 等价于一个关于 N 的线性不等式. 因此，对于给定的 N，选择是否有利于某个策略可以由一个简单的表达式确定.

因此，若在不稳定平衡点处 A 的频率小于 1/3，那么对一个大小为 N 的有限种群而言，在极弱选择的情况下，单个 A 突变最终占据整个种群的概率将会大于 $1/N$. 这时选择青睐 A. 条件 $x^* < 1/3$ 也说明 B 的吸引域小于 1/3（图 7.4）.

114　　如果 $a > c$ 且 $b > d$，那么策略 A 相对 B 占优. 此时，$x^* < 0$，不等式（7.13）自然成立. 因此，如果 A 相对 B 占优，那么在充分大的种群中，选择将有利于 A 而不利于 B. 而在小种群中，选择将有利于劣势策略 B. 这样，就存在一个临界种群大小 N_c，当 $N < N_c$，选择有利于劣势策略 B；当 $N < N_c$，选择有利于占优策略 A.

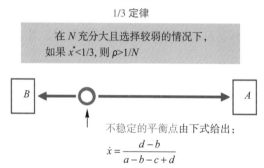

113　　图 7.4　在有限种群进化博弈中，存在一个令人惊讶的 1/3 定律. 考虑一个两策略博弈，策略分别记为 A 和 B. 该博弈具有双稳态，即满足 $a > c$，$b < d$. 在复制方程中，不稳定平衡点由 A 的频率 $x^* = (d-b)/(a-b-c+d)$ 给出. 考察有限种群的动态，如果 $x^* < 1/3$，则 $\rho > 1/N$，即选择将有利于策略 A. 换句话说，一个策略如果在其频率为 1/3 时具有更高的适合度，那么它的固定概率会大于 $1/N$. 1/3 定律的成立要求选择作用极弱并且种群数量很大.

7.2　有限种群中的进化稳定性

由上文所得结果可以直接导出有限种群中的进化稳定性的概念. 众所周知，进化稳定策略的定义是建立在无限种群选择动力学研究基础之上的. 在支付矩阵 7.1 中，如果满足：(ⅰ) $d > b$ 或 (ⅱ) $d = b$ 且 $a < c$，策略 B 是 ESS. 这些条件意味着在无限大的 B 种群中选择抵制频率极低的 A 个体的入侵.

限定种群大小为 N，当下面两个条件满足时，B 成为进化稳定策略 ESS_N：(ⅰ) 选择抵制 A 入侵 B（单个 A 突变在 B 种群中具有更低的适合度）；(ⅱ) 选择抵制 A 取代 B，即 $\rho_A < 1/N$，$\forall w > 0$（图 7.5）.

有限种群的进化稳定性

	A	B
A	a	b
B	c	d

B 是 ESS_N，如果下述条件成立

1. 选择抵制 A 入侵 B:　　$b(N-1)<c+d(N-2)$　　**115**

2. 选择抵制 A 取代 B:　$a(N-2)+b(2N-1)<c(N+1)+d(2N-4)$

图 7.5　有限种群进化稳定性必须满足下面两个合理性条件. 进化稳定策略（ESS）在选择作用下必须能抵制突变策略的入侵和固定. 如果单个突变的适合度低于原策略的适合度，选择就抵制入侵；如果突变的固定概率低于 $1/N$，选择就抵制突变的固定. 第一个条件是关于 N 的一个简单的线性不等式，第二个条件是弱选择作用下关于 N 的线性不等式.

第一个条件等价于

$$b(N-1)<c+d(N-2). \tag{7.16}$$　**114**

第二个条件对于较小的 w 等价于

$$a(N-2)+b(2N-1)<c(N+1)+d(2N-4). \tag{7.17}$$

当 $N=2$ 时，上面两个条件均退化为 $b<c$. 当 N 很大时，上面两个条件可以分别简化为 $b<d$ 和 $x^*>1/3$. 所以经典的 ESS 概念给出的条件对于小种群而言，既不必要也不充分；对于较大的有限种群，必要但不充分（图 7.6）. 如果考虑一个具有很多不同策略的博弈，那么上面这两个条件必须对任一策略都成立.

我们为何要提出 ESS_N 这一概念呢？如果一个策略是 ESS_N，那么其他任何　**116**
一个突变策略必然具有较低的适合度，这样选择就会抵制其他策略的初始扩散. 但在前面我们已经看到，在一个有限种群中，即使一个策略的初始扩散会受到选择作用的抵制，这个策略最后仍有可能受到选择青睐而被固定下来. 因此，第二个条件要求，一个策略要成为 ESS_N，必须使其他每一个策略的固定概率都小于阈值 $1/N$. 总之，我们仅仅需要在自然选择下使同质的 ESS_N 种群能够抵制入侵和替代. Maynard Smith 在对无限种群确定性进化动态的研究中提出了 ESS 概念，上面这些条件是这一概念的自然延伸，在图 7.7 中，我们将讨论两个实例.

对于较小的 $N(N=2)$

B 是 ESS_N，如果

1. $b<c$ 经典的 ESS 条件既不必要，也不充分
2. $b<c$

对于较大的 N

B 是 ESS_N，如果

1. $b<d$ 经典的 ESS 条件是必要的，但不是充分的
2. $x^*>1/3$

图 7.6   进化博弈过程中种群数量的最小取值是 $N=2$. 此时，进化稳定的两个条件就退化为 $b<c$. 当 N 很大时，入侵的条件是 $b<d$ 且固定概率 $x^*>1/3$（注：此处书中有误）. 因此，对小种群而言，经典的 ESS 概念对于保证进化稳定来讲，既不必要，也不充分. 对于种群数量很大但仍有限时，经典的 ESS 概念是必要的，但不是充分的.

两个实例

	A	B
A	20	0
B	17	1

A 对于 $N>12$ 是 ESS_N
B 对于 $N<53$ 是 ESS_N

	A	B
A	1	28
B	2	30

A 对于 $N<22$ 是 ESS_N
B 对于 $N>17$ 是 ESS_N

图 7.7   两类策略中究竟哪一个是 ESS_N 取决于种群大小. 本图中展示了两个有趣的例子. 在第一个例子中，A 和 B 都是严格的纳什均衡. 在有限种群中，当 $N=2,3,\cdots,12$ 时，B 是唯一的 ESS_N；当 $N=13,\cdots,52$ 时，A 和 B 都是 ESS_N；当 $N\geqslant53$ 时，A 是唯一的 ESS_N. 在第二个例子中，B 相对 A 占优. 在有限种群中，当 $N=2,3,\cdots,17$ 时，A 是唯一的 ESS_N；当 $N=18,\cdots,21$ 时，A 和 B 都是 ESS_N；当 $N\geqslant22$ 时，B 是唯一的 ESS_N.

如果 $d>b$，那么 B 相对于 A 就是一个严格的纳什均衡和进化稳定策略. B 是严格的纳什均衡意味着 B 在自然选择的作用下能够抵制其他入侵者，其具体意义如下：对于满足 $d>b$ 条件的支付矩阵（7.1），以及给定的选择强度 $0<w\leqslant1$，当 $N\to\infty$ 时，都有 $\rho_A\to0$ 成立. 而对任意一个大小为 N 的有限种群，选择可能会有利于 A 被固定.

7.3 风险占优

有时我们感兴趣的是 A 能否取代 B，或 B 能否取代 A. 记 ρ_A 和 ρ_B 分别为 A 和 B 的固定概率，假设 A 和 B 都是自身的最佳响应，那么在选择作用极弱并且种群数量很大的情况下，我们发现 $\rho_A > \rho_B$ 等价于

$$a+b>c+d. \tag{7.18}$$

如果 A 和 B 都是自身的最佳响应，即满足 $a>c$ 且 $b<d$，那么上述条件意味着 A 是风险占优的，因为 A 具有较大的吸引域. 不等式（7.18）可改写为 $x^* < 1/2$.

记 ρ_A 为单个 A 个体在全 B 种群中的固定概率，ρ_B 为单个 B 个体在全 A 种群中的固定概率. 那么

$$\frac{\rho_A}{\rho_B} = \prod_{i=1}^{N-1} \frac{f_i}{g_i}. \tag{7.19}$$

在弱选择（w 很小）情况下，有

$$\frac{\rho_A}{\rho_B} = 1 + w[\frac{N}{2}(a+b-c-d)+d-a]. \tag{7.20}$$

式（7.20）也可以由式（7.10）及其对称形式 $\rho_B = (1/N)/[1-(\alpha'N-\beta')w/6]$ 得到，这里 $\alpha' = -2a-b+2c+d$，$\beta' = -4a+b=c+2d$.

从而，$\rho_A > \rho_B$ 等价于

$$(N-2)(a-d) > N(c-b). \tag{7.21}$$

对于充分大的 N，（7.21）意味着 $a-c>d-b$. 因此，如果 A 和 B 都是严格的纳什均衡，那么风险占优策略具有更大的固定概率. 而对一般的 N 和 w，风险占优不能确定 ρ_A 是否大于 ρ_B. 图 7.8 给出了风险占优和 1/3 定律之间的联系.

118

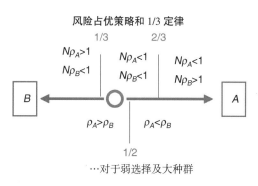

…对于弱选择及大种群

图 7.8　该图说明了 1/3 定律和风险占优策略之间存在的关系. ρ_A 和 ρ_B 分别表示 A 和 B 的固定概率；红圈表示不稳定平衡点 x^*. 如果 $x^* < 1/3$，那么 $N\rho_A > 1 > N\rho_B$，选择有利于 A 抵制 B；如果 $x^* > 2/3$，那么 $N\rho_B > 1 > N\rho_A$，选择有利于 B 抵制 A；如果 $1/3 < x^* < 2/3$，那么 $N\rho_A$ 和 $N\rho_B$ 都小于 1，选择抵制两类策略的固定. 风险占优取决于 x^* 是否大于 1/2：如果 $x^* < 1/2$，A 是风险占优的；$x^* > 1/2$，B 是风险占优的. 对于有限种群进化博

118

弈过程，我们发现 $x^* < 1/2$ 等价于 $\rho_A > \rho_B$；$x^* > 1/2$ 等价于 $\rho_A < \rho_B$. 对于无限大种群和弱选择，这些关系全部成立. 总之，风险占优不能决定策略固定概率的大小关系.

注意到 ρ_A 和 ρ_B 可能都小于 $1/N$，此时，选择作用会抵制 A 和 B 之间的替代（正向或逆向）. 在 ρ_A 和 ρ_B 都大于 $1/N$ 的情况下，选择作用会有利于 A 和 B 之间的替代（正向或逆向）.

7.4   TFT 策略能够入侵"ALLD"策略

在非重复囚徒困境中，背叛相对合作占优. 在重复囚徒困境中，两个参与者相遇次数大于 1，进而存在很多策略可能会使合作行为不被背叛行为入侵（见第 5 章）. 其中之一就是以牙还牙（Tit-for-tat, TFT）策略，也就是在第一局合作，然后模仿对手在前一局的选择. 如果局数大于临界值，那么"总是背叛（ALLD）"策略或 TFT 策略彼此都不会被对方入侵. 如果每个参与者都采取 ALLD 策略，那么采取 TFT 策略的参与者会具有较低的适合度. 反之，如果每个个体都采取 TFT 策略，那么采取 ALLD 策略的参与者就会具有较低的适合度. 于是 TFT 可以维持合作，而 ALLD 可以维持背叛. 现在的问题是，合作是怎样建立起来的呢？

ALLD 能够抵制 TFT 的入侵的结论源于对无限种群的进化稳定性和博弈动态的分析. 如果无限种群中所有个体都选择 ALLD，那么小部分的 TFT 参与者会具有较低的适合度，从而 TFT 对 ALLD 的每一次入侵都会被自然选择淘汰掉.

在平均具有 m 个回合的重复囚徒困境中，TFT 和 ALLD 博弈的支付矩阵是

$$
\begin{array}{c}
\quad\quad\quad \text{TFT} \quad\quad\quad \text{ALLD} \\
\begin{array}{c} \text{TFT} \\ \text{ALLD} \end{array}
\begin{pmatrix}
mR & S+(m-1)P \\
T+(m-1)P & mP
\end{pmatrix}
\end{array}
\tag{7.22}
$$

按照之前的假设，囚徒困境满足条件 $T > R > P > S$. 如果平均回合数 m 超过临界值，即

$$
m > \frac{T-P}{R-P},
\tag{7.23}
$$

那么 ALLD 对 TFT 不占优. 此时两个策略彼此都能稳定地抵制对方入侵.

现在研究 TFT 策略和 ALLD 策略在有限种群中的进化博弈动力学性质. 我们可以利用支付矩阵（7.22）和等式（7.8）来计算单个 TFT 参与者的后代在 ALLD 种群中的固定概率，记为 ρ. 图 7.9 显示 $N\rho$ 是 N 的单峰函数. 在一个广泛的参数取值范围内，存在适中的种群数量 N，使得选择青睐 TFT. 因此，自然选择可能会有利于单个 TFT 个体入侵并取代 ALLD 群体. 有趣的是，对于种群大小来讲，存在一个最小和一个最大的临界值，在这两个临界值的范围内，自然选择才会青睐 TFT. 对于小种群来讲，存在一种很强的损害效应（strong

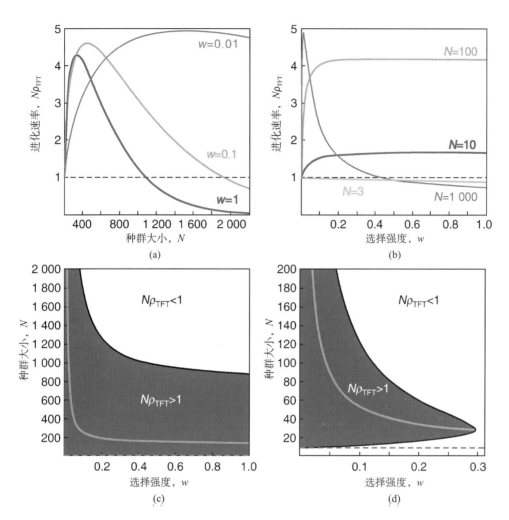

图 7.9 图（a）中，种群大小有限，选择有利于 ALLD 取代 TFT. 进化速率 $N\rho_{TFT}$ 是关于种群大小 N 的单峰函数. 当 N 取值适中时，TFT 会受到正向选择（positive selection），即 $N\rho_{TFT} > 1$. 图（b）中，$N\rho_{TFT}$ 是选择强度 w 的函数. 当 N 较小时，对任意 w，$N\rho_{TFT} < 1$ 成立；当 N 较大时，对任意 w，$N\rho_{TFT} > 1$ 成立. 对更大的 N，只要 w 小于一定值，$N\rho_{TFT} > 1$ 仍成立. 图（c）和图（d）中，当 N 和 w 处于蓝色阴影区域时，$N\rho_{TFT} > 1$；浅蓝色的线表示在给定 w 的前提下，$N\rho_{TFT}$ 达到最大时所对应的 N 值. 从红色虚线看出，在极弱选择下，TFT 受到正向选择所需要的最小种群数量为 $N_{min} = (2a + b + c - 4d)/(a + 2b - c - 2d)$. 图中参数值为 $R = 3, T = 5, P = 1, S = 0$，（a）–（c）中回合数为 $n = 10$，（d）中回合数为 $n = 4$.

effect of spite）：即帮助另一个体将使自身极其不利；当 $N=2$ 时，TFT 相对于 ALLD 总具有较低的适合度. 对于非常大的种群来讲，单个 TFT 个体也不太可能扩大到入侵所需的临界频率 x^*（图 7.10）. 因此，产生合作行为的前提是种群数量必须要适中，既不能太小，也不能太大.

结合支付矩阵（7.22）和条件（7.11），有

$$m > \frac{T(N+1) + P(N-2) - S(2N-1)}{(R-P)(N-2)}. \qquad (7.24)$$

由上述不等式可以得到，在给定种群大小为 N 时，自然选择有利于 TFT 取代 ALLD 的最小回合数. 注意到这时种群大小的最小值为 $N=3$. 对于大种群，我们有

$$m > \frac{T+P-S}{R-P}. \qquad (7.25)$$

上述不等式保证 ALLD 的吸引域小于 1/3.

考虑下面的支付取值对应的结果：$R=3, T=5, P=1, S=0$. 当 $N=3$ 时，回合数 $m > 10.5$. 当 $N=4$ 时，回合数 $m > 6.75$. 当 N 充分大时，只需要 $m > 3$.

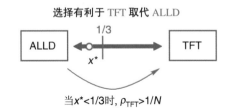

图 7.10　在有限种群中，只需不稳定平衡点小于 1/3，单个 TFT 突变在 ALLD 群体中的固定概率就将大于 $1/N$, 这个条件在重复囚徒困境中很容易满足.

小结

◆ Moran 过程能够用来研究有限种群的进化博弈动态.
◆ 选择强度是至关重要的，博弈行为的支付能对适合度产生或大（强选择）或

小（弱选择）的影响.

◆ 固定概率决定选择是否有利于突变策略取代原有策略.

◆ 对于充分小的种群, 如果满足 $b > c$, 自然选择将有利于 A 取代 B.

◆ 在大种群且选择作用较弱（w 很小）的情况下, 如果满足 $a + 2b > c + 2d$, 自然选择将有利于 A 取代 B. 如果 A 和 B 都是自身的最佳响应, 那么这个不等式意味着 B 的吸引域小于 1/3.

◆ 通过分析自然得到有限种群中进化稳定的条件, 这些条件阐明了在什么情况下选择作用能够有利于原有策略抵制突变策略的入侵和取代.

◆ 当种群大小有限时, 经典的 ESS 和纳什均衡条件对于保证一个策略受到自然作用的保护而言, 是既不必要也不充分的.

◆ 即使 A 对 B 风险占优, B 仍有可能具有比 A 更高的固定概率. 只有在极弱选择和种群数量很大的情况下, 风险占优才能够决定固定概率之间的大小关系.

◆ 在有限种群中, 自然选择可能会有利于单个突变的合作策略（例如 TFT）的后代取代 ALLD 策略.

8 进化图论

到目前为止，我们仅仅就同质种群（homogeneous population）的进化动力学性质进行了讨论，而忽略了种群空间结构对进化动态的影响. 本章将深入讨论种群空间结构对进化动态的影响，并提出基本的研究框架. 在此框架下，种群中的个体用图的顶点来表示，个体间相互作用由连接顶点的边来表示. 如果存在一条从顶点 i 到顶点 j 的边，那么从遗传学角度来看，它表明 i 的子代可以取代 j. 从文化传播的角度来看，它表明某些信息（新思想）可以从 i 传播到 j.

无论是生态系统中动植物的空间结构，还是多细胞生物体内细胞的空间结构（包括细胞分化等级），都可以通过图来描述. 例如：干细胞逐级分化成多种细胞. 许多多细胞动物的器官都具有类似的结构，以延缓癌症的发作（见第 12 章）. 我们也可以用图来表示人类社会网络. 在这个意义下，图的动态变化可以描述文化演变(cultural evolution)和新发明或新思想的传播. 显然，在人类社会中，空间结构具有重要影响，处于中心位置的个体很有可能比其他个体更具影响力.

一方面，我们将要考虑：是否存在某些特定的图，在这些图上，有利突变的固定概率有所提高，进而促进进化速率 (rate of evolution) 的提高. 另一方面，是否存在相反的情形，即是否存在某些图，能够完全消除选择对于进化的影响？是否可以用非结构化种群 (unstructured populations) 来刻画所有进化动态（以固定概率表示）相同的图？这里假设在我们所考虑的时间尺度上图不会随时间变化，随时间变化的图将在以后继续探讨.

尽管本章仅仅是我们对大量未知领域的初步探索，但我坚信许多深入的研究工作极有可能会在此基础上更好地开展下去. 在群体遗传学中，关于种群结构究竟是如何影响进化动态这一议题一直具有重大的意义. 要想从数学上更深刻地理解人类社会的文化演变，同样也需要对社会网络的进化动态进行研究. 尽管本章主要讨论的是常数选择，但在最后一节中，我们也探讨了图上的博弈动态，并给出了关于合作进化的一个极好的结果.

8.1 基本思想

记种群内所有个体为 $i = 1, 2, \cdots, N$. 在每个时间步，随机挑选一个个体进行繁殖. i 的子代取代 j 的子代的概率由 w_{ij} 给出. 于是该过程是由一个 $N \times N$ 的矩阵 $W = [w_{ij}]$ 来确定的. 矩阵 W 中的所有元素都表示概率, 即取值介于 0 和 1 之间. 不仅如此, 任何一个个体的子代必然都有一个"归宿". 因此, $\sum_{j=1}^{N} w_{ij}$ 必然等于 1. 矩阵 W 是随机的.

设想图的顶点代表所有个体. 如果 $w_{ij} > 0$, 则存在一条从顶点 i 到顶点 j 的边. 如果 $w_{ij} = 0$, 则不存在从顶点 i 到顶点 j 的边. 这样矩阵 W 就定义了一个加权有向图 (weighted digraph). 在该有向图上, 顶点 i 和 j 之间可能存在两条边: 一条由 i 到 j; 另一条由 j 到 i (图 8.1).

进化图论

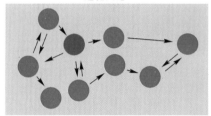

1. 个体由图的顶点表示
2. 子代所处的位置由边确定

图 8.1 进化图论 (evolutionary graph theory) 是研究种群结构对进化动态影响的一种有效途径. 个体由图的顶点表示, 图的边则指示繁殖. 在每个时间步, 随机挑选一个个体进行繁殖, 每个个体被挑选到的概率与其适合度成正比. 被选出个体的某一近邻被取代的概率与连接它们的边的权重成正比. 我们可以将进化图论理解为遗传繁殖或文化模仿.

一个个体的子代取代另一个个体的思想来源于 Moran 过程. 该过程对应于权重完全相同的完全图, 即对所有 i 和 j, 有 $w_{ij} = 1/N$ 成立. 完全图的定义如下: 所有顶点之间都存在边, 即任意一个个体的子代都能够取代其他任何一个个体 (图 8.2).

Moran 过程所对应的权重完全相同的完全图

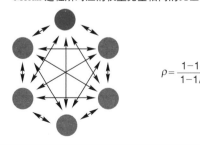

$$\rho = \frac{1 - 1/r}{1 - 1/r^n}$$

图 8.2 由一个完全图给出的非结构化种群: 任何两个顶点之间都存在一条边, 所有的边都具有相同的权重. 在该图上的进化过程等价于具有相同固定概率的 Moran 过程.

 8 进化图论

8.2 初步探索

我们要解决的首要问题是：在图上随机位置产生的新突变的固定概率是什么？

8.2.1 有向环

在第一个例子里，我们来看大小为 N 的有向环 (图 8.3). W 矩阵由下式给出：

$$W = \begin{pmatrix} 0 & 1 & 0 & \cdots & 0 & 0 \\ 0 & 0 & 1 & \cdots & 0 & 0 \\ 0 & 0 & 0 & \cdots & 0 & 0 \\ \vdots & \vdots & \vdots & \cdots & \vdots & \vdots \\ 0 & 0 & 0 & \cdots & 0 & 1 \\ 1 & 0 & 0 & \cdots & 0 & 0 \end{pmatrix}$$

(8.1)

最初所有个体都属于 A 型，一段时间之后，产生一个相对适应度为 r 的 B 型突变. 该 B 个体经过繁衍，最终其后代或者灭绝，或者占领整个种群. 从一个 B 型突变开始，只可能逐步形成一条由许多 B 个体组成的长串. 且其不可能断裂为两个或更多个片段. 这个事实使得固定概率的计算变得十分简明.

令 m 表示 B 个体的数量. 欲使 m 减少 1，则在有向环中位于整个 B 串 (B cluster) 之前且与 B 串相邻的一个 A 个体就必须被挑选出来进行繁殖. 这样 B 个体的数量由 m 变为 $m-1$ 的概率为

与 Moran 过程具有相同固定概率的有向环

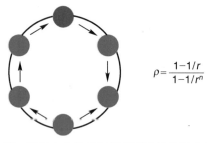

$$\rho = \frac{1-1/r}{1-1/r^n}$$

图 8.3　如果图是一个有向环，则每个个体的子代都可以被放置在与其邻接的位置上. 容易证明：相对适合度为 r 的单个突变的固定概率与 Moran 过程的固定概率相同.

$$p_{m,m-1} = \frac{1}{N-m+rm}. \tag{8.2}$$

欲使 m 增加 1，则位于 B 串末端的 B 个体必须被挑选出来进行繁殖. 因此，B 个体的数量由 m 变为 $m+1$ 的概率为

$$p_{m,m+1} = \frac{r}{N-m+rm}. \tag{8.3}$$

两个概率之比为

$$\gamma_m = \frac{p_{m,m-1}}{p_{m,m+1}} = \frac{1}{r}. \tag{8.4}$$

该式与 m 无关，而且与在常数选择下的 Moran 过程得到的结果相同.

由式 (6.13) 可知，生灭过程的固定概率为

$$\rho = \frac{1}{1+\sum_{k=1}^{N-1}\prod_{m=1}^{k}\gamma_m}. \tag{8.5}$$

于是，有

$$\rho = \frac{1-1/r}{1-1/r^N}. \tag{8.6}$$

有向环上的固定概率与 Moran 过程中的固定概率相同.

8.2.2　环

作为第二个例子，我们考虑如图 8.4 所示的（双向）环. 任何两个邻居之间存在两条边：一条边指向自己，另一条边指向对方. 环上所有的边权重相同. 矩阵 W 如下：

$$W = \begin{pmatrix} 0 & 1/2 & 0 & \cdots & 0 & 1/2 \\ 1/2 & 0 & 1/2 & \cdots & 0 & 0 \\ 0 & 1/2 & 0 & \cdots & 0 & 0 \\ \vdots & \vdots & \vdots & \cdots & \vdots & \vdots \\ 0 & 0 & 0 & \cdots & 0 & 1/2 \\ 1/2 & 0 & 0 & \cdots & 1/2 & 0 \end{pmatrix} \tag{8.7}$$

如前所述，从单个突变 B 开始，只可能形成一个 B 串. 很容易再一次证明

$$p_{m,m-1} = \frac{1}{N-m+rm} \text{和} \ p_{m,m+1} = \frac{r}{N-m+rm} \tag{8.8}$$

所以，双向环上的生灭过程与有向环上的生灭过程具有相同的转移概率矩阵. 因此，二者具有相同的固定概率.

与 Moran 过程具有相同固定概率的环

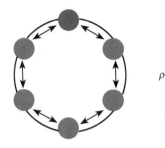

$$\rho = \frac{1 - 1/r}{1 - 1/r^n}$$

图 8.4　如果图是一个环，则每个个体的子代可以被放置在其相邻两个位置中的任何一个．相对适合度为 r 的单个突变的固定概率与 Moran 过程中的固定概率相同．

8.2.3　线型图和进射式星状图（The Line and the Burst）

现在我们进一步考虑图 8.5 中的线型阵列 (linear array)．从顶点 i 出发，子代被放到顶点 $i+1$ 上．顶点 N 的子代将取代其自身．不存在可以到达顶点 1 的边．则有

$$W = \begin{pmatrix} 0 & 1 & 0 & \cdots & 0 & 0 \\ 0 & 0 & 1 & \cdots & 0 & 0 \\ 0 & 0 & 0 & \cdots & 0 & 0 \\ \vdots & \vdots & \vdots & \cdots & \vdots & \vdots \\ 0 & 0 & 0 & \cdots & 0 & 1 \\ 0 & 0 & 0 & \cdots & 0 & 1 \end{pmatrix} \tag{8.9}$$

一个随机突变的固定概率是多少呢？答案是非常简单的，即

$$\rho = 1/N. \tag{8.10}$$

在位置 $i = 2, \cdots, N$ 发生突变的概率是 $(N-1)/N$，其后代最终将消亡．在位置 $i = 1$ 发生突变的概率是 $1/N$．其后代将占领整个种群．固定概率与突变的相对适合度 r 完全无关．因此，线型阵列的固定概率与 Moran 过程中的固定概率有所不同．

此外，在"进射式"星状图中，突变的固定概率也不同于 Moran 过程中的固定概率（图 8.5）．该图具有一个中心顶点和 $N-1$ 个边缘顶点．边的方向由中心指向边缘．因此，有

$$W = \begin{pmatrix} 0 & 1/(N-1) & 1/(N-1) & \cdots & 1/(N-1) & 1/(N-1) \\ 0 & 1 & 0 & \cdots & 0 & 0 \\ 0 & 0 & 1 & \cdots & 0 & 0 \\ \vdots & \vdots & \vdots & \vdots & \vdots & \vdots \\ 0 & 0 & 0 & \cdots & 1 & 0 \\ 0 & 0 & 0 & \cdots & 0 & 1 \end{pmatrix} \qquad (8.11)$$

129

只有在中心顶点处产生的突变才能达到固定. 一个随机突变产生于中心顶点的概率为 $1/N$, 因此, 突变的固定概率同样与其相对适合度 r 无关. "进射式" 星状图和线型图具有相同的固定概率.

130

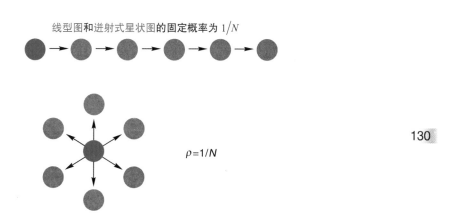

图 8.5 与 Moran 过程中的固定概率不同的两类图. 对于线型图和进射式星状图, 随机突变的固定概率均为 $\rho = 1/N$, 且与突变的适合度无关. 在线型阵列中, 只有位于最左边的顶点上产生的突变能够最终占领整个种群. 在星状图中, 突变只有在中心顶点产生才能最终占领整个种群. 这两个图是选择抑制器, 因为无论适合度是多少, 所有的突变都与 Moran 过程中的中性突变具有相同的固定概率.

130

8.2.4 平衡漂变和选择

130

Moran 过程中的固定概率为

$$\rho_M = \frac{1 - 1/r}{1 - 1/r^N}, \qquad (8.12)$$

它定义了存在于自然选择和随机漂变之间的一种特殊平衡. 如果一个图 G 具有

与 Moran 过程相同的固定概率，则我们称这个图 ρ 等价于 Moran 过程，二者具有相同的选择和漂变平衡（balance of selection and drift）.

对于有利突变，即满足 $r > 1$ 的突变来说，如果它在 G 上的固定概率大于 Moran 过程中的固定概率，即 $\rho_G > \rho_M$，则图 G 更加青睐选择. 它增加了有利突变的固定概率. 因此，图 G 是一个选择放大器（amplifier of selection）.

对于有利突变，如果它在 G 上的固定概率小于 Moran 过程中的固定概率，即 $\rho_G > \rho_M$，则图 G 更加青睐漂变. 它减小了有利突变的固定概率. 因此，可将其看作选择的抑制器（suppressor of selection）.

类似地，对一个不利突变，即满足 $r < 1$ 的突变，如果它在 G 上的固定概率大（小）于 Moran 过程中的固定概率，则图 G 是选择的抑制器（放大器）.

如果对任何 r，均有 $\rho_G = 1/N$，则图 G 是最强有力的选择抑制器. 它完全消除了选择的影响.

由此可知，环和有向环均 ρ 等价于 Moran 过程，而线型图和进射式星状图却完全消除了选择作用.

8.3 等温定理（the isothermal theorem）

定义一个顶点的温度为到达该顶点的所有边的权重之和. 则顶点 j 的温度可以由下式给出

$$T_j = \sum_{i=1}^{N} w_{ij}. \tag{8.13}$$

高温顶点将比低温顶点更容易发生变化. 如果所有顶点具有相同的温度，则称图是等温的. "等温定理"是指：一个图 ρ 等价于 Moran 过程当且仅当它是等温图（图 8.6）.

对等温图来说，有 $\sum_{i=1}^{N} w_{ij} =$ 常数. 由 $\sum_{i=1}^{N} w_{ij} = 1$ 可知，$\sum_{i=1}^{N} w_{ij} = 1$. 因此，一个图是 ρ 等价于 Moran 过程，当且仅当 W 是一个双随机矩阵成立，即所有行和所有列的和都等于 1.

下面将证明等温定理. 种群在一个图上的构型可以由一个二进制向量 $\vec{v} = (v_1, \cdots, v_N)$ 来表示. 如果顶点 i 被 A 占据，则 $v_i = 0$. 如果顶点 i 被 B 占据，则 $v_i = 1$. 向量 $\vec{v}$ 描述一个双色图. 若 m 表示 B 型个体的总数，则 $m = \sum_i v_i$. m 增加 1 的概率为

$$p_{m,m+1} = \frac{r \sum_i \sum_j w_{ij} v_i (1 - v_j)}{rm + N - m}. \tag{8.14}$$

m 减少 1 的概率为

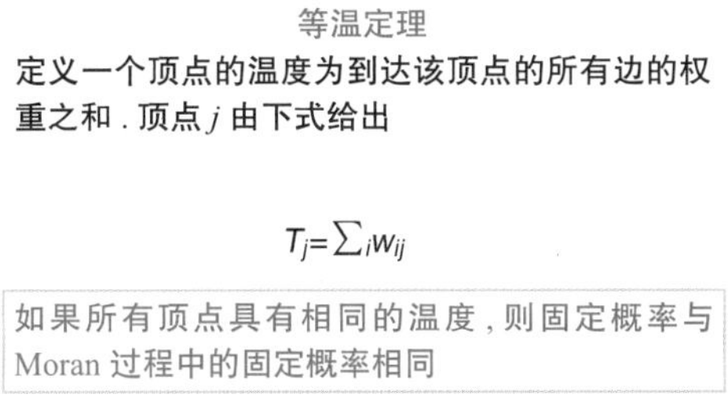

等温定理

定义一个顶点的温度为到达该顶点的所有边的权重之和. 顶点 j 由下式给出

$$T_j = \sum_i w_{ij}$$

如果所有顶点具有相同的温度, 则固定概率与 Moran 过程中的固定概率相同

图 8.6　等温定理表明: 所有具有相同固定概率的图可以由非结构化种群刻画 (由 Moran 过程表示). 顶点温度决定了该顶点上的个体被替换的频率. 热顶点比冷顶点改变频繁. 如果所有顶点具有相同的温度, 则矩阵 $W = [w_{ji}]$ 是双随机的, 且称图是等温的.

$$p_{m,m-1} = \frac{\sum_i \sum_j w_{ij}(1-v_i)v_j}{rm + N - m}. \tag{8.15}$$

固定概率与 Moran 过程相同, 如果对任意着色的 $\vec{v}$, 有

$$\frac{p_{m,m-1}}{p_{m,m+1}} = \frac{1}{r} \qquad 成立. \tag{8.16}$$

当

$$\sum_i \sum_j w_{ij}(1-v_j)v_j = \sum_i \sum_j w_{ij}v_i(1-v_j) \tag{8.17}$$

成立时, 就是对应上述情况. 这个等式必须对所有的向量 $\vec{v}$ 都成立. 特别地, 必须对所有具有如下形式的向量成立: $v_k = 1$ 和 $v_i = 0$, 对所有的 $i \neq k$. 此时, (8.17) 式可以简化为

$$\sum_j w_{kj} = \sum_j w_{jk} \qquad \forall k \tag{8.18}$$

由于 $\sum_j w_{kj} = 1$, 我们有

$$\sum_j w_{jk} = 1 \tag{8.19}$$

因此, (8.18) 式意味着矩阵 W 是双随机的, 即所对应的图是等温的.

　　环和有向环都是等温的. 所有对称图, 即满足 $w_{ij} = w_{ji}$ 的图均是等温图 (图 8.7). 环是对称的. 进化动力学所研究的大部分空间点阵都是对称的. 不仅如此, 许多非对称图也是等温的. 例如, 尽管有向环是非对称的, 但它却是等温的.

　　然而线型图不是等温的. 顶点 $i = 1$ 的温度为 0. 顶点 $i = 2, \cdots, N-1$ 的温度是 1. 顶点 N 的温度为 2. 因此, 线型图并非 ρ 等价于 Moran 过程. 进射式星状图也不是等温的; 中心顶点的温度是 0, 而所有其他顶点的温度是 2.

所有对称图中的固定概率与 Moran 过程的固定
概率相同

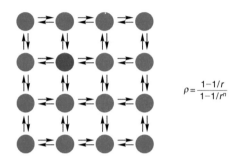

$$\rho = \frac{1 - 1/r}{1 - 1/r^n}$$

图 8.7 对称图的定义为: 对所有 i 和 j, $w_{ij} = w_{ji}$ 均成立的图. 这意味着从顶点 i 到 j 的边的权重与从顶点 j 到 i 的相同. 可以证明, 所有对称图与 Moran 过程有相同的固定概率. 所有空间点阵 (正方形、六边形、三角形) 均为对称图.

8.4 抑制选择

我们把任何边都无法到达的顶点称为根顶点. 其温度为零. 如果一个图是单根的, 则它具有固定概率 $1/N$. 只有在根顶点上产生的突变才能最终占领整个种群. 根顶点出现随机突变的概率为 $1/N$. 每个单根图能够完全消除选择作用 (图 8.8).

所有单根图的固定概率都是 $1/N$

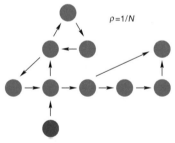

$\rho = 1/N$

图 8.8 容易证明: 无论适合度取值如何, 在所有单根图上, 突变的固定概率均为 $1/N$. 只有根顶点上产生的突变的后代才能最终占领整个种群. 随机突变出现在根顶点上的概率为 $1/N$.

如果一个图具有多个根顶点，则由单一突变产生的后代世系将再也无法占   134
领整个种群．如果突变发生在其中某一个根顶点上，则它将产生一个永不灭绝
的后代世系．因此，具有多个根顶点的图能够保留不同的后代世系（图 8.9）．

容易构造一个选择抑制器，使得有利突变的固定概率介于在 $1/N$ 和 ρ_M 之间．   135
将种群分成大小为 N_1 和 N_2 的两部分，总种群大小为 $N = N_1 + N_2$．第一部分被放
置在一个完全图上．边都是从第一部分进入第二部分，不存在反向的边．第二
部分被放置在附加一个约束条件的任意图上，即第二部分的所有顶点必须从第   135
一部分可达．因此，第一部分表示源，第二部分表示汇．该图的固定概率是

$$\rho_G = \frac{1-1/r}{1-1/r^{N_1}}. \tag{8.20}$$

对于有利突变，$r > 1$，我们有

$$1/N < \rho_G < \rho_M(N). \tag{8.21}$$

一般来说，上游（源）较小和下游（汇）较大的图趋向于成为选择抑制器．

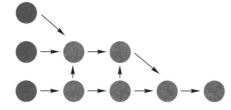

图 8.9   如果一个图具有多个根顶点，则由单一突变产生的后代世系最终将无法占领整个图．
如果突变出现在一个非根顶点上，则它只能产生一个过度世系 (transient lineage)．如果突变出
现在一个根顶点上，则它将产生一个永不灭绝的后代世系．具有多个根的图可以提高多样性．

8.5   放大选择

由完全图的固定概率决定的漂变 – 选择平衡也可能会偏向选择．考虑如图   136
8.10 所示的星状图．随着种群大小 N 的增加，一个随机突变的固定概率趋近于

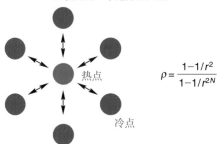

图 8.10　一类相对漂变更加青睐选择的图. 星状图就是一个很好的例子. 对较大的 N, 相对适合度为 r 的突变的固定概率是 $\rho = (1-1/r^2)/(1-1/r^{2N})$. 因此, 相对适合度 r 的突变在星状图上的进化过程等价于相对适合度为 r^2 的 Moran 过程. 星状图是一个选择放大器.

$$\rho_M = \frac{1-1/r^2}{1-1/r^{2N}} \tag{8.22}$$

因此, 星图是一个选择放大器. 相对适合度 $r > 1$ 的有利突变与标准 Moran 过程中适合度为 r^2 的有利突变具有等价的固定概率. 相对适合度 $r < 1$ 的不利突变与标准 Moran 过程中适合度为 r^2 的不利突变具有等价的固定概率, 只是在 Moran 过程中, 突变的适合度劣势更为明显.

　　我们能否构造出更强有力的放大器呢? 图 8.11 所示的超星图将选择从 r 放大到 r^k, 这里 k 是图中每个环 (loop) 的长度. 随着叶子数目和每片叶子中顶点数的增加, 固定概率成为

$$\rho_M = \frac{1-1/r^k}{1-1/r^{2k}} \tag{8.23}$$

通过增大 k, 我们可以保证任何有利突变被固定, 即如果 $r > 1$, 则 $\rho \to 1$; 并且能够保证任何不利突变灭绝, 即如果 $r < 1$, 则 $\rho \to 0$.

　　如图 8.12 所示的 "漏斗" 是另一种有效的放大器. 它共有 $k+1$ 层, 分别记为 $j = 0, \cdots, k$. 第 0 层只含一个顶点. 第 j 层包含 m^j 个顶点. 从第 j 层顶点出发的所有边都到达第 $j-1$ 层. 从第 0 层的顶点出发的所有边都到达第 k 层. 随着 k 的增加, 任何有利突变的固定概率都收敛于 1.

　　计算机模拟显示无尺度网络 (scale–free networks) 是适度的选择放大器. 无尺度网络之所以受到特别关注, 是因为在许多情况下都能观察到这种网络, 其中包括小世界网络. 无尺度网络具有以下性质: 其度数分布在 log–log 图上是一

条直线. 顶点的度数是指连接该顶点的边数.

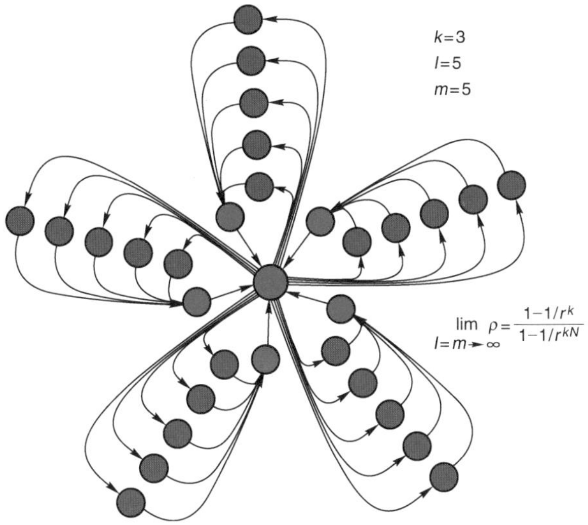

超星是一个强有力的选择放大器

$k=3$
$l=5$
$m=5$

$$\lim_{l=m\to\infty} \rho = \frac{1-1/r^k}{1-1/r^{kN}}$$

图 8.11 超星图将选择作用从 r 放大到 r^k. 参数 l 和 m 分别表示叶子数和每片叶子上的环数. 在 l 和 m 充分大的条件下,选择作用从 r 放大到 r^k 是可能的. 当 k 趋于无限大时,超星图能保证任何有利突变被固定和任何不利突变被消除. 不同的颜色分别表示热顶点(红)和冷顶点(蓝).

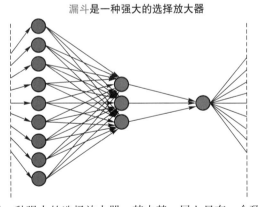

漏斗是一种强大的选择放大器

图 8.12 "漏斗"是另一种强大的选择放大器. 其中某一层上只有一个顶点,指向该顶点的所有边都来自其前一层,该层具有 m 个顶点. 所有到达这一层的边都来自具有 m^2 个顶点的更前一层,以此类推. 指向顶点数最多的那一层的边都来自于最初那层的一个顶点,如此环绕下去. 当 m 和 k 趋于无限大时,任何有利突变的固定概率都收敛于 1,任何不利突变的固定概率都收敛于零. 不同颜色表示不同类型的顶点,即热顶点(红)和冷顶点(蓝). 超星图和漏斗图是由 Erez Lieberman 发明的.

8.6　环路（circulations）

　　我们也可以设计一种具有更高级的进化动态的图. 只简单地选择一条边,
而不再是首先选择一个顶点进行繁殖, 然后再选择一个位置去放置子代. 在这
种情况下 w_{ij} 可以是任何非负数, W 不必是随机矩阵. 边 ij 被选中的概率正比于
w_{ij} 和该边末端顶点 (即顶点 i) 的适合度的乘积.

　　在此框架下, 当且仅当图 G 是一个环路 (图 8.13) 时, 图 G 是 ρ 等价于
Moran 过程的, 环路的定义如下:

$$\sum_{j=1}^{N} w_{kj} = \sum_{j=1}^{N} w_{jk} \quad \forall k = 1, \cdots, N \tag{8.24}$$

这意味着对于任意一个顶点 k, 进入它的所有边的权重之和必然等于流出它的所
有边的权重之和. 此 "环路定理" 与 "等温定理" 的证明等价. 注意到每个等
温图是一个环路, 但环路不一定都是等温的.

环路定理

**而且仅当一个图是环路时, 图上的固定概率与 Moran
过程中的相同.**

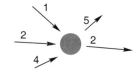

进入该点的边的权重之和 = 流出该点的边的权重之和

图 8.13　在进化图论的一个推广方法中, 矩阵 W 不再被要求是随机的, 权重系数 W_{ij} 变为任意
非负数. 在每个时间步, 按一定的概率挑选一条边, 挑选概率正比于 W_{ij} 与该边末端个体的
适合度的乘积. 如果边 ij 被选择, 则 i 的子代将取代 j. 在此框架下, 当且仅当图是环路时,
它具有与 Moran 过程相同的固定概率. 环路的定义如下: 对每个顶点来说, 进入它的所有边
的权重之和等于流出它的所有边的权重之和. 由于在许多不同背景下产生的图都是环路, 因此,
它具有重要意义.

8.7　图上的博弈

　　下面我们来看两种策略 A 和 B 在图上的进化动态. 我们的总体目标是计算
某种策略被固定下来的概率. 原则上, 可以由两种不同的图来描述竞争过程: 一
种是相互作用图 (interaction graph) H, 用于确定谁与谁进行博弈, 另一种是置换

图 (replacement graph)G, 用于说明繁殖事件的发生过程（谁向谁学习或谁被谁的子代所替代）. 在所有的图上对博弈进行分类是一项非常艰巨的任务（也许永远做不到）. 因此, 这里提到的仅仅是一个最简明的特例.

假设置换图和相互作用图是相同的, 即 $H = G$, 研究合作者（C）和背叛者（D）之间的相互作用. 合作者帮助他的所有邻居. 对每个邻居, 合作者付出代价 c, 邻居得到收益 b. 背叛者不提供任何帮助. 他们不仅不付出任何代价, 还会因受到相邻合作者的帮助而获利. 每个个体占据图的一个顶点. 对所有通过相互作用得到的支付累加求和. 首先考虑度数为 k 的正则图 (regular graph): 每个个体严格具有 k 个邻居. 在弱选择的情况下: 一个个体的适合度是 w 与支付的乘积再加上一个常数. 弱选择意味着 w 很小.

考虑博弈动力学中三种不同的更新规则.

1. "生灭"过程（"birth–death" process）: 在每个时间步, 个体被挑选出来进行繁殖的概率与它的适合度成正比. 其子代随机替换一个邻居. 结果表明: 无论参数 b 和 c 如何取值, 合作者的固定概率 ρ_C 总是小于 $1/N$, 而背叛者的固定概率 ρ_D 总是大于 $1/N$:

$$\rho_C < 1/N < \rho_D. \tag{8.25}$$

在这个"生灭"过程中, 选择总是青睐背叛者.

2. "灭生"过程（"death–birth" process）: 在每个时间步, 一个个体由于被随机选中而死亡. 邻近个体竞争这个空位, 竞争力与它们的适合度成正比. 在这种情况下, 我们发现合作者是具有优势的, 而背叛者总是处于劣势的, 即 $\rho_C > 1/N > \rho_D$, 如果

$$b/c > k. \tag{8.26}$$

这个极其简单的不等式是在"灭生"更新规则下的正则图上合作进化的关键条件.

3. 模仿过程（imitation process）: 在每个时间步, 随机选择一个个体来更 新它的策略, 它将或者继续坚持自己的策略, 或者按适合度比例模仿一个邻居的策略. 因此, 个体自身的支付也会影响更新动态. 在这种情况下, 我们发现合作者是具有优势的, 且背叛者是处于劣势的, 即 $\rho_C > 1/N > \rho_D$, 如果

$$b/c > k + 2. \tag{8.27}$$

当 $k = 2$ 时, 正则图是一个环. 在这种情况下, 通过直接计算就可以得到三个过程中的结果. 需要检查的是合作者群体的边界是向对合作者有利的方向移动, 还是向对背叛者有利的方向移动 (图 8.14). 对"生灭"过程而言, 只有刚好处于边界的那两个个体的支付比较关键. 背叛者的支付明显高于合作者的支付. 在这种情况下, 选择促进背叛的扩张. 对于另外两种更新规则, 邻近边界的四个个体的支付对结果起决定性作用. 始终有两个合作者和两个背叛者, 而且边界上的背叛者比合作者具有更高的支付, 但是第二个合作者比第二个背叛

者具有更高的支付. 因此, 合作者也可能获得优势. 通过一个简单的计算可以证明, 在"灭生"规则下, 如果 $b/c > 2$, 在模仿规则下, 如果 $b/c > 4$, 就会出现合作者具有优势的情况.

当 $k > 2$ 时, 利用"成对逼近"的复杂计算可以得到上面三个结论. 成对逼近算法追踪合作者和背叛者的平均频率, 也追踪所有配对 CC, CD, DC 和 DD 的平均频率. 严格地讲, 成对逼近算法的主要功能是用来构造 Bethe 格 (或 Cailey 树), 其中每个个体严格具有 k 个邻居, 而且不存在环.

这些结论已经在对晶格和随机正则图的计算机模拟中得以证实. 模拟结果与成对逼近算法的结果高度一致. 而且简单规则 $b/c > k$ 和 $b/c > k + 2$ 对随机图和无尺度网络也成立.

环上的博弈

1. "生灭"过程: 背叛者总是获胜

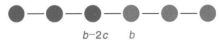

2. "灭生"过程: 合作者获胜, 如果 $b/c > 2$
3. "模仿"过程: 合作者获胜, 如果 $b/c > 4$

图 8.14　假设个体与其邻居之间不断发生相互作用并累积支付该博弈过程可以利用上图来刻画. 其描述了一个在一维图, 即环上发生的合作进化. 合作者对每个邻居付出的代价为 c, 其邻居得到的收益为 b. 在"生灭"更新规则下, 选择总是有利于背叛者, 这是因为只有在边界上的两个个体的支付比较关键. 对于"灭生"过程而言, 另外两个相邻的个体也具有重要作用. 在这种情况下, 如果 $b/c > 2$, 则选择有利于合作者. 对于"模仿"过程, 如果 $b/c > 4$, 则合作者获胜. 所有计算都是在弱选择和大种群的条件下进行的. 为了计算合作者或背叛者的固定概率, 我们只需要分析合作者群体边界的移动方向, 这是因为由一个个体产生的后代世系总是成串出现的. 合作者群体 (或背叛者群体) 不能分裂成碎片.

小结

◆ 进化图论是研究种群结构对进化影响的有效方法之一.
◆ 图能描述一个种群的空间构型、多细胞有机体中细胞的分化等级、或一个社会网络中细胞的分化等级.

◆ 图的顶点代表个体,(加权的)边指示繁殖.

◆ 繁殖可以是遗传意义上的,也可以是文化意义上的. 在第一种情况下,一个个体的子代取代其邻接顶点上的个体. 在第二种情况下,文化信息从一个顶点向另一个顶点传播.

◆ 我们研究随机放置的相对适合度为 r 的一个突变个体的固定概率.

◆ 如果一个图是等温的,则它与非结构化种群具有相同的固定概率.

◆ 非等温图可破坏漂变和选择之间的平衡.

◆ 选择放大器加大了有利突变的固定概率,减小了不利突变的固定概率. 选择抑制器的作用正好相反.

◆ 星状图、超星图和漏斗图是选择放大器.

◆ 无尺度图是选择放大器.

◆ 在一个扩展的框架中,所有环路都具有与非结构化种群相同的固定概率.

◆ 我们也可以研究图上的博弈. 此时,合作进化的一个简单规则是 $b/c > k$:如果利益代价比大于其邻居的数量,则选择将促成合作.

9 空间博弈

本章我们将研究空间博弈（spatial games）的确定性进化动态．假设群体中的所有成员都被排列在一个二维（或多维）阵列中．在每一回合，任意一个位置上的个体都与其相邻位置上的个体进行对弈．随后，在博弈中获胜的个体会占据其对手原先的位置．上述过程就是一个确定的细胞自动机（cellular automaton）运作机理．尽管冯·诺依曼开创了博弈论和细胞自动机理论，但在空间博弈理论中，两者才首次被结合起来．

我们将会看到，空间效应可以极大地改变频率制约选择的结果．如果考虑空间效应，那么原本在同质环境 (homogeneous setting) 中互相排斥的策略是有可能共存的．此外，空间博弈亦具有趣味无穷的数学特性和丰富的动力学行为．我们将会观察到空间混沌、动态分形和"进化万花筒"．本章旨在用最浅显易懂的理论来刻画确定性空间进化博弈动态．

9.1 空间排列（spaced out）

考虑两种（或更多）策略之间的进化博弈．每个个体占据空间网格（spatial grid）中的一个位置，并和它的邻居发生相互作用．在相互作用中，支付会不断累加．在每次博弈中，个体根据上一次博弈中自身和对手的支付大小来决定是保留原有策略还是改用上一次博弈中对手所使用的策略．

下面设计一种完全确定的空间博弈．其规则如下：（ⅰ）每个个体与支付最高的邻居采取相同的策略；（ⅱ）所有个体的策略更新是同步进行的．

图 9.1 通过一个方点阵和摩尔近邻（Moore neighborhood）的例子阐明了上述规则；每个个体可以和八个近邻对弈，其邻居是根据国际象棋中国王的走子方式来定义的．如果个体的支付高于其所有邻居的支付，它就会保留现有的策略，否则就会采取具有最高支付的邻居所采取的策略．个体的命运不仅依赖于自身的策略，还依赖于八个邻居以及它们的邻居所使用的策略．因此，一个个体的命运取决于二十五个个体的共同作用．用细胞自动机的术语来解释，转换规则较为复杂，而在进化博弈理论中的解释却通俗自然．

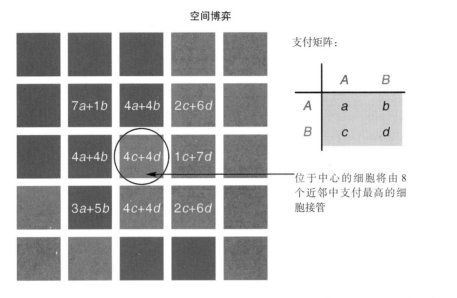

空间博弈

支付矩阵：

位于中心的细胞将由 8 个近邻中支付最高的细胞接管

图 9.1 空间博弈规则. 每个细胞与其所有近邻对弈. 在本例中, 我们使用方点阵和摩尔近邻, 每个细胞有 8 个近邻. 计算每个个体的支付. 每个个体都会比较其自身的支付和其近邻的支付, 然后采取能够获得最高支付的策略. 细胞的命运取决于以其为中心的 5×5 的正方形里 25 个细胞的状态.

下面来研究具有空间结构的种群的确定性进化博弈动态 (无基因突变). 其转换规则是完全确定的. 因而, 博弈的结果仅依赖于群体的初始形态和支付矩阵.

9.2 空间合作

作为一个特例, 我们来研究最有趣味的进化博弈过程, 即合作者（ *C* ）和背叛者（ *D* ）之间的斗争. 我们将会发现空间博弈会导致一个新的合作进化机制, 这个机理被称作"空间互惠"（ spatial reciprocity ）.

考虑下面的囚徒困境的支付矩阵

$$
\begin{array}{c} & \begin{array}{cc} C & D \end{array} \\ \begin{array}{c} C \\ D \end{array} & \begin{pmatrix} 1 & 0 \\ b & \varepsilon \end{pmatrix} \end{array}
\tag{9.1}
$$

当两个合作者相遇时，各自得到一分．当背叛者与合作者相遇，背叛者获得的支付 $b>1$，而合作者得到 0 分．当两个背叛者相遇时，双方都将获得非常小的支付 ε．这样设计支付矩阵是为了使一切变得尽可能的简单．为了探寻不同的进化动力学性质，我们将只变化单个参数 b，并令 $\varepsilon\to 0$．

148

在具有摩尔近邻的方点阵上，每个个体有八个近邻．因此，合作者所有可能支付组成的集合是 $\{1,2,3,\cdots,8\}$．背叛者的所有可能支付组成集合 $\{b,2b,3b,\cdots,8b\}$．由于这些支付具有离散性，所以对于参数 b 而言，只有离散的跃迁点（transition points）才能影响其动态．当 $1<b<2$，这些跃迁出现在

148

8/7=1.142 8…

7/6=1.166…

6/5=1.2

5/4=1.25

8/6=1.333…

7/5=1.4

3/2=1.5

8/5=1.6

5/3=1.666…

7/4=1.75

9/5=1.8

图 9.2 描述了当参数 b 取不同值时，合作者和背叛者的典型分布．所有模拟都在 100×100 的方点阵中进行．取周期边界，意味着方格边缘被卷绕起来形成一个圆环面．这种几何图形的优势在于它使方格上的每个格子都是等价的．因此不会出现边界效应．初始结构是由各占一半的合作者与背叛者随机分布构成的．

149

色标如下：

蓝色代表合作者 C，其上一代是合作者 C．

红色代表背叛者 D，其上一代是背叛者 D．

绿色代表合作者 C，其上一代是背叛者 D．

黄色代表背叛者 D，其上一代是合作者 C．

因此，蓝色和红色表示静态的细胞，绿色和黄色表示动态的个体．如果一张图片上只有红色和蓝色，那么它就是进化动态中一个固定点：上下两代没有任何变化，而且永远也不会发生变化．变化随着绿色和黄色的个体的增多而增加．

当 $b=1.10$ 时，我们观察到一个相当稳定的局面．大部分细胞都是合作者．背叛者形成一些孤立的线条，不会发生变化；还有几个孤立的背叛者，先形成了 9 格背叛者方阵，随后在下一代中又变回单个背叛者，产生了振荡．当 $b=1.15$ 时，由背叛者组成的几条线在末端发生振荡．另外有一些位置也都开始振荡，其中包括孤立的背叛者．当 $b=1.24$ 时，孤立的背叛者形成的那些线开始连接，发现

了一些振荡的位置. 单独的背叛者振荡后形成 9 格背叛者方阵, 然后是由 5 个背叛者构成的十字形, 最后变回一个孤立的背叛者. 当 $b=1.35$ 时, 形成了背叛者不断脉动的网络. 线的宽度介于 1 和 3 之间. 当 $b=1.55$ 时, 在合作者占主导地位的格局中出现了不规则但稳定的背叛者群.

当 $b=1.65$ 时, 高潮出现了. 背叛者变成了主体, 合作者以聚集形式存在. 此时, 图像处于高度的动态变化中, 不再表现出反复振荡. 残存的合作者聚块总试图扩张. 他们相互撞击, 成为碎片, 然后消失. 新的合作者聚块会不断出现. 这一系统最终将陷入循环往复 (因为只有有限个状态), 这种瞬变过程可能会比宇宙的寿命更长. 当 $b=1.70$ 时, 格局又变得非常稳定. 这时大部分都是背叛者. 而合作者仅以几个小聚块的形式存在.

如何来理解这些现象呢?

9.3 入侵

分析进化博弈动态的常规步骤是探究入侵的条件, 即在何种条件下, 自然选择将有利于一个新突变体的扩展? 下面让我们从背叛者入侵合作者开始讨论.

9.3.1 背叛者入侵合作者

图 9.3 给出了单个背叛者入侵合作者种群的条件. 背叛者具有支付 $8b$. 其所有近邻都是合作者, 支付为 7. 而这些合作者的所有其他近邻的支付为 8. 因此, 如果 $8b>8$, 即 $b>1$, 那么背叛者将接管其所有近邻.

在由 9 个背叛者 (9D) 组成的小方阵中, 处于中心的背叛者的支付为 0, 位于方阵四角的背叛者的支付为 $5b$, 其余四个支付 $3b$. 小方阵周围的合作者的支付为 5,6,7. 再外围的合作者支付为 8. 因而, 存在如下四种可能的格局.

(i) 如果 $b<6/5$, 则 9D 方阵将重新成为单个背叛者.

(ii) 如果 $6/5<b<7/5$, 则 9D 方阵将变为由五个背叛者组成的十字形, 随后变为单个背叛者. 振荡周期为 3: 方阵将由 1D 变为 9D 而后变为 5D 最终返回 1D.

(iii) 如果 $7/5<b<8/5$, 则方阵 9D 不变.

(iv) 如果 $b<8/5$, 9D 方阵将扩大成为由 25 个背叛者组成的方阵, 并将继续扩大.

9-9 空间博弈

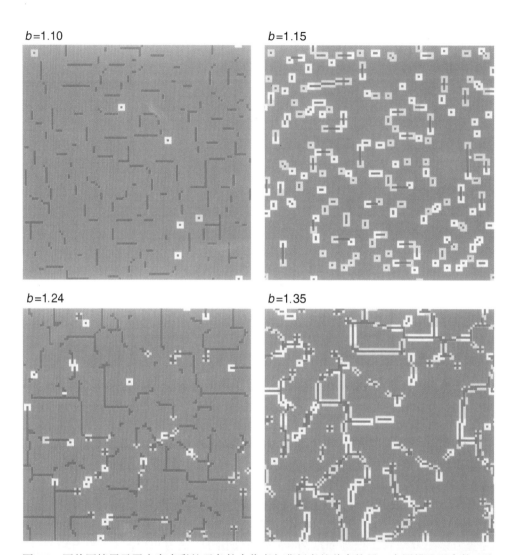

b=1.10   b=1.15

b=1.24   b=1.35

150

图 9.2　囚徒困境展示了丰富多彩的无条件合作者与背叛者的共存格局. 本图描述了参数 b 取 7 种不同值时，100×100 方点阵的空间构型. 规定周期性边界条件，即方阵边界卷绕起来形成一个超环面空间. 图中色标如下：蓝色代表合作者，其上一代是合作者；红色代表背叛者，其上一代是背叛者；绿色代表合作者，其上一代是背叛者；黄色代表背叛者，其上一代是合作者. 图中黄色和绿色的比例越大，说明变化越多. 全部是蓝色或全部是红色的格局是完全静态的. (9.1) 式给出了支付矩阵. 参数 b 表示背叛者的优势. 当 $b = 1.10, 1.15, 1.24, 1.35$ 和 1.55

$b=1.55$

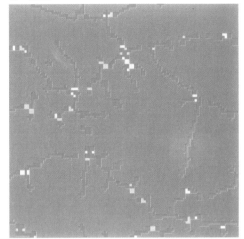

$b=1.65$

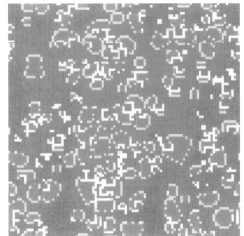

$b=1.70$

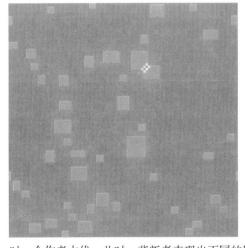

时,合作者占优,此时,背叛者表现出不同的网状结构(静态或脉动,static or pulsating). 当 $b=1.65$ 时,合作者与背叛者动态共存. 合作者形成聚块、扩张、碰撞、消失、破碎,然后再形成新的聚块. 尽管格局一直处于变化中,但合作者的平均频率却始终非常接近于 0.30. 当 $b=1.70$ 时,合作者的静态聚块占据固定的区域. 此时,初始条件为具有 10% 的合作者的随机空间结构;除 $b=1.70$ 外,模拟都是从具有 50% 的合作者开始的.

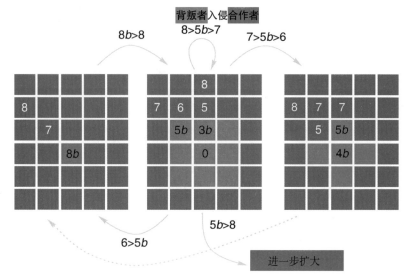

图 9.3 背叛者的入侵条件. 如果 $b > 1$, 那么单个背叛者将变为 9D 方阵. 如果 $b < 6/5$, 9D 方阵将重新变为单个背叛者. 其中振荡周期为 2. 如果 $6/5 < b < 7/5$, 9D 方阵将首先变为由 5D 组成的十字形, 随后变为单个背叛者. 振荡周期为 3. 如果 $7/5 < b < 8/5$, 那么方阵 9D 是稳定的. 如果 $b > 8/5$, 9D 方阵将扩大.

9.3.2 合作者入侵背叛者

现在我们来分析合作者入侵背叛者的条件（见图 9.4）. 首先, 我们注意到单个合作者不能存活或扩大, 而且注定会经过一步就被淘汰. 在这种确定性博弈中, 合作者只有出现在聚块中才可以生存.

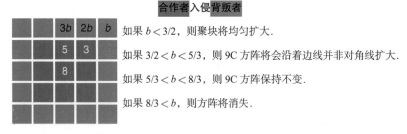

图 9.4 以小聚块形式出现的合作者可以入侵背叛者. 现在我们来分析由 9 个合作者组成的方阵 9C. 如果 $b < 3/2$, 方阵将会均匀扩大. 如果 $3/2 < b < 5/3$, 9C 方阵将会沿着边线扩大, 而非对角线. 在下一轮中会产生 12 个新的合作者, 因而在 5×5 的方阵中, 除去四个角均为合作者.

如果 $b < 3/2$,则由 4 个合作者组成的方阵将扩展成为由 16 个合作者组成的方阵,进而拓展成为 36 个合作者的方阵,依此递增,不断扩大. 如果 $b > 3/2$,则由 4 个合作者组成的方阵将会消失.

如果 $b < 3/2$,则由 9 个合作者组成的方阵同样会扩展成为越来越大的方阵. 如果 $3/2 < b < 5/3$,则 9C 方阵将会沿着四条边扩大,而四个角仍是背叛者. 它将扩大成由 21 个合作者组成的十字形结构,而且会持续扩大. 如果 $5/3 < b < 8/3$,那么 9C 方阵将保持不变,既不扩大也不缩小. 如果 $b > 8/3$,则方阵会在两步之后消失.

9.3.3 三类参数区域

总而言之,由以上分析可得出以下三类参数区域:

(ⅰ)若 $b < 8/5$,则只有 C 聚块可以持续扩张.

(ⅱ)若 $b > 5/3$,则只有 D 聚块可以持续扩张.

(ⅲ)若 $8/5 < b < 5/3$,则 C、D 两聚块均可扩张.

图 9.2 中所观察到的各种动力学行为都可归为三类. 只要 $b < 8/5$,合作者将占主导地位. 如果 $b > 5/3$,背叛者将占主导地位. 如果 $8/5 < b < 5/3$,两者将达到动态平衡.

在区间(ⅰ)和(ⅱ)中,合作者的最终多度严重依赖于初始条件. 而在区间(ⅲ)中,在大部分初始条件下,都将收敛于合作者约占 30% 的格局,但实际上合作者和背叛者格局一直都在变化,在足够大的阵列中,合作者的频率几乎为常数. 我们称这种行为为"动态平衡".

9.4 动态分形和进化"万花筒"

在区间 $8/5 < b < 5/3$ 中,若单个背叛者入侵合作者群体,将会出现一系列有趣的格局. 该背叛者将增长形成 3×3 的方阵,进而扩大为 5×5 的方阵. 方阵顶角处的背叛者的支付为 $5b$,且 $5b > 9$. 方阵边上的背叛者的支付为 $3b$,且 $3b < 6$. 因此,背叛者阵列将沿着角扩张,同时沿着边缩小(见图 9.5),产生一种对称性与混沌共存的动态分形结构. 图 9.6 分别展示了在达到任何边界之前第 64、124、128 个时间步所产生的动态分形. 不断重复的类分形结构将产生. 在模拟次数为 2 的幂时,出现的分形均类似方阵. 分形中包含很多合作者聚块,它们不断移动、扩展、相撞、破碎,进而形成新的合作者聚块. 随着分形不断变化,合作者的频率将收敛于 $x \approx 0.30$,与在随机初始条件下的数值模拟结果相同.

边角条件（corner-and-line condition）

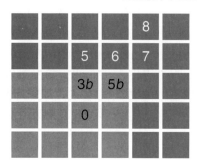

若 $5b > 8$，则背叛者将赢得角

如果 $3b < 5$，合作者将赢得边

如果 $5/3 > b > 8/5$，两者将势均力敌

图 9.5　边角条件是导致空间混沌、动态分形和"万花筒"行为的原因. 如果 $b > 8/5$，背叛者的大方形聚块将会在角上扩展；但若 $b < 5/3$，将会沿着边收缩. 因此，在 $8/5 < b < 5/3$ 的参数区间内，合作者将占据直线位置，而失去不规则的边界位置.

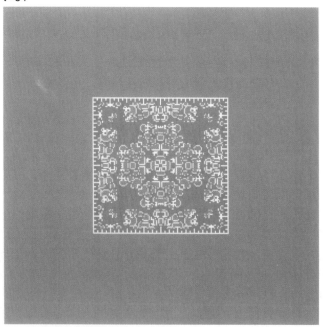

图 9.6　单个背叛者入侵合作者种群，将产生不断扩张的"波斯地毯"现象. 当模拟步数是 2 的幂时，就会产生类似具有笔直边界的方形结构.

t=124

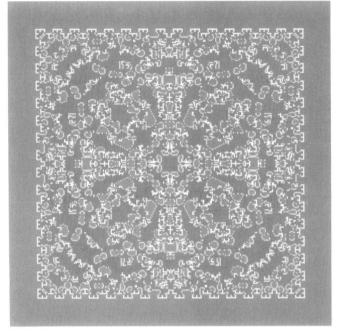

t=128

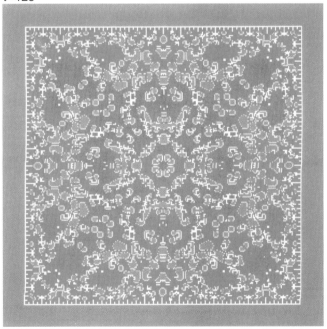

157

上图就展示了在第 64、124、128 个时间步所产生的空间构型. 参数区间为 $8/5 < b < 5/3$.

155　　在一个具有周期边界的固定阵列中，当单个背叛者入侵一个合作者群体时，将产生图 9.7 所示的一系列"进化万花筒"．每一步都显示了不同的格局，表现出惊人的多样性．由于规则的对称性，初始的对称状态一直未被打破．合作者的频率将出现混沌振荡．然而，由于可能的状态总数有限，这些振荡不可能永远持续下去．"万花筒"最终必将收敛到某些具有一个有限周期或一个静态构型的振子．当然，即使是在不对称的初始条件下，系统同样也会收敛到周期轨道．

159　　简单的规则、确定的不可预见性（最终命运）、暂态混沌（合作者的频率）以及对称性（美）共同促成了动态分形和万花筒这些有趣的数学特征．

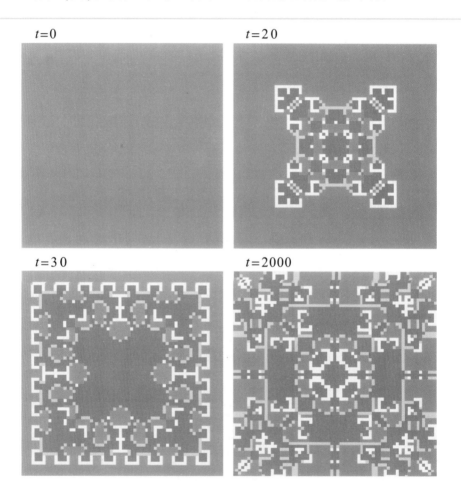

图 9.7　"万花筒"是由单个背叛者入侵固定大小的合作者方阵所产生的空间构型，表现为一系列持续变化的对称格局．由于所有可能的构型是有限的，因而，"万花筒"（经过很长一段时间）最终必然达到某一个固定格局或某一个循环．参数区间为 $8/5 < b < 5/3$．方阵大小为 69×69，并满足周期性边界条件．

9.5 合作大爆炸

尽管上一节所呈现的格局美轮美奂，但其中展现的背叛者对合作者的入侵和局部替代的情景还是令人不安. 所幸的是，与此相反的入侵也是有可能发生的，而且会产生更加迷人的结局.

"步行者（walker）"代表了一种由 10 个合作者组成的结构（如图 9.8）. 当 $3/2 < b < 5/3$ 时，这个合作者团体将在背叛者占主导的领域内英勇前行. 单个步行者无法扭转局面，但如果两个步行者发生撞击，就会在背叛者领域内引发合作大爆炸（如图 9.9）.

大爆炸也可以由一个包含 9 个合作者的方阵或是一个包含 6 个合作者的矩阵引发，尽管此时没有那么剧烈，但格局的美感却丝毫不逊色. 图 9.10 和图 9.11就显示了在两组不同参数取值情况下所产生的合作大爆炸.

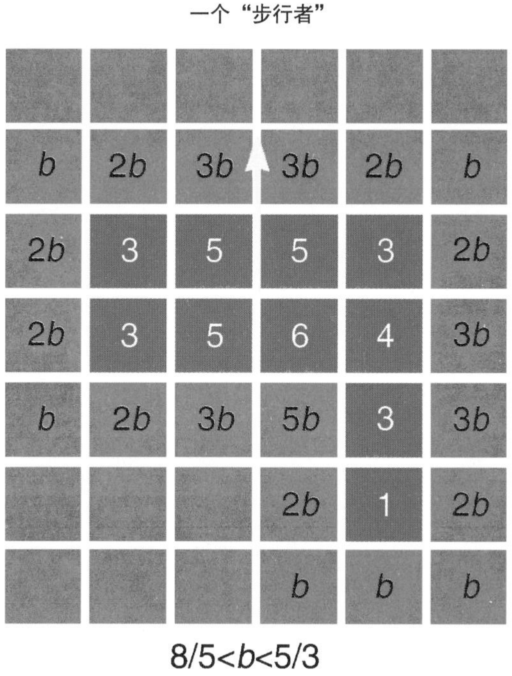

一个 "步行者"

	b	$2b$	$3b$ ↑	$3b$	$2b$	b
	$2b$	3	5	5	3	$2b$
	$2b$	3	5	6	4	$3b$
	b	$2b$	$3b$	$5b$	3	$3b$
				$2b$	1	$2b$
				b	b	b

$8/5 < b < 5/3$

图 9.8 一个 "步行者" 是由 10 个合作者组成的聚块. 它朝着黄色箭头所指示的方向移动. 隔代步行者就会自右向左移动一次. 如果在显示屏上观看，就好像在用双腿走路一样. 参数的取值区间为 $3/2 < b < 5/3$.

160

两个步行者的撞击引发合作大爆炸

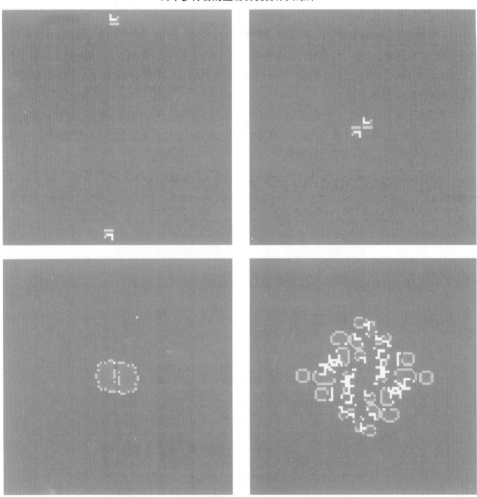

图 9.9　合作者走入背叛者的世界中. 两个"步行者"的撞击将引发一个合作大爆炸. 图中显示了爆炸过程中四个连续的时间点上的格局. 参数的取值区间为 $8/5 < b < 5/3$.

图 9.10   在 $8/5 < b < 5/3$ 的参数区间内，一个 3×3 的合作者方阵能够入侵背叛者的世界，形   **161**
成一个类分形的增长模式图.

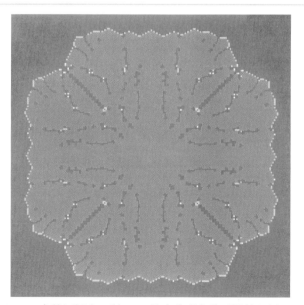

图 9.11   在 $3/2 < b < 8/5$ 参数区间内，以 3×3 的合作者方阵开始的入侵.

162 ## 9.6   其他几何图形

在研究空间博弈的过程中，我们可以在基本的主题外附加许多不同的变化. 例如可以放弃摩尔近邻，而采用除对角以外只有 4 个近邻的"冯·诺依曼"近邻模式. 再者，非重复的囚徒困境也会展现出合作者与背叛者共存的多种模式. 当 $4/3 < b < 3/2$ 时，我们将看到类似"万花筒"的动态平衡，甚至能看到更具魅力的分形（图 9.12）. 当 $3/2 < b < 2$ 时，合作者的群体仍进行水平扩张和竖直扩张，生成一个矩形的"铁路"网络图.

基于冯·诺依曼近邻生成的"万花筒"

163

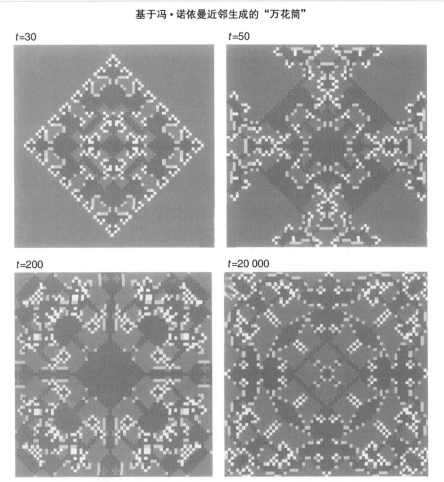

$t=30$ $t=50$

$t=200$ $t=20\,000$

图 9.12 基于冯·诺依曼近邻生成的"万花筒". 在一个方阵中，每个个体与四个最近的个体发生相互作用. 参数区间为 $4/3 < b < 3/2$.

在六角点阵里，每一个细胞都被其他六个包围．尽管不同的参数区域能够允许合作者与背叛者的共存，但是却没有动态平衡点．相比之下，这些模式更为静态．然而，对其他进化博弈模型来说，在六角点阵中得到一个动态平衡是可能的．

162

我们还可以把这些个体随机分布到一个二维平面上．如果两个个体之间的距离少于一个特定的"可互动半径 r"，就可以把它们视为邻居．此时，每个细胞的近邻数目不尽相同．但与对称矩阵相比，此时引发的随机性网格更接近现实．一个个体的支付是它与所有邻居发生相互作用后得到支付的总和．一个细胞可由它的最初所有者占据或由最成功的（具有最高支付值的邻居）近邻接管．所有的细胞都同步更新．进化动态表现出确定性，合作者能否生存将取决于 r 的大小．其均衡频率取决于初始条件．随机网格产生的种群动态比矩形方阵上的更为固定．到目前为止，我们还未发现由不规则的网格生成空间混沌的情形．由此推断，不规则性趋向于促成简单的动态．

9.7 其他更新规则

到目前为止，我们已经探讨了具有完全确定性动态的空间博弈．每个细胞被它周围支付最高的邻居接管，并且所有的细胞同时进行更新．基于这些假设，我们还可以研究离散时间的确定性空间博弈动态的丰富的数学性质．我们发现了空间混沌和动态分型等神奇而又复杂的行为特征．虽然单个细胞的命运表现出必然性，但整个种群的动力学特性却相当复杂．

164

我们还可以通过随机转移规则来研究空间博弈，例如细胞以一定概率变成合作者，并用它的邻居中合作者的相对支付来定义这一概率．

除同步更新外，我们还可以采用异步更新：随机选取一个体；它的支付和其邻居的支付都是确定的．这时个体开始更新，同步更新意味着世代不重叠，异步更新意味着世代重叠（持续繁殖）．异步更新引入了随机选择机制，因此具有随机性．图 9.13 展示的是当 $b=1.59$ 时，一个具有摩尔近邻的合作者聚块通过异步更新入侵背叛者世界的情形．

一般来说，随机更新规则所能导致的动力学行为的种类较少．由于随机更新规则不满足对称性，因而在随机更新规则下，系统无法出现动态分形和万花筒．随机性打破了合作者和背叛者之间的直接连线，不规则的边界有利于背叛者的存在．

164

如果用随机过程来描述合作者和背叛者之间的空间竞争，那么，系统通常只会到达两个吸收状态：全是合作者或全是背叛者．在经过极其漫长的一段时间后，最终达到这两种状态中的一种．就我们的宇宙寿命而言，大多数情况下，随机更新规则下的空间博弈允许合作者和背叛同时存在．

如果有空闲的位置或是出现多于两种的竞争策略,空间博弈就会导致螺旋波(spiral waves)的出现.

在异步更新规则下,合作者对背叛者的入侵

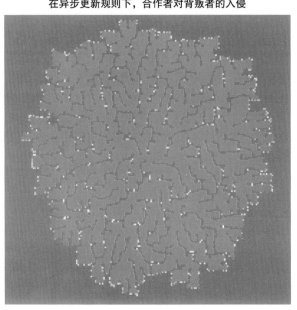

165

图 9.13 在异步更新规则下的合作者入侵. 每次随机选取一个细胞进行更新,把它的支付与其近邻细胞的支付相比较,该细胞被其邻居中具有最高支付值的个体所占据. 这种接管规则是确定的,但是个体的增长模式是随机的,因为每次进行更新的个体也是随机选取的. 初始状态是在背叛者占主导的世界中的 3×3 合作者方阵.

9.8 虚拟实验室

瑞士学者 Christoph Hauert 设计了一个完美的编程环境,供人们了解进化博弈、空间博弈和图上的博弈等各个领域,可通过 http://lorax.fas.harvard.edu/virtuallabs/ 进入该虚拟实验室.

在该网页上,浏览者可以全程体验我们所描述的步骤,也可能会有全新的发现. 虚拟实验室展示了一种描述进化动力学的"语言". 关于这种语言还有许多问题尚待提出,许多"语句"有待讲出. 在进化动力学的背景下,研究人员可以利用该虚拟实验室开展很多新的研究工作. 本章的图都是由该虚拟实验室生成的,几乎没有任何差错,不愧为"瑞士制造".

小结

◆ 进化博弈动态（即频率制约选择）可以在考虑空间的背景下研究.

◆ 在空间博弈中，个体与其最近邻发生相互作用.

◆ 一个个体是继续使用当前的策略还是采用相邻个体的策略取决于支付的 高低.

◆ 我们可以用公式来描述所有的确定性空间博弈动态.

◆ 在空间博弈中，细胞自动机理论与博弈论相互交叉.

◆ 在空间的囚徒困境中，合作者和背叛者可以共存.

◆ 合作者在聚块中生存. 这种原则被称为"空间互惠".

◆ 在某一参数区间内，我们将观察到空间混沌、动态分形和进化"万花筒".

◆ 当合作者以聚块形式出现时，就可以入侵背叛者.

◆ 不规则网格能简化动力学复杂性.

◆ 异步更新或"比例获胜"引入了随机性. 合作者和背叛者将趋于永恒共存.

10 HIV 感染

20 世纪 80 年代初期,人类免疫缺陷病毒 (human immunodeficiency virus,HIV) 的出现表明传染病已经成为威胁人类健康的首要难题, 这种新出现的病原体 (infectious agents) 极具破坏性. 1999 年, 全球人口已突破 60 亿大关, 随着人口数量的急剧增长, 源自其他物种的病原体入侵人类的机会也显著增加. 尽管在分子生物学领域和医学领域成就斐然, 但人类抗击传染病的方法依然有限. 到目前为止, 人类已经成功研制出多种抵抗病毒的疫苗, 但对于 HIV 疫苗的研制尚未取得成功. 虽然疫苗试验失败的原因至今尚不明确, 但无疑与该病毒对免疫系统的攻击能力及其变异性有关, 目前的疫苗尚无法激发足够的免疫能力对抗 HIV.

HIV 属于逆转录病毒科 (retrovirus), 这种病毒携带逆转录酶 (reverse transcriptase), 在这种酶的作用下, 病毒 RNA 可以逆转录为 DNA (图 10.1). Howard Temin 和 David Baltimore 首先发现逆转录酶, 并因此获得了诺贝尔医学奖. 病毒 DNA 可以被整合到寄主细胞的基因组中, 并且能够有效地存留无限长时间. 人类基因组中大约有 2% 到 8% 是由 "耗竭的 (burnt–out)" 逆转录病毒构成, 这些病毒在人类基因组进化的某一阶段被整合进去, 随后由于突变而失活.

HIV 的近亲猿猴免疫缺陷病毒 (simian immunodeficiency virus,SIV) 能够感染多种灵长类动物. 而在人类群体中传播的两种病毒 HIV-1 和 HIV-2 分别和源自黑猩猩的 SIV 以及源自乌白眉猴 (sooty mangabey) 的 SIV 密切相关. 值得注意的是, SIV 病毒似乎并不会在其自然寄主 (host) 种群中引发疾病. 然而, 一旦 SIV病毒被传播到其他物种中, 就会导致一种与人类获得性免疫缺陷综合征 (acquired immunodeficiency syndrome, AIDS) 极其类似的疾病. 例如, 源自非洲绿猴 (African green monkey) 的 SIV 病毒会使亚洲猕猴 (Asian macaque) 罹患 AIDS.

在人类中, HIV 会导致具有类似流感症状 (flu-like symptoms) 的原发感染 (primary infection). 在原发感染期间, 尽管病毒载量 (viral load) 很高, 但抵抗HIV 的免疫应答仍然可能是不易察觉的. 当对感染者的 HIV 抗体进行检验时,

结果可能呈阴性, 但当检验 HIV RNA 是否存在时, 结果却通常呈阳性. 随后感染者进入无症状期, 无症状期很可能持续许多年 (图 10.2). CD4 细胞是 HIV 在人体中的主要靶细胞 (primary target cell), CD4 细胞的数量会随时间呈线性下降

趋势. 当 CD4 细胞数量从最初的大约 1 000 个减少到 200 个以下时, 感染者就进入了疾病期, 即 AIDS 发作. 严重缺损的免疫系统不能再控制高速复制的 HIV 病毒. 此外, 感染者也会被其他机会感染 (opportunistic infections) 摧垮甚至死亡.

CD4 细胞是人类免疫系统的一个重要组成部分. 外来抗原的出现会刺激 CD4 细胞. 一旦被刺激, 它们就会分裂并且向 CD8 细胞和 B 细胞发送激活信号. CD8 细胞可以识别并杀死感染病毒的细胞. B 细胞可以释放能够抗击病毒以及其他病原体 (infectious agent) 的抗体. HIV 通过感染和消耗 CD4 细胞来攻击人类免疫系统.

到目前为止, 约有 20 种抗 HIV 药物. 其中某些药物起初是作为抗癌药物来研制的, 后来偶然发现它们能够抑制由病毒编码的复制酶 (即逆转录酶). 而其他一些药物则是为了抑制由病毒编码的蛋白 (水解) 酶而专门研制的. 所有这些药物都会干扰病毒增殖. 针对单一药物, HIV 病毒能够迅速进化出抗药

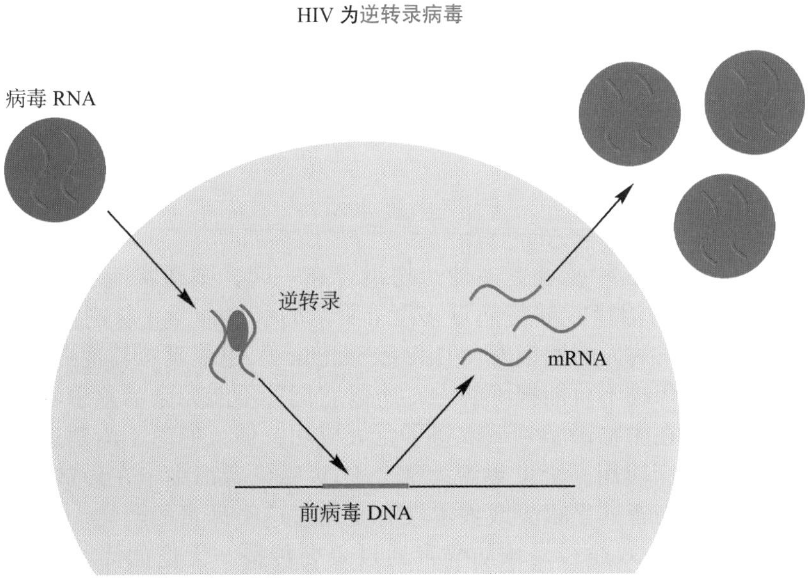

HIV 为逆转录病毒

病毒 RNA

逆转录

mRNA

前病毒 DNA

图 10.1 上图描述了人体免疫缺陷病毒 (HIV) 的生命周期. 病毒粒子 (virion) 包含病毒基因组 (单链 RNA) 的 2 份拷贝. 进入寄主细胞后, 逆转录酶能够催化合成病毒 DNA 的化学反应, 首先以 RNA 基因组的 2 份拷贝为模板合成 RNA-DNA 异源双链 (hetero-duplex), 随后合成双链病毒 DNA. 此病毒 DNA (前病毒) 被整合到寄主细胞的基因组中. 前病毒可能会长时间保持静默或者立即诱导寄主细胞合成信使 RNA (mRNA). 病毒 mRNA 具有双效性: (i) 用于病毒蛋白质的生物合成, (ii) 用于包装新的病毒基因组 (病毒粒子最终从寄主细胞中释放).

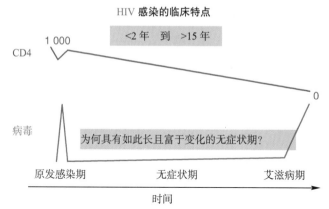

HIV 感染的临床特点

图 10.2　HIV 感染的疾病发展模式亟需一个机制来解释. 原发感染期 (primary phase) 很短, 此时病毒载量很高, 随后进入漫长且易变的无症状期, 通常这时病毒载量较低. 最终感染者发展到致命的免疫缺陷疾病（即艾滋病）期. 无症状期的持续时间可能从不足 2 年到长于 15 年不等, 其平均时间 (在无治疗情况下) 约为 10 年. 在疾病发展过程中, CD4 细胞的数量从 1 000 下降（几乎是时间的线性函数）到基本为 0. 当 CD4 细胞数量不足 200 时, 可以认为到达艾滋病期. 问题在于: 感染的特征时间尺度 (病毒的世代时间) 大约仅为几天, 为何疾病的发展却可能持续数年?

性, 但如果同时将三种或者更多种药物组合在一起, 则通常能够对 HIV 进行控制. 成功的药物治疗能够使病毒多度 (所谓的病毒载量) 急剧降低. 因此, 药物治疗可以延长病人的期望寿命 (life expectancy), 也能延缓其他症状的发作. 不过, 由于这些药物不可能根除病毒, 所以它们并不能完全治愈患者. 尽管抗 HIV 药物的研制在生物医学领域取得了巨大成功, 但人们尚不清楚这些药物能否在全球范围推广应用. 全世界绝大部分 HIV 感染者都集中在最贫困的国家, 而这些国家的感染者几乎很少或根本没有使用过这类昂贵的药物. 目前, 应用抗 HIV 药物的最有效途径是预防病毒通过母婴传播. 无论如何, 高效疫苗的研制迫在眉睫.

在此, 我们将提出以下问题: 由 HIV 所诱发的疾病的发展机制是什么? 病毒感染并杀死 CD4 细胞只需几天时间, 为何会有如此长且富于变化的无症状期? 在无治疗的情况下, 从感染期发展到艾滋病期平均需要 10 年时间. 一些人在感染后一年或两年之内死亡, 而另一些人则在感染后 15 年乃至更多年之后仍无症状. 不仅如此, 为何 HIV 能在人体中引起致命疾病, 而与其非常接近的 SIV 病毒却显然没有在它的自然寄主群体内引起疾病?

下面给出一个 HIV(及 SIV) 疾病发展模型. 其主要思想为疾病发展的关键

机制在于病毒在个体感染者体内的进化. 在原发感染期, 选择最有利于加快增长速率的病毒突变. 一旦免疫应答出现, 选择就会有利于那些能够逃避免疫应答的病毒突变. 这个过程被称为抗原变异 (antigenic variation). 不同抗原变异的数量, 即"抗原多样性"会随着时间的推移而增加. 为了逃避一切免疫压力, 病毒会进化得越来越成功, 并最终达到一个临界点, 使得免疫系统再也无法控制病毒. 按照这一理论, 个体感染者中的病毒进化是疾病发展的原因. 这也就解释了致病的和非致病的 SIV 感染之间的差异.

1990 年, 研究人员首次提出这一理论的中心假设: 在存在免疫应答的情况下, 病毒能够快速复制. 这种快速周转在 1995 年得以证实. 此外, 该理论还假设病毒能迅速产生逃避当前免疫攻击的逃逸突变. 自 1991 年以来, 尽管相关证据一直在增加, 但直到近几年, 人们才获取了描述这一过程的定量图景. 最后, 该理论假设病毒还能损害免疫应答. 研究人员已经对 HIV 消除 CD4 细胞的具体机制展开了讨论 (其中一些研究者断言 HIV 不能直接引起细胞病变), 但 CD4 细胞群体在 HIV 感染期间被破坏是毋庸置疑的.

我们将尽可能从简单的模型开始, 研究抗原变异的进化动态, 随后在模型中加入损害免疫应答的 HIV 特异性.

10.1 抗原变异

最简单的抗原变异模型针对的是抵抗株特异性免疫应答 (strain-specific immune response) 的病毒 (或其他) 病原体. 用 v_i 表示病毒株 (或病毒突变) i 的群体大小, x_i 表示抵抗病毒株 i 的特异性免疫应答的强度. 考虑以下常微分方程系统:

$$\dot{v}_i = rv_i - px_iv_i$$
$$\dot{x}_i = cv_i - bx_i \qquad i=1,\cdots,n \tag{10.1}$$

在无免疫应答时, 病毒以速率 r 进行指数增长. 免疫应答以速率 cv_i 被激发, 即激发速率与病毒多度成正比. 免疫应答以速率 px_iv_i 消除病毒. 最后, 在无进一步刺激的情况下, 免疫应答以速率 bx_i 衰减. 在此模型中, n 种特异性免疫应答对抗 n 个病毒株, 免疫应答 x_i 仅能识别病毒株 v_i.

图 10.3 给出了基于上述模型的计算机模拟结果. 从单个毒株 v_1 开始, 起初病毒以速率 r 进行指数增长, 该病毒能够激活特异性免疫应答 x_1, 免疫应答会降低病毒的增长速率, 并最终使病毒停止扩张. 病毒载量在达到最大值后开始下降. 同样, 免疫应答 x_1 在达到最大值后也开始下降. 系统呈现出阻尼振荡, 其平衡状态如下:

$$v_1^* = \frac{br}{cp} \qquad\qquad x_1^* = \frac{r}{p} \tag{10.2}$$

我们假设突变体会连续产生新的病毒株，这些毒株能够逃避原有的特异性免疫应答. 在图 10.3 的计算机模拟中，新突变体的产生是一个随机过程. 一个新的突变体在时间区间 $[t, t+\mathrm{d}t]$ 出现的概率为 $P\mathrm{d}t$，其中 P 为突变率. 最简单的情况是假设 P 为常数. 当然，由于突变数量与复制次数成正比，我们也可以假设 P 与病毒载量 v 成比例，即 $v = \sum_{i=1}^{n} v_i$.

在图 10.3 中，新变异 v_2 能够逃避免疫应答 x_1，所以在初始阶段它不受抑制，但它可诱发免疫应答 x_2，并在其作用下逐渐减少. 同时，产生另一个逃逸变异 v_3，等等. 如此下去，病毒将产生一系列抗原不同的变异. 所有抗原不同的变异都只在被其特异性免疫应答控制之前的一段时间内增长. 如果系统中存在 n 个病毒变异株 (viral variant)，且所有变异都在由 (10.2) 式给出的平衡点处，则总的病毒多度为

$$v = \frac{brn}{cp}. \tag{10.3}$$

由此可知，病毒载量 v 是抗原多样性 n 的增函数.

式 (10.1) 定义了抗原变异的一个最简单模型. 每一病毒株 v_i 只被其特异性免疫应答 x_i 控制. 这意味着任何一个病毒株的动态与所有其他的病毒株无关；描述一个病毒株及其特异性免疫应答动态的微分方程组与描述其他病毒株的方程组相互独立.

株特异性免疫和交叉反应免疫

下面我们引入交叉反应免疫应答来扩展上述模型. 交叉反应免疫应答能够识别多种（或者所有）病毒突变株. 因此，新产生的抗原变异虽然能够逃避现有的株特异性应答，但仍会被交叉反应免疫应答所识别.

令 z 表示交叉反应免疫应答的强度，对于所有的病毒突变株来说，交叉反应免疫应答都具有抗毒活性. 由此导出方程系统如下：

$$\begin{aligned}
\dot{v}_i &= v_i(r - p_i x_i - qz) && i = 1, \cdots, n \\
\dot{x}_i &= cv_i - bx_i && i = 1, \cdots, n \\
\dot{z} &= kv - bz
\end{aligned} \tag{10.4}$$

交叉反应免疫应答 z 以速率 kv（译者注：原文笔误成 kv_j）被所有病毒突变株激活，并以速率 bz 衰减. 由于新抗原不能完全逃离现有的免疫应答，因此，它不会达到与初始病毒突变株相同的多度. 病毒株之间动态不再是相互独立的. 图 10.4 给出了计算机模拟的结果.

对于 n 个病毒突变株，平衡状态下的病毒载量由下式给出

$$v = \frac{brn}{cp + kqn}. \tag{10.5}$$

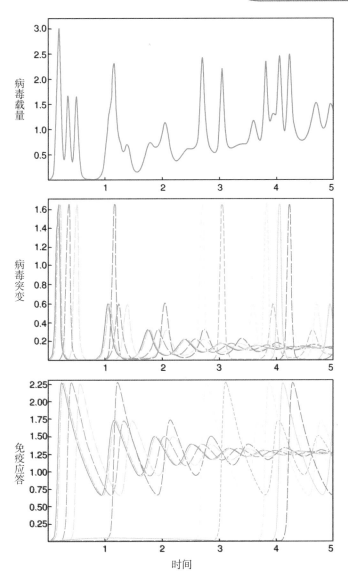

图 10.3　由方程（10.1）确定的抗原变异基本模型的动力学结果. 就每一病毒株而言，只有相应的株特异性免疫应答才能与之对抗. 假设不存在交叉反应免疫 (cross-reactive immunity)，因此，病毒株动态与其他毒株无关. 其多度首先增加，再在特异性免疫应答作用下按阻尼振荡下调. 随着新毒株的产生，病毒载量以振荡形式增加，其平衡状态是抗原多样性的递增函数. 图中总病毒载量为 v，毒株的个体多度为 v_i，其特异性免疫应答的强度为 x_i. 参数值 $r=2.5$，$p=2, c=0.1, b=0.1$. 感染从一个病毒株开始. 新突变体在时间区间 $[t, t+\mathrm{d}t]$ 出现的概率由 $P\mathrm{d}t$ 给出，$p=0.1$. 本图取自 Nowak 和 May（2000），已获得牛津大学出版社的许可.

176

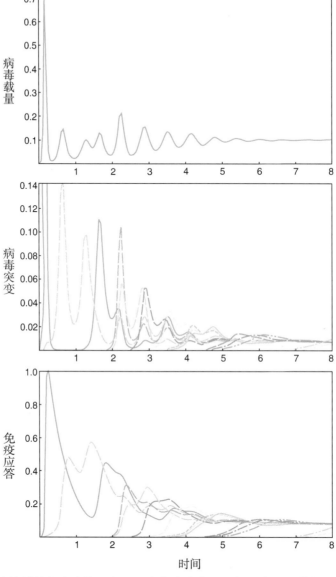

图 10.4　在株特异性免疫应答和交叉反应免疫应答下的抗原变异. 模拟从单一病毒株开始，它将诱导出株特异性免疫应答和交叉反应免疫应答. 随后产生的变异株能够逃避株特异性免疫应答，但无法逃避交叉反应免疫应答. 在平衡状态下，病毒载量是抗原多样性的递增函数，且在高抗原多样性时达到饱和. 基于方程（10.4）进行模拟，参数值分别为 $r = 2.5, p = 2, q = 2.4, c = k = 1$ 和 $b = 0.1$. 新突变体在时间区间 $[t, t + \mathrm{d}t]$ 内出现的概率由 $P\mathrm{d}t$ 给出，此时 $p = 0.1$. 本图取自 Nowak 和 May（2000），已获得牛津大学出版社的许可.

病毒载量仍然是抗原多样性 n 的递增函数，并在 n 值很高时达到饱和. 在平衡状态下，病毒载量可能达到的最大值为 $v_{max} = (br)/(kq)$，这恰好是只存在交叉反应免疫应答时平衡状态下的病毒载量. 因此，抗原多样性的增加消除了株特异性免疫的影响.

10.2 多样性阈值

前一节，我们分析了关于抗原变异的一般模型. 原则上它们可以用来描述所有病毒或其他病原体 (infectious agent) 在其寄主体内建立持久感染并产生突变来逃避免疫应答的过程. 我们将在模型中增加一种特性，使其更适用于描述 HIV 的发展. 假定病毒能够破坏免疫应答：

$$\dot{v}_i = v_i(r - px_i - qz) \qquad i = 1, \cdots, n$$
$$\dot{x}_i = cv_i - bx_i - uvx_i \qquad i = 1, \cdots, n \tag{10.6}$$
$$\dot{z} = kv - bz - uvz$$

和前面一样，v_i 表示病毒突变株 i 的群体大小，x_i 表示针对病毒株 i 产生的特异性免疫应答. z 表示交叉反应免疫应答对所有不同病毒株的抵抗强度. 在整个感染过程中，突变随时可能发生，从而病毒株数量 n 将随着时间增加. 总病毒载量为 $v = \sum_i v_i$.

参数 r 表示所有不同病毒株的平均复制速率，p 表示株特异性免疫应答的功效，c 为株特异性免疫应答被诱发的速率，类似地，q 表示交叉反应免疫应答的功效，k 表示交叉反应免疫应答被诱发的速率. 在无进一步激活的情况下，免疫应答将以速率 b 衰减. CD4 阳性细胞可以帮助 B 细胞和细胞毒性 T 细胞 (cytotoxic T cell) 介导抗病毒免疫应答，而 HIV 和其他慢病毒 (lentivairus) 则通过杀死 CD4 阳性细胞来削弱免疫应答. 上述效应由 $-uvx_i$ 和 $-uvz$ 表示. 因此，参数 u 表示病毒削弱免疫应答的能力. 病毒通过耗尽 CD4 细胞直接削弱由 B 细胞和细胞毒性 T 细胞介导的免疫应答. 这些免疫应答收敛于

$$x_i^* = \frac{cv_i}{b + uv} \qquad i = 1, \cdots, n \tag{10.7}$$

和

$$z^* = \frac{kv}{b + uv}. \tag{10.8}$$

一旦免疫应答达到上述水平，病毒总体数量变化如下

$$\dot{v} = \frac{v}{b + uv}[rb - v(cpD + kq - ru)]. \tag{10.9}$$

177

178 变量 D 表示 Simpson 指数

$$D = \sum_{i=1}^{n} (v_i / v)^2. \tag{10.10}$$

其取值在 0 到 1 之间, 它是多样性的一个逆测度. Simpson 指数表示随机选取两个病毒粒子属于同一毒株的概率. 若只有单个病毒株, 则 $D=1$. 如果存在 n 个病毒株, 且所有毒株都具有相同的频率, 则 $D=1/n$.

乘积 kq 表示交叉反应免疫应答的功效. 乘积 cpD 表示株特异性免疫应答的功效. 株特异性应答的功效依赖于病毒群体的抗原多样性. (10.9) 式表明增加多样性 (减少 D) 将增加病毒的总体数量.

该模型共有三个不同的参数域, 分别对应三类性质不同的感染过程 (图 10.5).

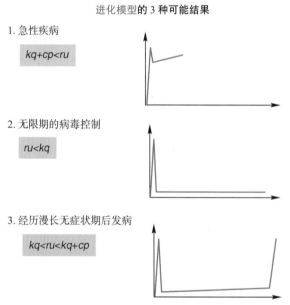

图 10.5 HIV 感染动力学模型 (由 10.6 给出的) 可能具有三种结果, 与观察到的慢感染模式相对应. (i) 若在株特异性免疫应答和交叉反应免疫应答的联合作用下, 病毒仍不能被控制, 则疾病会迅速发展, 且不会经历病毒分化和进化. 在 HIV 感染和实验性的 SIV 感染中, 存在某些疾病发展速度极快的病例符合这种模式. (ii) 若病毒能够被交叉反应免疫应答单独控制, 则感染后会进入无症状阶段, 并且不会发病. 在大多数自然的 SIV 感染中均可观察到这种模式. (iii) 若病毒复制和细胞病变可以被株特异性免疫应答和交叉反应免疫应答的联合作用所控制, 但不能被交叉反应应答单独控制, 则感染者会在经历漫长且易变的无症状期后发病. 这种模式与人类 HIV 感染和许多实验性的 SIV 感染相符.

i. 急性疾病 (immediate disease)

若 $ru > kq + cp$，则单个病毒株能够逃避株特异性免疫和交叉反应免疫的联合作用. 在这种情况下，不会出现无症状期. 病毒快速复制，群体数量迅速达到较高水平，进而引发疾病和死亡. 病毒复制速率 r 和／或细胞病理效应 (cytopathic effect) u 大于交叉反应免疫和株特异性免疫的联合作用 $kq + cp$. 免疫应答无法控制在短时间内复制到较高水平的病毒. 因此必然不会产生抗原变异.

有关这种情况的一个实例是：研究者从乌白眉猴 (sooty mangabey) 体内分离出 SIVsmm-pbj14，该病毒变种具有很高的致死率，能够感染豚尾猴 (pig-tailed macaque)，并在感染两周内致寄主死亡. 其主要症状和致死原因分别是腹泻及其后遗症（而不是免疫缺陷）. 该模型只预测到免疫应答无法控制病毒，致使其大量复制并引发疾病. 为了检验该模型是否适用于上述例子，必须检查病毒在患病的动物体内的浓度是否很高. 此外，还需要构造一种低复制速率的病毒变种 SIVsmm-pbj. 它不会立即诱发寄主死亡，而表现为一种慢性感染（可能是免疫缺陷疾病缓慢发展）.

180

ii. 无疾病发生的慢性感染 (chronic infection without disease)

180

如果 $kq > ru$，则仅由交叉反应免疫应答就可完全控制病毒. 抗原变异将会出现，病毒载量将随时间增加，但免疫应答能够无限期地控制病毒 (图 10.6).

这个参数区域对应 SIV 病毒在其自然寄主中所引起的感染. 例如，大部分非洲绿猴 (African green monkey, AGM) 在感染 SIVagm 病毒后，并不会死于免疫缺陷疾病. AGMs 对病毒 SIVagm 的功能性免疫应答与人类对 HIV 的免疫应答十分类似. CD4 细胞会出现产毒性感染 (productive infection)，SIVagm 具有的病毒载量相当于无症状 HIV-1 病毒感染者所具有的病毒载量，并具有同等程度的遗传变异. 所有这些观察都与我们的模型一致. 参数区域 (ii) 和 (iii) 可以产生相似的病毒载量和抗原多样性.

在参数区域 (ii)，交叉反应免疫应答能够单独有效地控制病毒群体，因此不存在多样性阈值. AGMs 中的 SIV 病毒与人体中 HIV 病毒的差异是由于 SIVagm 在 AGMs 中的复制速率略低于 HIV 在人类中的复制速率引起的，另一种可能性源于 AGMs 的交叉反应免疫应答更为有效. 这似乎是极为可能的：在 SIVagm 及其自然寄主之间长期建立起来的相互作用应该已经直接针对那些不能发生突变的病毒（或者降低适合度的突变）选择了有效的交叉反应免疫应答.

182

iii. 慢性感染和长潜伏期后的疾病

182

如果 $kq + cp > ru > kq$，则交叉反应应答和株特异性免疫应答的联合作用能够控制所有病毒株，而交叉反应免疫无法单独完全控制病毒（图 10.7）. 随着时间的流逝，抗原变异削弱了株特异性免疫应答的效果. 起初抗原多样性较低，病毒总体数量位于某个平衡值附近. 随着时间而增加，抗原多样性也不断增加，最终达到较高的水平，致使方程（10.9）中病毒载量不再处于稳定状态. 病毒载量

181

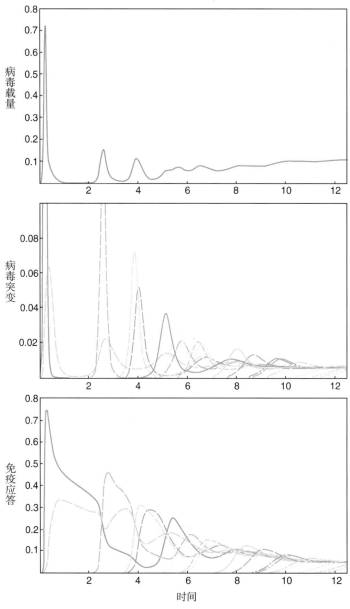

图 10.6　如果交叉反应能单独控制病毒群体，即 $kq > ru$，强交叉反应免疫应答（针对病毒的保守表位）将导致无疾病发作的慢性感染. 基于 (10.6) 式进行计算机模拟，其参数取值分别为：$r = 2.3, p = 2, q = 2.4, c = k = u = 1$ 和 $b = 0.01$. 感染从一个病毒株开始，新突变体在时间区间 $[t,\ t + \mathrm{d}t]$ 内出现的概率由 $P\mathrm{d}t$ 给出，$p = 0.1$. 本图取自 Nowak 和 May（2000），已获得牛津大学出版社的许可.

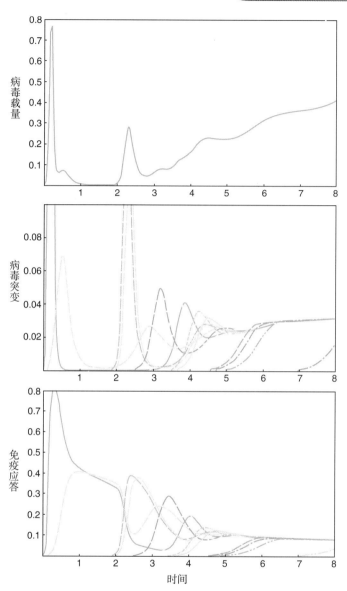

图 10.7　如果交叉反应免疫应答不能单独控制病毒群体，而交叉反应免疫应答与株特异性免疫应答联合起来能够控制所有病毒株，那么多样性阈值就会出现. 用数学语言表达如下：$kq + cp > ru > kq$. 抗原多样性的增加可使病毒群体在经历一个漫长的潜伏期后逃避免疫应答. 图中展示了基于 (10.6) 式的计算机模拟结果，参数值分别为：$r = 2.5, p = 2, q = 2.4, c = k = u = 1$ 和 $b = 0.01$. 感染从一个病毒株开始，新突变体在时间区间 $[t, t + \mathrm{d}t]$ 内出现的概率由 $P\mathrm{d}t$ 给出，$P = 0.1$. 本图取自 Nowak 和 May（2000），已获得到牛津大学出版社的许可.

会毫无控制地增加. D 是抗原多样性的一个逆测度. 开始时 D 较大. 在感染期内 D 随抗原多样性的增加而减小. 当 D 降到临界值以下时, 免疫系统就会失去控制. 临界值由下式给出

$$D < \frac{ru - kq}{cp}. \tag{10.11}$$

这个不等式定义了"抗原多样性阈值". 一旦超过这个阈值, 病毒群体就会逃避免疫系统的控制, 无限扩张. 这个过程描述了免疫缺陷疾病的发展, 其显著特征是病毒载量极高, 而且 CD4 阳性细胞几乎全部耗尽.

参数区域 (iii) 与人类中典型的 HIV-1 或 HIV-2 感染相符, 也符合实验性的 SIV 感染, 此时动物会被来自于其他物种的病毒感染.

"抗原多样性阈值"这一概念很直观. 在自然条件下, 原发感染后会产生异质性病毒群体. 但是在新感染者体内, 免疫系统还没有被激活. 此时, 入侵病毒呈指数扩张, 如果不考虑免疫逃逸, 选择倾向于增殖最快的毒株, 这样的初始状态将产生一个遗传多样性和抗原多样性都非常低的病毒群体. 随后免疫系统被激活, 并对那些免疫应答识别出来的抗原表位的变异产生选择作用. 抗原多样性的增加使得免疫系统同时下调所有突变变得越来越难. 失控的原因在于免疫多样性和病毒多样性相互作用的不对称性. 每个病毒株都能通过切断 CD4 细胞的协作来损害所有的免疫应答, 而独特的株特异性免疫应答只能攻击特定的病毒株. 在异质性更高的病毒群体内, 免疫应答诱导的病毒死亡和病毒诱导免疫细胞死亡之比向有利于向病毒的方向漂变. 漂变最终导致免疫系统完全崩溃, 病毒复制完全失控.

这种现象之所以被称作"多样性阈值", 是因为在最简单的数学模型中存在着能够同时被免疫系统控制的不同抗原变异的临界值. 在更现实和更复杂的扩展模型中, "多样性阈值"具有更一般的形式, 并且指示了免疫系统无法控制病毒群体的临界点. 复杂性产生的原因很多, 例如, 不同病毒株的复制速率或免疫学性质不同, 或者模型的基本参数在感染期间不是常数而是变化的 (例如病毒复制速率不断增加, 以及模型参数随着 CD4 细胞的活化而变化). 对模型的扩展研究, 主要包括多表位应答 (responses of multiple epitopes)、(抗原) 表位删除 (deletion of epitopes)、逃逸代价 (cost of escape) 以及靶细胞限制 (target cell limitation) 等.

值得注意的是, 模型并未预言: 与遗传多样性或抗原多样性较低的感染者相比, 多样性较高的感染者的病情必然发展得更快. 首先, 在无任何抗原变异的参数区域 (i) 内, 病毒发展最快. 第二, 不同感染者对 HIV 的免疫应答强度不同. 株特异性应答较弱的感染者将倾向于提高病毒载量而并非选择高抗原多样性. 相比之下, 株特异性应答较强的感染者会降低病毒载量至较低水平, 而且选择高抗原多样性. 因此, 对比不同感染者, 病毒多样性和疾病发展速率之间

的关系并不简单.

最后, 该模型确实解释了致病的和非致病的 SIV 感染以及 HIV 感染之间的差异. 非致病感染对应参数区域 (ii), 此时交叉反应免疫应答能完全控制病毒. 致病感染对应参数区域 (iii), 此时交叉反应免疫应答和株特异性免疫应答联合控制病毒. 在这种情况下, 随着时间的推移, 病毒进化将使其逃避株特异性应答成为可能, 进而疾病发作. 因此, 为了理解自然的 SIV 病毒感染为何不致病, 而 HIV 却能够在人类中引发致命疾病, 就需要定量测度感染的病毒学参数和免疫学参数, 它们决定了模型位于参数域 (ii) 还是 (iii).

我们已经看到, 在个体感染中的 HIV 进化为疾病发展提供了一种合理的机制. 起初病毒被免疫应答控制, 而后为了逃避这些免疫应答不断进化. 病毒进化能导致抗原多样性更高, 逃避免疫应答更有效, 复制速率更快, 以及细胞嗜性更广 (意味着病毒能够感染更多不同类型的细胞). 一段时间之后, 病毒进化达到阈值. 若病毒载量高于这个阈值, 则免疫系统将不再能控制病毒 (图 10.8).

疾病发展的进化机制具有三个参数区域, 分别对应三种不同的慢感染结果: (i) 立即发病乃至死亡, 如果交叉反应免疫应答和株特异性免疫应答的联合并不能控制入侵的病毒株. (ii) 无症状且不致病的感染, 如果单独的交叉反应免疫应答能够控制病毒. (iii) 在经历一段长久且可变的无症状期之后发病, 如果交叉

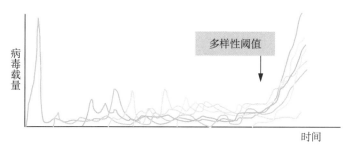

图 10.8 HIV 的发展是病毒在感染者体内不断进化的结果. 为了逃避抗病毒免疫应答 (和药物治疗), 病毒将不断进化. 此外, 病毒能够在特定感染者体内产生快速复制的突变体, 且能感染更多不同类型的细胞 (增加细胞嗜性). 最终病毒进化达到一个临界点, 称为 "多样性阈值", 此时免疫系统将失去控制.

反应免疫应答和株特异性免疫应答的联合能控制任一病毒株, 而单独的交叉反应免疫应答却不足以控制病毒株. 在这种情况下, 病毒进化最终将导致 AIDS.

　　尽管这个理论在建立之初颇受质疑, 且不时被误解, 但是, 所有关于 HIV 的确凿的生物学事实都与疾病发展的进化模型相一致. 因此, 这个模型极有可能为 HIV 疾病发展提供了一个正确的机制.

小结

187

◆ HIV 将感染 CD4 细胞. 作为人体免疫系统中的一个关键组成部分, CD4 细胞协助其他细胞 (如 CD8 细胞和 B 细胞) 介导免疫应答.

◆ 在 HIV 感染期间, CD4 细胞的数量下降.

◆ 在病毒感染者体内, HIV 的世代时间约为 1 至 2 天. 然而, 若 HIV 要摧毁整个 CD4 细胞群体, 则平均需要 10 年. 关键问题在于: 在 HIV 感染过程中, 疾病发展的机制是什么?

◆ HIV 在个体感染期间进化.

◆ 抗原变异使 HIV 逃避企图控制它的免疫应答成为可能.

◆ 抗原变异导致病毒多样性提高, 使病毒载量 (即多度) 增加, 免疫控制降低.

◆ 这个进化过程最终达到一个临界点 (多样性阈值), 高于此临界点, 免疫系统将不再能够控制病毒.

◆ 多样性阈值的出现是由于 HIV 和免疫系统之间的相互作用具有非对称性: 无论突变体特异性如何, 不同的病毒突变体都能够杀死 CD4 细胞, 但特异性免疫应答只能被特定的病毒突变体激活.

◆ 模型中存在三个不同的参数区域, 分别对应已观察到的 HIV 和 SIV 的感染模式. (i) 立即发病乃至死亡, (ii) 无症状且不发病的感染, (iii) 在经历一个漫长且可变的无症状期后发病.

◆ 根据本章提出的模型, HIV 疾病的发展是基于个体感染的进化动态.

11 毒力的进化

对于进化来说，寄主和寄生物之间的斗争具有重大意义，吸引了众多实验生物学家和理论生物学家．这里的"寄生物"表示所有寄生在其他生物体内的生物，通常对寄主有害．噬菌体寄生在细菌体内．许多病毒和细菌寄生在人体内．这些寄生在人体或动物体内的单细胞和多细胞真核生物可能会引发多种传染病（infectious disease）．此外，人类基因组中还包含"寄生的"DNA，其特点是不断扩大自己的队伍，而不考虑其他基因．

寄生物是一种极其古老的生命．在生命诞生之初，它们就开始了对其他生物的掠夺和侵占．我们可以用对寄生物的适应来解释个体细胞和高等生物的诸多特征，它们能够抵御寄生物的侵入并减少感染带来的损失．细菌所携带的酶可以将病毒基因组分割成片段．植物能够在自卫中产生巨大的化学药品库．脊椎动物的免疫系统是一种具有高复杂性和高代价的器官，它担负着抵御病原体(infectious agent) 入侵的重要使命．甚至有性生殖也可以被解释成一种为了维持遗传多样性和避免寄生物侵害而形成的适应．反过来，进行有性传播的寄生物则会利用其寄主的有性生殖方式为自己谋利．

在许多医学教材中，传统观点认为充分适应的寄生物对其寄主无害．其理由如下：杀死寄主对依靠寄主来繁殖的寄生物而言毫无益处．一些众所周知的观测结果似乎都支持这种观点．其中一个广为流传的实例是：在澳大利亚兔子种群中，黏液瘤病毒 (myxoma virus) 会向毒力降低的方向进化．此外，前一章已经提到过的例子也支持传统观点，即长期存在于灵长类动物体内的慢病毒群落似乎是非致病的．猿猴免疫缺陷病毒 (SIV) 在其自然寄主群体中并不会引发疾病．这些病毒和其寄主之间的协同进化已经历经了数百万年．相比之下，人类免疫缺陷病毒 (HIV) 进入人类群体仅仅数十年，却引发了致命性疾病．

当然，另有许多反例不支持上述观点，在某些存在已久的寄主–寄生物系统中，进化并没有消除寄生物对寄主的损害．例如疟疾 (malaria)，据估计，死于疟疾的人数远远多于其他任何一种传染病．另一个众所周知的例子是榕小蜂中的线虫 (nematodes)．研究人员通过琥珀化石发现，尽管早在 2000 万年前线虫就已经感染榕小蜂，但是目前线虫仍然表现出对其寄主的极大危害．

数学流行病学 (epidemiology) 是理论生物学中最古老的分支学科之一．1760

190 年, Daniel Bernoulli 所发展的数学模型对天花接种 (variolation) 的有效性进行了评估, 他也希望该模型能够对公共健康政策的制定产生一定的影响. 1840 年, William Farr 对爆发于英格兰和威尔士的天花及由此引发的死亡进行了统计分析. 1908 年, 在发现疟疾可通过蚊子进行传播之后, Ronald Ross 构建了一个简单的数学模型来探讨蚊子的盛行和疟疾发生率之间的关系. 1927 年, William Ogilvy Kermack 和 Anderson Gray McKendrick 创立了重要的 "阈值理论": 在种群中引入少数几个已感染个体将引起疾病的流行, 且这种情况仅在易感者密度超过某个阈值时成立. 1979 年, Roy Anderson 和 Robert May 为该领域提出了许多新方

191 法, 从而为大量后继工作奠定了基础. 为了对实验数据及流行病学数据进行解释, 他们发展了一些简单的数学模型. 此外, 他们还通过分析病原体对其寄主群体数量的调节机制来研究生态学问题, 并强调 "基本再生率 (basic reproductive ratio)" 和疫苗接种 (vaccination) 计划的重要意义.

同样, May 和 Anderson 也指出寄生物进化不一定会导致毒力的丧失, 相反, 选择作用还会提高寄生物的基本再生率 R_0. 如果寄生物的传播速率和毒力相关, 那么选择很可能有利于毒力的增强. 在重新分析了澳大利亚兔子的黏液瘤病毒感染的经典案例之后, 他们提出了进化已经导致毒力向中等水平发展的结论. 事实上, 这些数据给出了毒力水平不同的病毒经过进化后所达到的平衡分布. 许多年之后, 毒力最强的和最弱的病毒株仍然在病毒群体中得以保留, 且大部分感染都是由毒力处于中等水平的病毒株引起的.

本章将研究寄生物的进化动力学. 由于寄生物的进化速率通常要比其寄主的进化速率高得多, 所以我们假设在所考虑的时间尺度上寄主并不发生进化. 我们将从流行病学 (epidemiology) 的基本模型出发, 假设已经感染的寄主不能再被其他寄生病毒株重复感染, 最终得出寄生物进化使基本再生率达到最大的结论. 随后, 我们将放宽约束条件, 进一步探讨重复感染 (superinfection) 进化动力学, 这就意味着已经感染的寄主能够再被其他寄生病毒株感染并占领.

按照 Anderson 和 May 的分类系统, 这一章主要讨论 "微寄生物 (microparasites)", 即病毒、细菌和原生动物. 它们具有体积小, 世代时间 (与它们的寄主相比较) 短以及在寄主体内直接复制率高等特点. 相比之下, "大寄生物 (macroparasites)" 则主要是指寄生蠕虫 (helminths) 和节肢动物 (arthropods), 它们的世代时间较长, 且在寄主体内复制率较低. 我们根据感染者和未感染者 (免疫/康复的) 多度的变化来构建与微寄生物相关的数学模型. 而要想构造大寄生物的数学模型, 就必须明确个体寄主内的寄生物数量.

11.1   感染生物学的基本模型

寄主与寄生物相互作用的流行病学动力学基本模式（图 11.1）可用下面的常微分方程系统来描述：

$$\dot{x} = k - ux - \beta xy$$
$$\dot{y} = y(\beta x - u - v) \tag{11.1}$$

其中 x 和 y 分别表示未感染者和感染者的数量. 在没有寄生物的情况下, 寄主群体受简单的迁移–死亡过程调节, 其中 k 表示未感染者的常数迁移率, u 表示其自然死亡率. 在没有感染发生的情况下, 上述方程组大致代表了一种获得稳定寄主群体的简单途径. 感染者以速率 βxy 将寄生物传染给未感染者, 其中 β 是用来描述寄生物传染力的速率常数. 感染者的死亡速率为 $u+v$. 我们把参数 v 定义为感染的毒力, 即与感染相关的额外死亡率. 更一般地, 我们可以用寄生物对感染者适合度的影响来定义毒力.

感染动力学基本模型

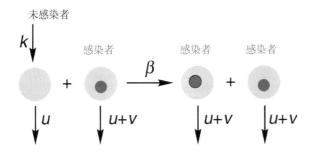

图 11.1   感染动力学的基本模型. 该模型描述了病原体（一种寄生物）在寄主群体中的传播过程. 一个感染者在与一个未感染者接触时将其感染. 从化学动力学的角度来考虑生物动力学: 感染者与未感染者发生"反应", 生成两个新的感染者. 反应速率常数 β 表示寄生物的传染力. 寄主的正常死亡率用 u 表示. 疾病致死率（毒力）用 v 表示. 未感染者以常数率 k 输入种群.

193   我们把由传入未感染者群体中的单个感染者所引起的新增感染数量定义为寄生物的基本再生率 (图 11.2). 在系统 (11.1) 中，基本再生率可表示为

$$R_0 = \frac{\beta}{u+v}\frac{k}{u} . \tag{11.2}$$

上式表明，一个感染者的平均寿命为 $1/(u+v)$，其产生新感染的速率为 βx，而这两个量的乘积则表示单个感染者在其一生中所能够引起的新感染的平均值，其中 x 表示未感染者的数量. 在出现感染者之前，未感染者群体的平衡多度为 $x = k/u$. 因此，(11.2) 代表了流行病学中的重要概念，即基本再生率 R_0.

如果 R_0 小于 1，寄生物就无法蔓延. 其"链式反应 (chain reaction)"是亚临界 (sub-critical) 的，即单个感染者能够感染寄主，但是传播链将逐渐消失，因而流行病并不会蔓延.

如果 R_0 大于 1，"链式反应"则会表现出超临界 (super-critical) 的特征. 感染者的数量将呈指数增长，流行病得以蔓延. 一段时间后，感染者的数量将会达到峰值，随后开始下降. 减幅振荡最终导致一个稳定的平衡态，即

$$x^* = \frac{u+v}{\beta}, \quad y^* = \frac{\beta}{\beta}\frac{k-u(u+v)}{(u+v)} . \tag{11.3}$$

194   成功的疫苗接种计划必须能够降低易感寄主群体的大小，使寄生物的基本再生率小于 1. 当 $R_0 = 5$ 时，要想防止流行病的发生，群体中 80% 以上的寄主必须接种疫苗. 当 $R_0 = 50$ 时，群体中 98% 以上的寄主必须接种疫苗. 通常，针对再生速率较低的病原体的疫苗容易获得成功.

基本再生率

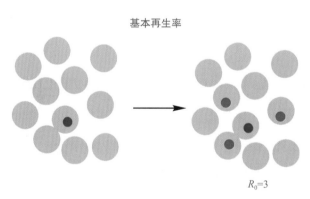

$R_0 = 3$

193

图 11.2 病原体的基本再生率 R_0 描述的是由传入未感染者群体中的单个感染者所引起的继发感染数量. R_0 对寄生物能否在寄主群体中传播起到了关键作用. 如果 $R_0 < 1$，则寄生物将逐渐消失. 如果 $R_0 > 1$，则感染者 (流行病) 的数量将会出现爆炸性增长.

我把系统（11.1）称为"感染生物学的基本模型"，因为它不仅描述了寄主群体中单个病原体的动态，而且还描述了在单个感染者体内病毒的动态. 在后面的例子中，x 和 y 分别表示未感染细胞和已感染细胞的数量. 在 Robert May 和我合著的《病毒动力学》（*Virus Dynamics*）一书中详细阐述了该模型在 HIV 感染中的应用.

11.2　选择使基本再生率最大化

为了理解寄生物的进化，我们至少要研究两个毒株竞争同一个寄主的流行病动力学模型. 对方程 (11.1) 进行扩展，我们得到

$$\dot{x} = k - ux - x(\beta_1 y_1 + \beta_2 y_2)$$
$$\dot{y}_1 = y_1(\beta_1 x - u - v_1) \tag{11.4}$$
$$\dot{y}_2 = y_2(\beta_2 x - u - v_2)$$

两毒株传染力不同，分别用 β_1 和 β_2 表示，毒力水平分别用 v_1 和 v_2 表示. 毒株 1 和毒株 2 的基本再生率分别为

$$R_1 = \frac{\beta_1}{u+v_1}\frac{k}{u} \tag{11.5}$$

和

$$R_2 = \frac{\beta_2}{u+v_2}\frac{k}{u}. \tag{11.6}$$

只有满足 $R_1=R_2$ 时，两毒株才有可能共存，事实上，这种情况并不普遍. 在平衡点处，关于时间的导数 $\dot{x}$，$\dot{y}_1$ 和 $\dot{y}_2$ 必然为 0. 不仅如此，毒株 1 和毒株 2 稳定共存需要 y_1 和 y_2 在平衡点处取值为正. 由 $\dot{y}_1=0$ 和 $y_1>0$，可得 $x=(u+v_1)/\beta_1$. 由 $\dot{y}_2=0$ 和 $y_2>0$，可得 $x=(u+v_2)/\beta_2$. 只有当 $R_1=R_2$ 时，这两个条件才能同时成立. 一般地，我们所期望的情形是 $R_1 \neq R_2$. 此时，共存是不可能发生的.

如果两个毒株的基本再生率都小于 1，即 $R_1<1$ 和 $R_2<1$，那么唯一的稳定平衡点是未感染群体，即：

$$E_0: \quad x = \frac{k}{u} \quad y_1 = 0 \quad y_2 = 0 \tag{11.7}$$

如果 $R_1>1>R_2$，那么毒株 2 将会消失，唯一的稳定平衡点是：

$$E_1: \quad x^* = \frac{u+v_1}{\beta_1} \quad y_1^* = \frac{\beta_1 - u(u+v_1)}{\beta_1(u+v_1)} \quad y_2^* = 0 \tag{11.8}$$

如果 $R_1<1<R_2$，那么毒株 1 将会消失，唯一的稳定平衡点是：

$$E_2: \quad x^* = \frac{u + v_2}{\beta_2} \quad y_1^* = 0 \quad y_2^* = \frac{\beta_2 - u(u + v_2)}{\beta_2(u + v_2)} \tag{11.9}$$

如果两个毒株的基本再生率都大于 1，即 $R_1 > 1$ 和 $R_2 > 1$，那么基本再生率较高的毒株将战胜基本再生率较低的毒株. 当 $R_2 > R_1$ 时，最终所有感染者都将携带毒株 2，而毒株 1 将会消失. 该系统将收敛于平衡点 E_2.

注意到 $R_2 > R_1$ 正好是毒株 2 能入侵平衡点 E_1 的条件. 这就意味着导数 $\partial \dot{y}_2 / \partial y_2$ 在平衡点 E_1 处取值为正. $R_2 > R_1$ 也是毒株 1 不能入侵平衡点 E_2 的条件. 这意味着导数 $\partial \dot{y}_1 / \partial y_1$ 在平衡点 E_2 取值为负. 这些导数表示了无穷小数量的入侵株在特定平衡点处的增长率. 由此我们推断 E_1 是不稳定的，而 E_2 是稳定的. 两毒株不可能共存，且毒株 2 在竞争中将胜过毒株 1.

由此可知，进化将使基本再生率达到最大（图 11.3）. 如果在传染力和毒力之间不存在制约关系，那么进化动力学将使 β 提高，同时使 v 降低. 这就代表了传统观点，即传染病将向毒力减小的方向进化.

然而，一般地，我们往往期望毒力 v 和传染力 β 之间存在一定关联；通常对寄主的损害（v）与传染期的再生量（β）存在联系. 在 v 和 β 之间满足某种函数关系的条件下，毒力水平能够在进化上达到稳定，并对应于 R_0 的最大值. 在其他一些情况下，毒力将向极高或极低的方向进化. 具体的动力学性质取决于 β（关于 v 的函数）的形状. 有趣的是，沿着毒力增加的轨道，寄生物的进化能够使其群体逐渐缩小（就感染者的总数而言）.

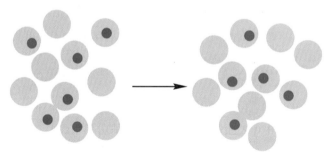

选择使 R_0 最大化

$R_0 = 2$
$R_0 = 3$

如果两种寄生物竞争同一个寄主，则基本再生率较高的寄生物将胜出.

图 11.3 在感染动力学的简单模型中，选择会使寄生物的基本再生率最大化. 如果两种寄生物争夺同一个寄主，则基本再生率较高的寄生物将获胜. 因此，尽管充分适应的寄生物具有很高的 R_0，但其毒力却未必较低.

如果传染力与毒力成正比，即 $\beta = \alpha v$，其中 α 为某个常数，那么基本再生率 R_0 就是毒力 v 的递增函数．在这种情况下，选择将总是支持毒力增强（也就更具传染力）的毒株．

如果传染力是毒力的饱和函数，即 $\beta = \alpha v/(c+v)$，那么基本再生率 R_0 就是毒力的单峰函数．当毒力处于中等优化水平 $v_{opt} = \sqrt{cu}$ 时，R_0 达到最大值．当寄生物群体的毒力高于 v_{opt} 时，选择将使毒力降低．当寄生物群体的毒力低于 v_{opt} 时，选择将使毒力增强．

11.3　重复感染 (superinfection)

197

前一节的分析未考虑重复感染的可能性，即已经感染的寄主并不会再受其他感染者感染．现在我们放宽这个限制，允许已感染者再被其他毒株感染（图 11.4）．

197

我们将会进一步考虑毒力水平不同的寄生物异质群体，假定在一个已感染者体内，毒力强的毒株将战胜毒力弱的毒株．这就意味着，在同一个寄主体内，增加毒力可以增加战胜其他寄生物的竞争优势．

为简单起见，我们假定单个寄主的感染总是由一个毒株导致的．因此重复感染意味着已被毒力弱的毒株所感染的寄主被一个毒力更强的毒株接管．这个过程可以用下面的常微分方程系统来描述：

重复感染 (superinfection) 是指一个毒株可以感染已被另一个毒株感染的寄主

197

如果存在重复感染，选择将不会使基本再生率达到最大值

图 11.4　重复感染是指一个已经被某个毒株感染的寄主再被另一个毒株感染．在重复感染的寄主个体内的两个毒株彼此竞争．一个毒株可能赢得竞争，并除掉另一个毒株．其后果是选择不再使基本再生率达到最大，而是使毒力水平不同的毒株共存．一般来说，重复感染会使毒力增加，以至超过寄生物的最适水平，还会引起在两个水平上的竞争：在一个感染者体内和寄主群体内．

$$\dot{x} = k - ux - x\sum_{i=1}^{n}\beta_i y_i$$

$$\dot{y}_i = y_i(\beta_i x - u - v_i + s\beta_i \sum_{j=1}^{i-1} y_j - s\sum_{j=i+1}^{n} \beta_j y_j) \qquad i = 1, \cdots, n \tag{11.10}$$

198　其中 v_i 表示株 i 的毒力. 我们根据毒力水平将这些株排序, 即 $v_1 < v_2 < \cdots < v_n$. 毒力较强的毒株可以重复感染已被毒力较弱毒株所感染的寄主. 参数 s 定义了重复感染的发生率, 它与感染难度紧密相关. 若寄主或者寄生物具有进化机制从而使得重复感染难度增大, 则 s 小于 1. 若被感染寄主更加易于受到第二次感染, 则 s 大于 1, 这意味着重复感染的发生率的增加.

198　　　图 11.5 是数值模拟结果, 我们假定毒力和传染力之间的函数关系可以由下式表述

$$\beta_i = \frac{av_i}{c + v_i}. \tag{11.11}$$

对于毒力较低的毒株, 传染力随着毒力呈线性增加. 对于毒力较高的毒株, 传染力在毒力水平最高时达到饱和. 基本再生率为

$$R_{0,i} = \frac{akv_i}{u(c + v_i)(u + v_i)}. \tag{11.12}$$

使 R_0 达到最大的最优毒力为

$$v_{\text{opt}} = \sqrt{cu} \tag{11.13}$$

200　图 11.5 给出了 s 取值介于 0 和 2 之间时的寄生物的平衡种群结构. 假定 $k=1, u=1$ 和 $\beta_i = 8v_i/(1+v_i)$. 我们对毒力在 0 和 5 之间随机分布的 $n=50$(译者注: 原书误为 100) 个毒株的发展进行了模拟. 基于上述参数选择, 毒力接近于 1 的毒株的 R_0 最大. 当然, 我们发现, 在没有重复感染的情况下, 即 $s=0$ 时, 这一毒株会被选择. 若发生重复感染 (即 $s>0$), 则毒力水平介于两个边界 v_{min} 和 v_{max} 之间的全体毒株都可能被选择, 其中 $v_{\text{min}} > v_{\text{opt}}$. 因此, 重复感染具有两个重要影响: (i) 重复感染促使寄生物毒力向更高水平漂变, 以至超过再生率最高的毒

图 11.5　毒力水平不同的寄生物的平衡分布, 数值模拟是基于模型 (11.10) 进行的, $k=1, u=1$, $n=50$, $\beta_i = 8v_i/(1+v_i)$, $s=0, 0.2, 1, 2$. v_i 于 0 至 5 之间随机分布. 在没有重复感染的情况下, $s=0$, 具有最大基本再生率 R_0 的毒株被选择. 当存在重复感染时, $s>0$, 我们发现具有不同毒力 v_i 的许多毒株可以共存, v_i 的值介于最小值 v_{min} 与最大值 v_{max} 之间, 但具有最大基本再生率 R_0 的毒株并没有被选择. 重复感染不会优化寄生物再生率. 当 s 增加时, v_{min} 与 v_{max} 的值也会增大. x 轴表示毒力, y 轴表示平衡频率 (最大值标度相同).

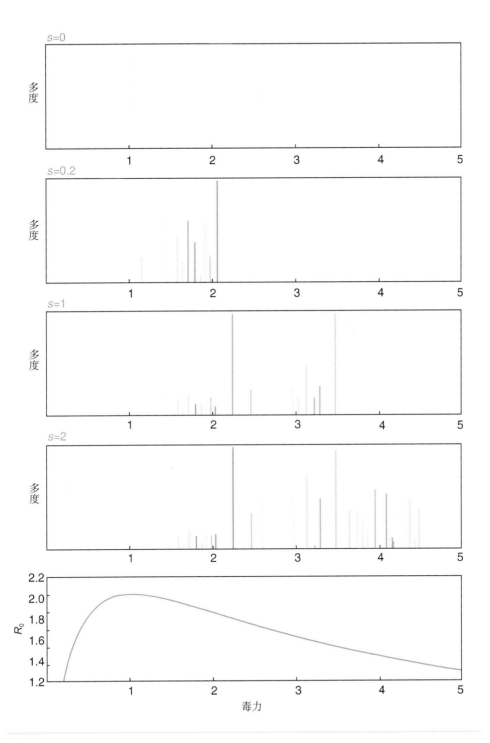

力水平；(ii) 重复感染导致了一系列毒力水平不同的毒株共存．有趣的是，各毒株平衡态密度呈现出大起大落．如果毒力高于它的毒株的频率较低，一个毒株会具有比较高的平衡频率．反之亦然．仅有一部分毒株可以在平衡点处存活．究竟是什么因素决定了这种复杂性以及我们无法预料的平衡点结构呢？

11.4   重复感染的解析模型

现在我们运用解析方法来解释重复感染所引入的复杂性．对于未感染者来说，我们使用一个可变的迁移率来代替常数迁移率 k，这个迁移率正好平衡了未感染者和已感染者的死亡率．这可通过在（11.10）式中设定 k 值来实现，令

$$k = ux + uy + \sum v_i y_i \tag{11.14}$$

感染者总数由 $y = \sum_{i=1}^{N} y_i$ 给出．$x + y$ 保持为常数．不失一般性，我们令 $x + y = 1$．我们得到由下面 n 个方程组成的系统

$$\dot{y}_i = y_i \left[\beta_i(1-y) - u - v_i + s(\beta_i \sum_{j=1}^{i-1} y_j - \sum_{j=i+1}^{n} \beta_j y_j) \right] \quad i = 1, \cdots, n \tag{11.15}$$

注意到 y 定义在闭区间 $[0,1]$．

系统（11.15）是一个 Lotka–Volterra 方程．可以改写成下面的形式

$$\dot{y}_i = y_i (R_i + \sum_{j=1}^{n} A_{ij} y_j) \quad i = 1, \cdots, n \tag{11.16}$$

其中 $R_i = \beta_i - v_i - u$．矩阵由下面式子给出

$$A = - \begin{pmatrix} \beta_1 & \beta_1 + s\beta_2 & \beta_1 + s\beta_3 & \dots & \beta_1 + s\beta_n \\ \beta_2(1-s) & \beta_2 & \beta_2 + s\beta_3 & \dots & \beta_2 + s\beta_n \\ \beta_3(1-s) & \beta_3(1-s) & \beta_3 & \dots & \beta_3 + s\beta_n \\ \vdots & \vdots & \vdots & \ddots & \vdots \\ \beta_n(1-s) & \beta_n(1-s) & \beta_n(1-s) & \dots & \beta_n \end{pmatrix} \tag{11.17}$$

为了分析理解，在 $\beta_i = a v_i / (c + v_i)$ 中，令 $c \to 0$．此时所有毒株的传染力 β 相同，只是毒力水平 v_i 不同．我们得到

$$\dot{y}_i = y_i \beta \left[1 - y - \frac{v_i + u}{\beta} + s(\sum_{j=1}^{i-1} y_1 - \sum_{j=i+1}^{n} y_j) \right] \quad i = 1, \cdots, n \tag{11.18}$$

即为式 (11.16) 的 Lotka–Volterra 方程，其中 $R_i = \beta - v_i - u$，

$$A = -\beta \begin{pmatrix} 1 & 1+s & 1+s & \cdots & 1+s \\ 1-s & 1 & 1+s & \cdots & 1+s \\ 1-s & 1-s & 1 & \cdots & 1+s \\ \vdots & \vdots & \vdots & \ddots & \vdots \\ 1-s & 1-s & 1-s & \cdots & 1 \end{pmatrix} \tag{11.19}$$

该系统是一类 Lotka-Volterra 方程，Josef Hofbauer 和 Karl Sigmund 已经证明这类方程存在唯一的全局稳定平衡点．这个平衡点吸引了由正象限内任意一点出发的所有轨道．如果平衡点位于正象限的一个面内，那么它也能够吸引由该面内任意点出发的所有轨道．

方程（11.18）可改写为

$$\dot{y}_i = y_i \beta [f_i - s y_i]. \tag{11.20}$$

其中

$$f_i = 1 - \frac{v_i - u}{\beta} - (1-s)y + 2s \sum_{j=i+1}^{n} y_j. \tag{11.21}$$

方程（11.20）的各平衡点具有如下的关系：

$$\begin{aligned} y_1 &= 0 \quad\text{或}\quad y_1 = f_1/s \\ y_2 &= 0 \quad\text{或}\quad y_2 = f_2/s \\ &\vdots \\ y_n &= 0 \quad\text{或}\quad y_n = f_n/s \end{aligned} \tag{11.22}$$

注意到每个 f_i 只依赖于总和 y 及所有的 $y_j (j > i)$．假设 y 已知，那么我们可以用"自上而下 (top-down)"的迭代法构造一个明确的平衡点：

$$\begin{aligned} y_n &= \max\{0, f_n/s\} \\ y_{n-1} &= \max\{0, f_{n-1}/s\} \\ y_{n-2} &= \max\{0, f_{n-2}/s\} \\ &\vdots \\ y_1 &= \max\{0, f_1/s\} \end{aligned} \tag{11.23}$$

符号 $\max\{.,.\}$ 表示这 2 个数中的最大值．这个平衡点必是稳定的，如果 $f_i < 0$，则 $y_i \to 0$，反之，若 $f_i > 0$ 则 $y_i \to f_i/s$．

11.4.1 $s=1$ 的情形

$s=1$ 的情形提供了一种快速求解方法,因为 (11.21) 式中不再含有 y. 因此,唯一稳定平衡点的分布由下面的递归方式给出:

$$y_n = \max\{0, 1-\frac{v_n+u}{\beta}\}$$

$$y_{n-1} = \max\{0, 1-\frac{v_{n-1}+u}{\beta} - 2y_n\}$$

$$y_{n-2} = \max\{0, 1-\frac{v_{n-2}+u}{\beta} - 2(y_n+y_{n-1})\} \tag{11.24}$$

$$\vdots$$

$$y_1 = \max\{0, 1-\frac{v_1+u}{\beta} - 2(y_n+y_{n-1}+\cdots+y_2)\}$$

这是唯一稳定平衡点. 对于每个具有平衡频率 $y_i=0$ 的寄生物株 i,以及一般的参数,我们有 $\partial \dot{y}_i / \partial y_i < 0$. 而且,(11.24) 给出了一种构造种群平衡结构的简单而优美的几何方法 (图 11.6).

11.4.2   一般情形 $s>0$

下面我们来考虑平衡点分布 $y_i > 0$ 的情形,$i=1,\cdots,n$,这意味着我们只计算那些在平衡点处出现的毒株. 由方程 (11.15),我们可以写出 $\sum_{j=1}^{i-1}y_j = y-y_i-\sum_{j=i+1}^{n}y_j$,进而得到

$$y_i = B_i - 2\sum_{j=i+1}^n y_j \tag{11.25}$$

其中 $B_i = [1-\frac{v_i+u}{\beta}-(1-s)y]/s$. 我们得到

$$y_n = B_n$$
$$y_{n-1} = -2B_n + B_{n-1} \tag{11.26}$$
$$y_{n-2} = 2B_n - 2B_{n-1} + B_{n-2}$$

当 n 为偶数时,我们得到 $y=B_1-B_2+B_3-\cdots-B_n=(v_n-v_{n-1}+\cdots-v_1)/\beta s$. 当 n 为奇数时,我们得到 $y=B_1-B_2+B_3-\cdots+B_n$,因此,$y=(\beta-u-v_n+v_{n-1}-\cdots-v_1)/\beta$. 乍看起来,$n$ 为奇数和 n 为偶数所对应的表达式似乎大不相同. 下面我们试图计算 $v_{\max}$,即在给定 s 的情况下,平衡分布中毒力水平的最大值. 假定毒力水平差异的间隔 (平均) 相等,即 $v_k=kv_1$,当 n 为偶数,有 $y=v_n/2\beta s$,当 n 为奇数,有 $y=1-u/\beta-v_n/2\beta$. (对于 n 为奇数的情形,我们利用了 $n-1\approx n$). 由 $y_n\geqslant0$,在两种情况下我们都可推出,

$$v_{\max} = \frac{2s(\beta-u)}{1+s} \tag{11.27}$$

重复感染的几何图形

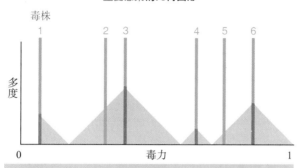

在平衡状态下，毒株 2，5 会消失；红色柱子表示毒株 1，3，4，6 的多度

204

图 11.6 对于 $s=1$ 的情形，存在一种构造寄生物种群平衡分布的优美的几何方法. 假定存在 n 个毒株，其毒力从 v_1 到 v_n 且全部介于 0 和 1 之间. 从 v_1 开始，在 v_1 到 v_n 处作垂线（蓝色表示）. 从 $v=1$ 处出发，在其左侧与基线呈 45° 的方向上作直线与 v_n 处的垂线相交，交点可以确定毒力为 v_n 的毒株多度 y_n. 这对应于 $y_n=1-v_n$. 现在以 v_n 处的垂线为对称轴构造三角形（蓝色阴影）. 从交点 y_n 向左下的 45° 作直线，该直线与基线的交点确定了 $v=1-2y_n$. 现在存在两种可能 (i) 或者 $v_{n-1}<v$，在这种情况下，从 $v=1-2y_n$ 处出发，在其左侧与基线呈 45° 角的方向作一条直线与 v_{n-1} 处的垂线相交，与 v_{n-1} 处的垂直线的交点给出 y_{n-1}. 这对应于 $y_{n-1}=v_n-v_{n-1}-(1-v_n)$; (ii) 或者 $v_{n-1}>v$，在这种情况下，毒株 $n-1$ 将在平衡状态消失，此时按上述构造方法直接在 v_{n-2} 处继续进行，以此类推. 该图不言自明. 我们以 $n=6$ 个毒株的情形为例. 其中 4 株在平衡状态出现，其多度用红柱表示. 两株消失.

这是在平衡分布下所能维持的毒力水平的最大值. 对于 $s=0$，有 $v_{max}=0$，也就是说，对于我们所选择的参数，毒力最低的毒株也是基本再生率最高的毒株. 对于 $s>1$，毒力在 $\beta-u$ 之上的毒株能够维持下去. 这些毒株本身不能入侵未感染的寄主群体，因为它们的基本再生率小于 1.

最后，对偶数和奇数情形分别求解，我们以 v_{max} 替换 v_n 代入关于 y 的 2 个不同的表达式，在两种情形下都得到

$$y=\frac{\beta-u}{\beta(1+s)}. \tag{11.28}$$

这就是感染者的平衡频率. 由此可见，重复感染越多，感染者就越少.

11.5 动力学复杂性

现在让我们回到（11.15）式给出的用来描述传染力 β_i 不同的多种毒株模型. 此时，解不一定会收敛到一个稳定的平衡点. 方程（11.15）能够导致非常复杂的动力学行为.

对于两个毒株（$n=2$）而言，我们既可以发现共存（也就是 2 株之间的稳定平衡点）或者是双稳态，具体哪一株获胜取决于初始条件. 如果 $s>1$，且毒株 1 的毒力太强以至于自身在未感染种群中（$R_0<1$）都无法维持，而毒株 2 虽然毒力较弱，但 $R_0>1$，那么将会出现一个有趣的情形. 由于 $s>1$，感染者更加容易受到重复感染，于是毒株 2 的存在事实上能够有效地促使毒株 1 的再生率升高至 $R_0>1$. 重复感染能够稳定具有极高毒力的寄生物株.

对于 3 株或更多株寄生物而言，我们可以观察到：随着振幅和周期的增加，振荡趋向于一个异宿环. 设想 3 个寄生毒株，其中每一个都能单独地在未感染者和感染者之间建立一个平衡点（对所有毒株都有 $R_0>1$）. 同时包含这 3 个毒株的系统具有 3 个边界平衡点，在平衡点处有 2 株的频率为 0，而且种群是由未感染者和另一株感染者组成. 所有三株都存在的情况对应于一个不稳定的内平衡点. 系统不仅收敛于边界平衡点还收敛于从第一个出发到达第二个再到达第三个，最后再回到第一个平衡点的环. 这些环的周期变得越来越大. 会有很长时间感染只被一种（因此，仅一个毒力水平）寄生毒株统治，然后突然被另外一种寄生毒株接管. 这样的动态可以解释随着毒力水平的显著改变病原体的剧变. 如果我们能够等待足够长时间，那么其中一个毒株在其频率较低时，可能因某种波动而灭绝. 然后其余两株中的一株将战胜另一株.

当 s 取值较小时，矩阵（11.17）的所有元素都是负的. 这样的 Lotka-Volterra 系统被称为"竞争系统"，所有轨道都将收敛于一个 $n-1$ 维的子空间，进而降低了动力系统的复杂性. 这就意味着当 $n=2$ 时，系统不存在减幅振荡，当 $n=3$ 时，我们可以排除混沌的可能.

小结

◆ 病原体（寄生物）的基本再生率是当一个感染个体被引入到未感染群体内所能引起的继发感染的数量.

◆ 寄生物的进化方向是使基本再生率最大化.

◆ 如果在传染力和毒力之间存在某种函数关系，那么充分适应的寄生物不一定是无害的. 寄生物进化会导致中等水平的毒力.

◆ 重复感染意味着已经感染的寄主能够被其他的毒株感染.

◆ 重复感染可触发寄主体内毒力水平的增加和传播率的降低之间的竞争.

◆ 重复感染可提高平均毒力水平, 并使之超过寄生物种群的最适水平.

◆ 重复感染并不使基本再生率达到最大. 甚至具有最大 R_0 值的毒株可能灭绝.

◆ 重复感染可导致在一定范围内的许多毒力水平不同的毒株的共存.

◆ 重复感染能够使毒力水平很高的毒株维持下去, 包括一些毒力太高以至于自身无法在未感染者群体中持续的毒株.

◆ 重复感染能导致非常复杂的动态, 如平均毒力水平变化剧烈的异宿环.

◆ 重复感染率越高, 感染者的数量就越少. 因此, 对于整个寄生物群体来说重复感染是不利的.

12 癌的进化动力学

癌是一个进化过程的结果. 通常，进化代表着改进和革新. 但癌变是一种导致自私细胞激增的"逆向"进化过程，最终致使整个生命体崩溃. 不幸的是，癌是生命体设计的副产物. 生命体由个体细胞构成,这些细胞自身具有增殖机制，其中某些细胞有时会恢复到初始状态，导致疯狂增殖并毫无控制. 因此，癌是在细胞中发生的"背叛进化 (evolution of defection)".

虽然计算机会被病毒攻击，但是并不会患上"癌症". 在计算机中，信息能够进行复制，病毒可以操纵这个过程并迅速增殖. 但是，由于计算机不具有更小的自我复制单元. 所以，也就不可能出现基于硅芯片的"癌症".

癌症是多细胞生命体所特有的一种疾病. 就多细胞个体发育过程而言，其主要障碍是如何建立并维持多个细胞之间的合作. 癌症代表了多细胞合作体系的崩溃. 细胞分裂是应发育程序（developmental program）的需要才发生的. 为了确保这一任务顺利完成，生命体会进化出一种复杂的基因调控网络. 生命体内许多基因具有推迟癌症出现的功能. 这些基因涉及如下过程: (i) 维持基因组的完整; (ii) 执行无差错的细胞分裂; (iii) 决定发布细胞分裂指令的发育程序; (iv) 监控细胞状态，如果必要的话，可以诱导程序性细胞死亡（细胞凋亡）（apoptosis）.

生命体内大多数细胞都在不断接收其他细胞发出的再确认信号，这些信号能够告诉它们其运作是否正常. 如果这些信号没有成功到达，则一个细胞会按照缺省指令执行自杀. 细胞凋亡是一种对癌症的防御机制. 一旦出现差错，细胞就会执行"自杀指令". 癌细胞就是指那些能从细胞凋亡的控制中叛逃出来的细胞.

癌症的进化过程不同于大多数其他进化过程，这是由于诸多基因可以在不降低细胞适合度的情况下被灭活或修改，甚至在很多情况下细胞的适合度还有可能增加. 因此,癌症发展可以被看作是一种为了摆脱癌症防御机制而发生的"破坏性进化（destructive evolution）".

就一个癌前细胞（precancerous cell）而言，绝大多数突变都能够使其适合度 (somatic fitness)（增殖率）增加. 相比之下，就一个充分适应的生命体（例如老鼠或兔子）而言，只有极少数突变能够使其体细胞适合度增加. 因此，对于癌细胞来讲，应该存在很强的选择压力使其快速增长. 癌细胞的最优突变率远远大于正常体细胞的突变率. 在本章中，"突变"是指任何形式的基因改变 (genetic modification)，例如：点突变 (point mutations)、碱基插入 (insertions)、碱基缺失 (deletions)、染色体重排 (chromosome rearrangements)、有丝分裂重组 (mitotic recombination)、或整个染色体或者染色体臂的丢失或获得等.

在过去 100 年中，癌症是一种由体细胞进化而引发的遗传疾病这一想法已经逐步形成. 1890 年，德国医生 David von Hansemann 注意到癌细胞的异常分裂行为. 1914 年，Theodoe Boveri 观察到癌细胞的染色体表现异常. 现在我们已经清楚大多数癌细胞是非整倍体（aneuploid），也就是说，其所含有的染色体数量不同于正常体细胞（图 12.1）. 1916 年，Ernest Tyzzer 首次使用"体细胞突变"这一术语来探讨癌症. 1927 年，Herman Muller 发现电离辐射（ionizing radiation）可以诱发致癌突变. 这个发现为研究体细胞突变和癌症之间的关联提供了进一步的证据. 1951 年，Muller 提出癌症出现的先决条件是单个细胞发生多重突变（multiple mutations）. 几年后，首个描述癌症发展的数学模型被提出，该模型探讨了年龄—发病率（age-incidence）模式的统计规律. C. O. Nordling 在 1953 年的研究结果以及 Peter Armitage 和 Richard Doll 在 1954 年的研究结果使人类对癌症又有了重要认识：癌症的出现需要多重概率事件（multiple probabilistic events）的发生.

1971 年，Alfred Knudson 观察到成视网膜细胞瘤（retinoblastoma）这一儿童癌症的发病规律：在双眼患多种癌症的儿童组中，成视网膜细胞瘤的发病率随着时间呈线性增加趋势；在患单一癌症的儿童组中，成视网膜细胞瘤的发病率是关于时间的弱二次函数. 基于上述观察，Knudson 提出抑癌基因 (tumor suppressor gene, TSG) 的概念. TSG 的一对等位基因被灭活可以导致癌症发生. 对于第一组儿童来说，一个等位基因在其生殖系（germ line）中已经失活，而其自身体细胞发生突变又致使另一个等位基因失活. 对于第二组儿童来说，两个等位基因都是由自身体细胞突变灭活. 这就是著名的 Knudson 二次打击学说（two–hit hypothesis）：通过两次打击灭活 TSG（图 12.2）. 在该发现的基础上，Suresh Moolgavkar 和 Alfred Knudson 提出了描述癌症启动（cancer initiation）和发展的概率模型.

1986 年，与成视网膜细胞瘤相关的抑癌基因被识别出来. 同时，还有大约 30 种与人类癌症相关的抑癌基因被发现. 这些基因具有一个共同特征，即体细胞突变为隐性：第一个等位基因失活是中性的（或近乎中性的），而第二个等位基因失活可导致细胞表型的改变，通常使其净增殖率增加. 这是通往癌症的一个步骤.

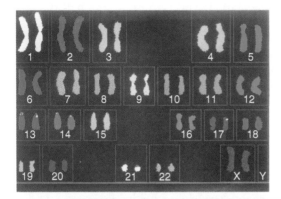

213

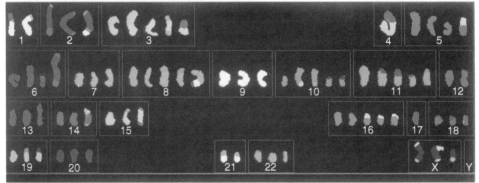

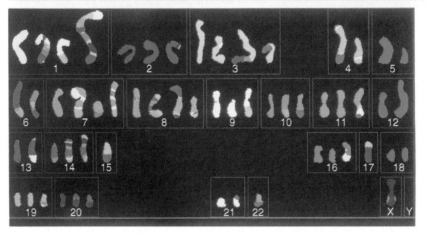

p53 是一种重要的 TSG，在一半以上的人类癌症病例中，都发现 p53 发生了突变. 该基因位于监控遗传性损伤（包括 DNA 双链断裂）的调控网络的中心. 如果损伤达到一定程度，那么细胞分裂就会暂停，而且细胞将花费一定时间进行自我修复. 如果存在过多损伤，那么将经历细胞凋亡. 在很多癌细胞中，p53 功能被灭活，这就导致癌细胞可以在存在大量遗传性损伤的情况下进行分裂.

抑癌基因**灭活机制**

1. 两次点突变

214

2. 一次点突变，随后发生杂合性缺失

图 12.2　抑癌基因 (TSG) 的灭活过程是由两次突变构成. 第一步通常是发生一个点突变. 第二步可能是再发生一个点突变或者是杂合性缺失 (LOH). LOH 包含多种机制，包括体细胞重组或者整条染色体或染色体臂缺失. 如果一条染色体缺失，那么有时另一条染色体就会被复制. TSG 在决定细胞周期的调控网络中起核心作用. 一个 TSG 的功能失活会影响整个调控网络，并能导致细胞激增. TSG 致癌的基本思想是一个等位基因灭活毫无影响（或者影响甚微），两个等位基因都被灭活则代表向癌症迈进了一步.

图 12.1　人体正常细胞为二倍体，即每一常染色体有两个拷贝. 这些染色体可以按照长度从长到短排序，分别记为 1 号至 22 号. 此外，还有两对性染色体：在女性中为 XX，在男性中为 XY. 因此，如图中最上方的光谱核型 (spectral karyotype) 所示，正常的人类细胞中存在 46 条染色体.（染色体核型描述了一个细胞中的所有染色体.）在大多数癌细胞中，特别是实体瘤中，存在非整倍体 (aneuploidy)，这意味着细胞内染色体的总数不是 46. 某些染色体存在两个以上的拷贝，而另外某些染色体只有一个拷贝. 癌细胞中的某些染色体是由两个或更多的染色体融合而成的. 位于上图中间的染色体核型来自于携带一个 BRCA1 突变的 HCC1937 乳腺癌细胞. 最下方的染色体核型显示了在携带一个 BRCA2 突变的 Capan1 细胞（胰腺癌）中出现的染色体异常情况. 本图片由剑桥大学癌症基因组学研究项目组成员 Joanne M. Straines 和 Paul Ewards 提供. 参见 Davidson 等 (2000).

致癌基因（oncogenes）代表了另一类与癌症发生密切相关的基因. 不过，只要致癌基因的一个等位基因发生突变或者被不适当地表达，就会导致细胞激增（图12.3）. 1976 年，Michael Bishop 和 Harold Varmus 首次提出致癌基因的概念；1989 年，他们因为此工作而获得了诺贝尔生理学或医学奖. 某些病毒会携带致癌基因，被这些病毒感染的细胞将出现类似癌细胞那样的增殖模式. 在最近 30 年中，人类已经发现了多种致癌基因，涉及癌症的不同阶段，包括癌症启动、发展、血管生成（angiogenesis）（生成新生血管为肿瘤生长提供营养的过程）和转移形成.

抑癌基因和致癌基因的突变能够导致细胞净增殖率（体细胞适合度）增加，而具有遗传不稳定性的基因（genetic instability gene）的突变则会使这两类基因的突变率大大提高. 例如，错配修复基因 (mismatch repair gene) 发生突变就会导致点突变率提高 50—1 000 倍，主要表现为突变在基因组微卫星（microsatellite）区域的累积. 因此，这种遗传不稳定性也被称为微卫星不稳定性 (microsatellite instability, MIN). 大约 15% 的结肠癌（colon cancers）表现出微卫星不稳定性，而其余 85% 的结肠癌以及大多数其他癌症则显示出染色体不稳定性 (chromosomal instability，CIN).

致癌基因的激活机制

1. 一个特定的点突变

2. 基因扩增

3. 染色体融合

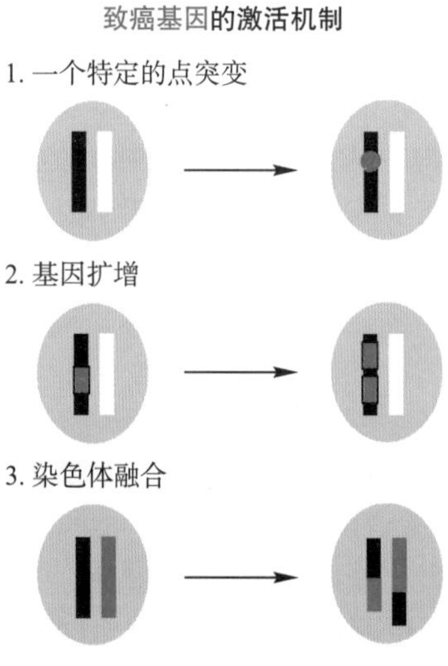

图 12.3 就致癌基因而言，只有在被激活的情况下，它才会导致癌症发生. 不过，通常致癌基因只要有一个等位基因发生突变就可以引发癌变. 定点突变、基因扩增或染色体重排都可以激活致癌基因. 后者还能导致生成一个融合基因，其中前一半来自于某一个基因，后一半来自于另一个基因. 被激活的致癌基因能够导致细胞大量增殖.

CIN 是指在细胞分裂期间（图 12.4）整个或部分染色体的获得或丢失速率的增加. 通常, TSG 的第一个等位基因被一个点突变灭活, 而第二个等位基因则是因为杂合性缺失（loss of heterozygosity）（LOH）而失活. 杂合性缺失可能是由于体细胞重组或者包含非突变等位基因的整个 (或部分) 染色体缺失而引起的. 在这两种情况下, 都会形成 TSG 的两个等位基因全部缺失的细胞. Christoph Lengauer 和 Bert Vogelstein 已经确定, 在表现出 CIN 的癌细胞中, 每次分裂过程中每一条染色体的缺失率大约为 10^{-2}. 相比之下, 在无 CIN 的细胞中, 杂合性缺失率大约为 10^{-7} 到 10^{-6}. 因此, CIN 使 TSG 的灭活速率显著提高.

目前, 对 CIN 分子基础的研究才刚刚起步. 研究发现, 在酵母细胞中, 存在大量基因突变可以诱发 CIN. 这些所谓的 CIN 基因主要涉及的过程包括染色体凝缩 (chromosome condensation), 姐妹染色单体凝集 (sister–chromatid cohesion), 着丝粒 (kinetochrore) 结构和功能, 微管形成以及细胞周期 "关卡"(cell cycle checkpoint) 等. 从酵母类推可知, 人类基因组中可能会含有几百种 CIN 基因,

215

染色体不稳定性 (CIN)：
CIN 基因突变的能够提高整个染色体的获得或丢失速率

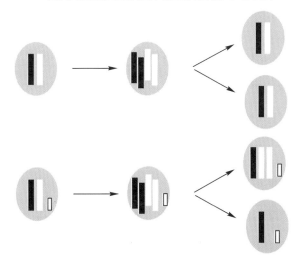

215

图 12.4　在细胞分裂期间, 数以百计的基因协作以确保所有染色体能够被正确复制, 并分配到两个子细胞中. 在这些基因中, 突变能够导致染色体不稳定性的出现. 一个细胞的 CIN 表型被定义为获得或丢失整个染色体或染色体臂的速率的增加. 图中显示了一个正常细胞分裂（上）和一个导致非整倍体（aneuploidy）的细胞分裂（下）. 黑条和白条分别表示一组染色体的母系拷贝和父系拷贝. 黄条表示一个 CIN 突变（在基因组的某一部位）.

但是，到目前为止仅有少数几个基因被证实与癌症相关，如 *MAD2*、*hBUB1*、*BRCA2* 和 *hCDC4*.

根据诱发 CIN 所需条件的不同，可以将 CIN 基因分为 3 类. 第 I 类 CIN 基因，譬如 *MAD2*，诱发 CIN 需要一个等位基因发生突变或缺失. 第 II 类 CIN 基因，譬如 *hBUB1*，诱发 CIN 需要一个等位基因显性失活. 这意味着突变的等位基因使非突变等位基因的功能异常. 第 III 类 CIN 基因，譬如 *BRCA2*，诱发 CIN 需要两个等位基因都发生突变. 第 I 类和第 II 类 CIN 基因可以被称为"致癌 CIN 基因 (onco-CIN genes)"，而第 III 类基因是"CIN 抑制基因 (CIN suppressor genes)"(图 12.5).

结肠癌是目前研究得最为透彻的癌症之一，Bert Vogelstein 及其合作者的研究为理解结肠癌的进化轨迹做出了杰出贡献. 结肠上皮层细胞的周转速率极为惊人: 每天都会生成和废弃大量细胞，如此多的细胞分裂蕴含了较高的致癌突变

3 类 CIN 基因

致癌 CIN 基因

第 I 类 CIN 基因诱发 CIN，如果一个等位基因突变或缺失.
例: *MAD2*

第 II 类 CIN 基因诱发 CIN，如果一个等位基因显性失活.
例: *hBUB1*.

第 III 类 CIN 基因诱发 CIN，如果两个等位基因都发生突变.
例: *BRCA2*.

CIN 抑制基因

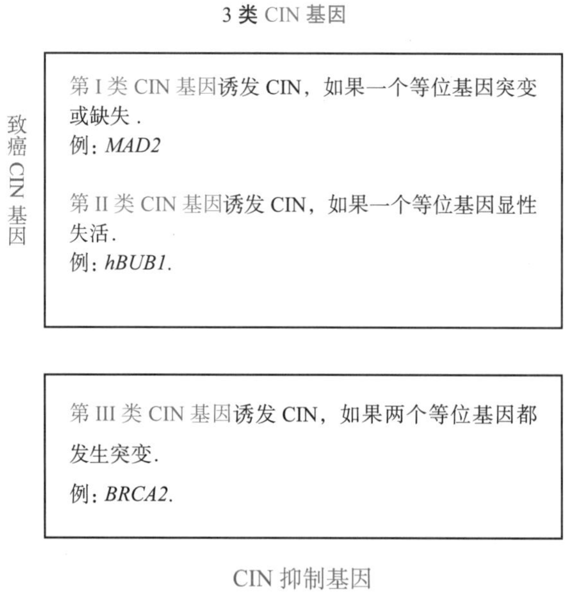

图 12.5　CIN 是由于参与保持基因组完整性的基因在细胞分裂期间发生突变而引起的. 根据激活 CIN 表型的突变的数量和类型的不同，可以将 CIN 基因分为 3 类. 第 I 类基因诱发 CIN，如果该基因的一个等位基因发生突变或缺失. 第 II 类基因诱发 CIN，如果该基因的一个等位基因发生突变. 第 III 类基因诱发 CIN，如果两个等位基因都发生突变. 在人类的 CIN 基因中，存在与这 3 种类型相对应的实例. 第 I 类和第 II 类基因可被称为致癌 CIN 基因，而第 III 类基因为 CIN 抑制基因.

风险. 不过, 结肠的几何结构能够大大降低这个风险. 结肠由大约 10^7 个隐窝 (crypts) 所组成. 每个隐窝又包含了数以千计的细胞. 在隐窝底部存在少量干细胞, 它们缓慢分裂生成分化细胞 (differentiated cells). 在向隐窝顶部迁移的过程中, 分化细胞将经历少数几次分裂, 到达顶部之后经历细胞凋亡. 隐窝的这种结构导致仅有极少数细胞会发生使其在永久细胞系 (permanent cellular lineage) 中被固定下来的突变. 在分化细胞中出现的大多数突变都将被淘汰. 因此, 这种结构大大地降低了癌变的风险 (图 12.6).

217

结肠癌的发病机制是: 与腺瘤性结肠息肉病 (adenomatous polyposis coli, APC) 相关的抑癌基因由于突变而失活. 在大约 95 % 的病例中, 能够观察到 APC 基因的突变. 在其余病例中, 其他一些基因突变产生了同样的影响. 隐窝中出现 APC 突变细胞将导致发育异常. 非正常细胞经过缓慢累积可产生息肉 (polyp). 不过, 形成大息肉似乎还需要更进一步的基因突变, 例如致癌基因 *RAS* 或 *BRAF* 的活化. 随后, 在 TGF–β 路径、*p53* 路径或者其他基因路径中, 部分基因发生突变, 进而导致 10%—20% 的大息肉发展成为癌症 (图 12.7).

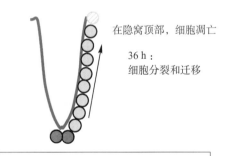

结肠癌**在一个隐窝**中产生

在隐窝顶部，细胞凋亡

36 h：
细胞分裂和迁移

217

少数干细胞的**分化细胞**将充满整个隐窝

一个隐窝包含 1 000—4 000 个细胞. 结肠具有 10^7 个隐窝.

图 12.6　许多组织的上皮层都包含大量细胞, 这些细胞快速分裂. 这样快速的细胞周转极有可能是导致癌症的发生. 结肠由大约 10^7 个隐窝构成. 每个隐窝又包含大约 1 000 到 4 000 个细胞. 在隐窝底部存在少量干细胞 (可能为 1 到 4 个), 干细胞分裂缓慢, 分化细胞会快速分裂并向隐窝的顶部迁移, 在顶部经历细胞凋亡 (程序性细胞死亡). 因为大多数细胞分裂 (进而大多数体细胞突变) 出现在短命细胞中, 所以这样的设计有助于降低癌症风险. 当构建结肠癌启动的动力学模型时, 我们也必须要考虑上皮层中的隐窝结构, 以及每个隐窝包含一个小的有效种群这一特点.

图 12.7 "Vogelgram" 图展示了通往结肠癌的一系列突变过程. 通常, 第一步是 *APC* 基因发生突变被灭活, 随后致癌基因 *RAS* 或 *BRAF* 被激活. 存在一个或两个尚未被清楚识别的突变. 最终抑癌基因 *p53* 失活. 虽然正常的结肠组织是遗传稳定的, 但是所有的结肠癌最终都显示出遗传不稳定性. 大约 85% 的散发性结肠癌表现出染色体不稳定性 (CIN). 其余 15% 表现出微卫星不稳定性 (MIN). 在某一阶段, 遗传不稳定性一定会出现. 一个关键问题是: 遗传不稳定性究竟是一个早期事件及肿瘤发生的一个驱动力, 还是后期肿瘤发展的副产品.

　　最终, 所有的结肠癌都是遗传不稳定的. 大约 15% 的结肠癌是二倍体, 并且表现出微卫星不稳定性 (MIN). 其余的 85% 是异倍体, 并且表现出染色体不稳定性 (CIN). 一个关键问题是: 在向结肠癌发展的过程中, 遗传不稳定是在早期出现还是在后期出现?

　　为了从定量的角度理解癌症生物学, 并探讨决定肿瘤发生和发展过程的群体遗传和进化的基本原理, 我们需要构建一个数学框架. 突变、选择和组织结构 (tissue organization) 决定了肿瘤发生的动力学模式, 并且有必要在实验和理论上做定量研究.

　　本章将讨论以下问题: 决定激活致癌基因和灭活抑癌基因的动力学行为的基本原理是什么? 突变、选择和组织结构 (tissue architecture) 是如何影响肿瘤发生率和发展率的? 我们如何借助定量方法来研究遗传不稳定性在肿瘤发生中的作用?

12.1　致癌基因

　　对于致癌基因而言, 如果一个等位基因发生突变或被不恰当的表达, 那么致癌基因会促成癌症发展. 下面我们来探索致癌基因活化过程的进化动力学的基本特征.

多细胞生命体的大多数组织都可以再被划分为若干区室 (compartment)，区室中包含了那些为完成某项器官特异性任务而大量增殖的细胞种群．随着时间的推移，区室在稳衡机制（homeostatic mechanisms）的影响下，可以确保细胞数量近似保持为常数．为了保持总种群大小为常数，只要一个细胞发生分裂，就必须要有另一个细胞死亡．如果介于细胞出生和死亡之间的平衡点向不受控制的增殖方向移动，那么就将导致癌症的发生．但是，并非区室中所有细胞都具有成为癌细胞的风险．例如，分化细胞往往分裂得不够快，以至于癌症易感基因（突变后可以导致癌症发生的基因，例如抑癌基因、致癌基因，或遗传不稳定的基因）的突变就无法累积到癌变需要的数量．一个区室的有效种群大小是指那些具有成为癌细胞风险的细胞的数量．在下面的讨论中，我们将区室大小和一个区室内有效种群大小作为同义词来使用．

下面考虑由增殖细胞（replicating cells）构成的一个区室．在每一次细胞分裂过程中，DNA 分子复制时有可能会出现差错，尽管这只是小概率事件．在这种情况下，将生成一个突变子细胞．其中一种情形是，突变可能会通过改进细胞的现有功能或诱导产生一个新功能使细胞获得一个适合度优势．于是就体细胞选择而言，该突变是"有利的"．另外一种情形是，突变也可能会削弱一个重要的细胞功能，并且赋予细胞一个适合度劣势．这种情况下，与其相邻细胞相比，该细胞增殖得更慢或者死亡得更快．净增殖率降低，就体细胞选择来说，该突变是"有害的"．（体细胞选择描述了在多细胞生命体的体细胞中所发生的自然选择过程．体细胞选择导致癌症的发生．）最后一种情形是，突变可能不会改变细胞的增殖率．于是细胞和它的相邻细胞会具有相同的增殖率，就体细胞选择来讲，突变是"中性的"．所有这些突变都可以用来代表向癌症迈进的步伐，因此，它们对生命体来讲都是不利的．

下面我们来讨论在区室内的一个特定突变的动力学特征．最初，所有的细胞都是未突变的．截止到 t 时刻，出现单个突变细胞的概率是多少呢？我们以细胞周期来作为时间 t 的测度．如果相关细胞每天分裂一次，那么时间单位为天．定义 N 为一个区室内的细胞数，u 表示为每次细胞分裂中单个基因的突变率．截止到 t 时刻，至少有一个突变细胞出现的概率为

$$P(t) = 1 - e^{-Nut}. \tag{12.1}$$

在该细胞突变后，接下来的命运又将如何呢？一个最简单的情形是，存在一个常数概率 q，这个概率表示细胞不会死亡，而且促成一个肿瘤的发生．于是，到 t 时刻，一个区室已经促成一个肿瘤发生的概率为

$$P(t) = 1 - e^{-Nuqt}. \tag{12.2}$$

此外，再考虑一个情景：野生型（wild-type）细胞的适合度为 1（"野生型"

意味着未发生突变），突变细胞的相对适合度为 r. 如果 $r>1$，则突变是有利的；若 $r<1$，则突变是有害的；若 $r=1$，则突变是中性的. 正常地，我们期望在致癌基因中突变能导致净增长率的增加，即 $r>1$；但是，致癌基因的突变会被细胞凋亡等防御机制所阻碍，因而 r 有可能会小于 1.

这样的突变接管该区室的概率又是什么呢？为了计算这个概率，我们考虑 Moran 过程（见第 6 章）. 相对适合度为 r 的单个突变体的固定概率为

$$\rho = \frac{1-1/r}{1-1/r^N}. \tag{12.3}$$

对于一个中性突变体而言，$r=1$，有 $\rho=1/N$. 一个有利突变会比中性突变具有更高的固定概率，中性突变会比有害突变具有更高的固定概率. 然而，在小区室中的突变是由随机漂变（random drift）控制的：如果 N 比较小，那么由于偶然因素，有害突变甚至会具有一个相当高的可达固定概率.

在 t 时刻，一个突变被固定下来的概率为

$$P(t) = 1 - e^{-Nu\rho t}. \tag{12.4}$$

值得注意的是任何突变在小区室中都比在大区室中具有更高的固定概率 ρ. 此外，当 $r>1$ 时，$P(t)$ 是 N 的递增函数，当 $r<1$ 时，$P(t)$ 是 N 的递减函数. 于是大区室能够提高有利突变的累积速率，并降低有害突变的累积速率. 相反地，小区室能够降低有利突变的累积速率，并提高有害突变的累积速率. 因此，区室大小对于可能出现的突变类型起决定作用.

导致癌症的最危险步骤是那些会使细胞净增殖率增加的突变，例如那些在致癌基因或抑癌基因上发生的突变. 为了容纳这些突变，最好的组织结构莫过于形成大量小区室. 这似乎是人类器官最主要的组织结构形式，对于人类器官而言，往往需要细胞进行快速分裂. 在适合度上具有优势的突变细胞可能会在区室内被固定，然而，它的进一步扩张（至少最初）会受到区室边界的限制. 此外，研究显示，在这种结构下，极易经由突变（这些突变会导致遗传不稳定性）诱发癌症启动.

式 (12.2) 和式 (12.4) 之间的区别如下：在式 (12.2) 中，存在一个固定概率 q，它是突变细胞促成肿瘤发生的概率；在式 (12.4) 中，也存在一个与之对应概率 ρ，它依赖于细胞的选择优势 r，以及区室的有效种群大小 N. 式 (12.4) 描述了下述情形，具有适合度优势且在区室内达到固定的突变细胞可以促成癌症发展. 而式 (12.2) 描述了突变细胞可能诱导出一个不受区室限制的克隆扩增的情形.

12.2 线性过程

到目前为止，我们已经考虑了在匀质区室中所产生的突变的进化动力学模

型. 该方法适用于下述组织区室（tissue compartment），在该区室中所有相关细胞处于等价位置，不存在空间效应，细胞间存在直接的增殖竞争. 当然，我们也可以设想其他一些理论模型，其中细胞分化和空间结构的关系是明确的. 一个简单模型是考虑线性排列的 N 个细胞. 在每个时间步骤，按适合度比例随机挑选一个细胞进行增殖. 该细胞随后分裂为两个子细胞，其右侧所有细胞都向右移动一个位置. 最右端的细胞会经历细胞凋亡，最左端的细胞可以被看作是干细胞（图 12.8）.

现在我们假定有一个相对适合度为 r 的突变细胞. 这个突变细胞的固定概率是 $\rho = 1/N$，与 r 无关，由于在区室内仅仅位于最左端细胞的突变可能达到固定. 在其他任何细胞中出现的突变最终都会被区室所"淘汰"，这是由细胞的连续增殖，以及从干细胞到分化细胞再到细胞凋亡的迁移过程所决定的. 在 t 时刻，区室内所有细胞都是突变细胞的概率为

$$P(t) = 1 - e^{-ut}. \tag{12.5}$$

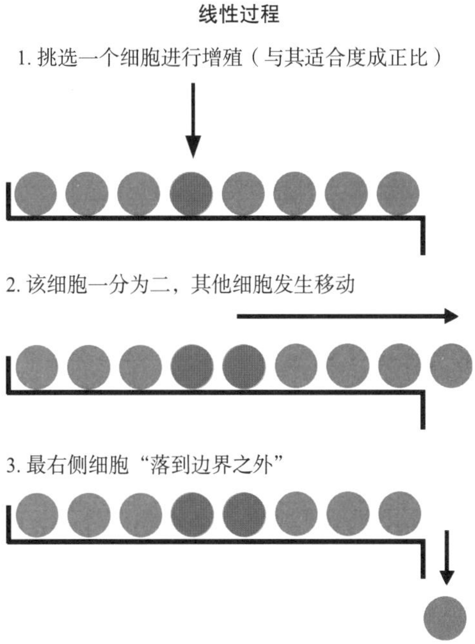

线性过程

1. 挑选一个细胞进行增殖（与其适合度成正比）

2. 该细胞一分为二，其他细胞发生移动

3. 最右侧细胞"落到边界之外"

图 12.8 线性过程代表了一种最简单的随机模型，该模型描述了体细胞组织被再分为干细胞和分化细胞的过程. 在每个时间步，一个细胞被挑选出来进行增殖的概率与其适合度成正比. 该细胞再被两个子细胞所替代. 其右侧所有细胞移动一个位置. 最右边的细胞落到边界之外（= 经历细胞凋亡）. 在一个随机位置上，一个相对适合度为 r 的突变细胞的固定概率是多少？

这里时间是以干细胞分裂周期来测度的. 如果干细胞比其他细胞分裂得慢, 那么突变细胞的累积速率将降低.

描述癌启动的线性过程具有一个重要特征: 突变之间的适合度差异平衡. 有利突变、有害突变和中性突变都具有相同的固定概率, 即 $\rho = 1/N$. 这点与匀质区室内的情形完全不同, 在匀质区室中, 适合度最高的突变具有最高的固定概率. 与匀质区室相比, 线性区室能够延缓由有利突变诱发的肿瘤发育过程, 比如在致癌基因和抑癌基因上发生的突变 (图 12.9).

223

顺便提一下, 线性过程类似于进化图论的思想, 不过, 第 8 章中所列出的所有数学模型都没有涉及线性过程中的移位细胞种群 (shifting cell population).

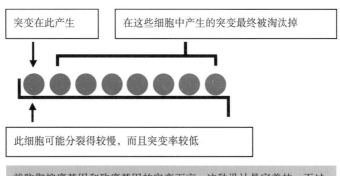

线性过程

突变在此产生

在这些细胞中产生的突变最终被淘汰掉

224

此细胞可能分裂得较慢, 而且突变率较低

就防御抑癌基因和致癌基因的突变而言, 这种设计是完美的, 不过, 这种设计易导致遗传不稳定性的出现

图 12.9　线性过程能够有力地抑制选择. 只有最左端的细胞发生的突变才可能占满整个区室, 其作用如同于一个干细胞. 只有这个细胞产生的后代才能够最终留在该线性阵列中. 所有其他细胞所产生的后代都是暂时存在的; 这些细胞的突变最终都将被淘汰. 在任意一个随机位置上产生的突变的固定概率为 $1/N$, 与其相对适合度无关. 于是线性过程所描述的种群结构使得致癌基因活化或抑癌基因灭活的选择优势丧失. 此外, 与其他细胞相比, 干细胞分裂得比较慢, 而且突变率比较低. 这种效应能进一步降低可能导致癌症发生的体细胞的进化速率.

223

12.3　数值实例

下面我们用三个简单的数值实例来阐述组织结构对癌症发展的影响.

(i) 假定一个器官具有 $M = 10^7$ 个区室. 每个区室中包含 $N = 10^3$ 个细胞, 这些细胞每天发生一次分裂. 假定在每次细胞分裂中致癌基因的活化率是 $u = 10^{-9}$,

而且致癌基因的活化会赋予细胞 10% 的增殖优势，即 $r=1.1$．那么，突变的固定概率为 $\rho=(1-1/r)(1-1/r^N)\approx0.09$．在 70 年 ($t=70\times365.25$ 天) 后，区室被突变细胞占满的概率是 $p(t)=1-\exp(-Nu\rho t)\approx0.0023$．此时，期望获得的突变区室数量为 $M\cdot P(t)\approx23\,000$．

    (ii) 假定每个区室都具有线性组织结构．与前面一样，假设共有 $M=10^7$ 个区室，每个区室由 10^3 个细胞组成．但是现在每个区室具有一个干细胞，干细胞每 10 天分裂一次．在 $t=70$ 年时，一个区室被突变细胞占满的概率降为 $P(t)\approx2.6\times10^{-6}$．此时，期望突变区室数量仅为 26．根据这些数值可知，线性结构使癌症进展率大大降低，大约为例 (i) 中进展率的 1/1000．

    (iii) 最后，考虑一个 $N=10^7$ 的细胞种群，这些细胞每天进行分裂．种群大小描述了由一个或几个癌症易感基因的突变累积所形成的病灶 (lesion)．产生一个相对适应度为 $r=1.1$ 的突变细胞，使其在一年内占满整个种群的概率为 $P(t)\approx0.28$．该概率若要达到 1/2，所需经历的时间是 $T_{1/2}=2.1$ 年．

12.4   抑癌基因

    在正常细胞中，抑癌基因具有两个等位基因．其中一个等位基因的失活不会导致表型的变化，只有一对等位基因均失活才能使细胞净增殖率增加，同时，这代表向癌症迈进了一步．

    致癌基因只能够被一个或少数几个特定突变激活，而 TSG 通常可以被任何一种使基因功能受损的突变灭活．因此，导致抑癌基因的一个等位基因被灭活的突变率远远高于导致致癌基因被激活的突变率．只有两个等位基因都发生突变时才能灭活 TSG，而一个等位基因突变就足以激活致癌基因．

    考虑一个 TSG，A．我们引入下面的命名方式："0 型"细胞 $A^{+/+}$ 代表具有 TSG 的两个功能（野生型）等位基因的正常细胞．"1 型"细胞 $A^{+/-}$ 代表仅具有 TSG 的一个功能等位基因的细胞．"2 型"细胞 $A^{-/-}$ 代表不具有 TSG 的功能等位基因的细胞．

    现在我们来探讨 TSG 进化中的最基本问题．在增殖细胞种群内，截止到 t 时刻，两个 TSG 等位基因都被灭活的细胞的出现概率是多少？这个问题的解答是极其困难的，我们将在 12.4.1–12.4.4 小节中给出答案．整个系统仅由三个参数构成：细胞种群大小 N；导致首次打击发生的突变率 u_1；导致再次打击发生的突变率 u_2（图 12.10）．

    我们将假定 u_1 小于 u_2，这是基于某些只会促成第二次打击的机制，例如有丝分裂重组 (mitotic recombination)．此外，在 CIN 细胞中，由于整个染色体的缺失比率大幅增加，所以 u_1 要比 u_2 小很多．

抑癌基因的进化动态

如果给定一个具有 N 个增殖细胞的种群,

那么,截止到 t 时刻,至少有一个细胞经历两次突变

的概率是多少?

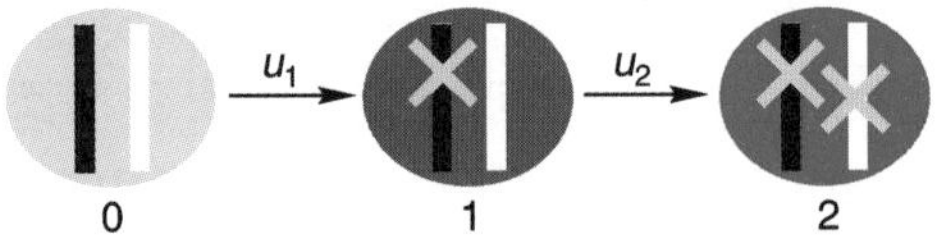

图 12.10 增殖细胞种群需要经历多长时间才能灭活一个抑癌基因?如果我们假定第一次打击是中性的,那么答案将依赖于三个参数:种群大小 N;第一个等位基因和第二个等位基因的突变率 u_1 和 u_2.

12.4.1 严格 Markov 过程(exact Markov process)

TSG 的进化动力学可以由具有 $N+2$ 个状态的 Markov 过程来描述. 状态 $i=0,\cdots,N$ 都是瞬时的,表示存在 i 个 1 型细胞和 $N-i$ 个 0 型细胞. 状态 $N+1$ 是唯一的吸收状态,表示 2 型细胞的生成. 该 Markov 过程的转移概率如下:

$$P_{i,i-1}=\frac{i}{N}\frac{N-i}{N}(1-u_1) \quad i=1,\ldots,N$$

$$P_{i,i}=\frac{i}{N}\left[\frac{i}{N}(1-u_2)+\frac{N-i}{N}u_1\right]+\left(\frac{N-i}{N}\right)^2(1-u_1) \quad i=0,\ldots,N$$

$$P_{i,i+1}=\frac{N-i}{N}\left[\frac{i}{N}(1-u_2)+\frac{N-i}{N}u_1\right] \quad i=0,\ldots,N-1 \tag{12.6}$$

$$P_{i,N+1}=\frac{i}{N}u_2 \quad i=0,\ldots,N$$

$$P_{N+1,i}=0 \quad i=0,\ldots,N$$

$$P_{N+1,N+1}=1$$

在转移概率矩阵中,所有其他元素都为 0.

我们感兴趣的是从状态 $i=0$ 出发到达吸收状态 $N+1$ 的期望时间. 用 t_i 表示从状态 i 出发到达状态 $N+1$ 的期望吸收时间. 我们有

$$t_0=1+P_{0,0}t_0+P_{0,1}t_1$$

$$t_i=1+P_{i,i-1}t_{i-1}+P_{i,i}t_i+P_{i,i+1}t_{i+1} \quad i=1,\ldots,N \tag{12.7}$$

$$t_{N+1}=0$$

为了得到 t_0 的精确值，可以用数值方法对这个线性系统求解．该系统的解的解析表达式极其复杂．下面我们将分别对小种群、中等种群和大种群推导出优美的近似解．

12.4.2　小种群

在一个比较小的细胞种群中，1 型细胞会在 2 型细胞出现之前达到固定．"小种群"意味着

$$N \ll 1/\sqrt{u_2}. \tag{12.8}$$

可以这样理解：第一个突变的平均固定时间大约为 $\tau_1 = N$，如果给定固定已经发生，则 τ_1 是在 Moran 过程中从一个突变细胞发展到 N 个突变细胞的期望时间．第二个突变的平均等待时间为 $\tau_2 = 1/(Nu_2)$．如果 $\tau_1 \ll \tau_2$，那么第一个突变很有可能是在第二次突变出现之前达到固定．由 $\tau_1 \ll \tau_2$，可得到不等式（12.8）．注意到每个细胞在每个时间单位内平均分裂一次．如果细胞种群数量为 N，那么每个时间单位内有 N 个细胞分裂．因此，在 N 个单位时间内，有 N^2 个细胞分裂．

在（12.8）所给定的参数区域内，进化动态可以由发生在下述三个状态之间的转移过程来描述．状态 0 表示所有细胞都是 0 型．状态 1 表示所有细胞都是 1 型．状态 2 表示至少有一个 2 型细胞生成．在 t 时刻，处于状态 0、状态 1 和状态 2 的概率分别由 $X_0(t)$、$X_1(t)$ 和 $X_2(t)$ 表示．在 $t = 0$ 时，所有细胞都是未突变的．因此，$X_0(0) = 1$，而 $X_1(0) = X_2(0) = 0$．状态 2 是唯一的吸收状态．当 $t \to \infty$ 时，系统收敛于 $X_0(t) = X_1(t) = 0$ 和 $X_2(t) = 1$．

以上 3 个概率关于时间 t 的导数分别为

228

$$\begin{aligned}
\dot{X}_0 &= -u_1 X_0 \\
\dot{X}_1 &= u_1 X_0 - N u_2 X_1 \\
\dot{X}_2 &= N u_2 X_1
\end{aligned} \tag{12.9}$$

在状态 0，产生 1 型细胞的速率是 $N u_1$．这种细胞达到固定的概率是 $1/N$．因此，从状态 0 到状态 1 的转移率就是突变率 u_1．如果种群处于状态 1，那么 2 型细胞的形成速率为 $N u_2$．

(12.9) 是线性常微分方程系统，可以对其求出解析解．截止到 t 时刻，至少有一个 2 型细胞产生的概率为

$$P(t) = X_2(t) = 1 - \frac{N u_2 \mathrm{e}^{-u_1 t} - u_1 \mathrm{e}^{-N u_2 t}}{N u_2 - u_1}. \tag{12.10}$$

对于短时间尺度而言，即 $t \ll 1/(N u_2)$，有

$$P(t) \approx N u_1 u_2 t^2 / 2. \tag{12.11}$$

因此，该概率是关于时间 t 的二阶累积. 其指数中的 2 与 Knudson 二次打击假说的涵义相同: 通过两次限速打击 (rate-limiting hits) 使小种群中的 TSG 失活 (图 12.11).

相比之下，对于长时间尺度而言，即 $t > 1/(Nu_2)$，有

$$P(t) \approx 1 - e^{-u_1 t}. \qquad (12.12)$$

在该时间尺度上，第二次打击是迅速完成的，可以被忽略. 仅第一次打击是限速的.

限速打击的次数被严格定义为 $\ln P(t)$ 相对于 $\ln t$ 变化的斜率. 如果只有一个限速打击，那么 $P(t)$ 就是时间 t 的线性函数. 两个限速打击意味着 $P(t)$ 是时间 t 的二次函数. 如果 $P(t)$ 是常数 (在某一时间尺度上)，那么就发生 0 次限速打击. 限速打击的次数依赖于时间尺度. 例如，根据公式 (12.10)，对于短时间尺度 $t \ll 1/(Nu_2)$ 来讲，会出现两次限速打击，但是对于长时间尺度 $t > 1/(Nu_2)$ 来讲，就只出现一次限速打击. 对于极长时间尺度 $t \gg 1/u_1$ (相对人类生命来说过长) 来讲，就不存在限速打击.

229

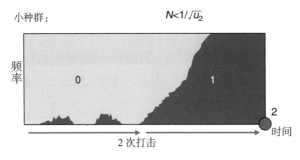

图 12.11 在一个比较小的细胞种群内，TSG 失活必须要经历两个限速步骤 (rate-limiting steps). 为此，首先我们不得不等待第一个突变的出现，它的后代最终会达到固定. 随后，我们再等待第二个突变 (或杂合性丢失 LOH) 的出现. 于是，在第二个突变出现之前，第一个突变会达到固定. 概率 $P(t)$ 与 t^2 成正比，这意味着有出现两次限速打击.

229

$$P(t) = 1 - \frac{Nu_2 e^{-u_1 t} - u_1 e^{-Nu_2 t}}{Nu_2 - u_1} \approx Nu_1 u_2 \frac{t^2}{2}$$

12.4.3 中等种群

229

在中等大小的种群内，我们仍旧不得不等待相当长的一段时间，直到第一个 1 型细胞出现. 这个细胞的后代或者灭绝，或者生成一个 2 型细胞. 在后面一种情形中，2 型细胞的生成往往是在 1 型细胞的后代达到固定之前. "中等种群" 意味着

$$1/\sqrt{u_2} \ll N \ll 1/u_1. \tag{12.13}$$

对 1 型细胞的平均等待时间为 $1/(Nu_1)$. 如果 $N < 1/u_1$, 则这个等待时间比细胞分裂的特征时间尺度长. 因此, 我们不得不等待很长时间, 直到第一个 1 型细胞出现. 如果 $N > 1/\sqrt{u_2}$, 则 2 型细胞的生成是在 1 型细胞的后代占据整个种群之前. 这种从状态 0 出发, 不经过状态 1, 而直接 "隧穿 (tunnels)" 到状态 2 的过程, 我们称之为种群 "隧穿"(图 12.12). 230

截止到 t 时刻, 至少出现一个经历过两次突变的细胞的概率为 230

$$P(t) = 1 - \exp(-Nu_1\sqrt{u_2}t). \tag{12.14}$$

这个概率是时间 t 的一阶累积: 在中等种群内, 仅由一次限速打击就能使抑癌基因失活. 这一限速打击可以用在 1 型细胞出现前的等待时间来刻画, 该 1 型细胞的后代将生成 2 型细胞 (图 12.13). 不过, (12.14) 的推导过程并非那么简单, 可以参阅 Komarova 等 (2003) 和 Iwasa 等 (2005).

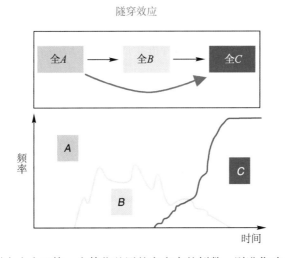

隧穿效应

图 12.12　如果种群大小小于第一个等位基因的突变率的倒数, 则进化动态可以用发生在同质状态 (homogeneous state) 之间的随机转移过程来描述. 考虑如下两个连续突变, 由 A 细胞变为 B 细胞再变为 C 细胞. 最初种群处于全 A 状态. 如果一个 B 细胞出现并达到固定, 则种群达到全 B 状态. 接着, 如果一个 C 细胞产生并达到固定, 则种群达到全 C 状态. 但是, 在 B 细胞达到固定前, C 细胞的出现也是可能的. 如果是这样, 那么种群会从全 A 状态转移到全 C 状态, 而不经历全 B 状态. 这种现象被称为 "进化过程中的隧穿效应 (evolutionary tunneling)"

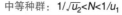

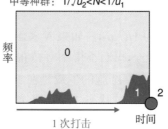

231

$$P(t)=1-\exp(-Nu_1\sqrt{u_2}t)$$

图 12.13 对于中等大小的细胞种群来说，经历一个限速步骤就可以使 TSG 失活. 当然，我们还是必须等待第一个突变的出现，其后代将发生第二个突变. 此时，第二个突变出现在第一个突变达到固定之前. 当 t 比较小时，概率 $P(t)$ 与 t 成正比，这意味着只经历一次限速打击.

231

12.4.4　大种群

在大种群中，1 型细胞会立即出现，它们的多度是关于时间 t 的线性函数. 下面我们只需计算这个增长的细胞种群生成一个 2 型细胞的概率. "大种群"意味着

$$N \gg 1/u_1. \tag{12.15}$$

在这种情况下，1 型细胞出现前的等待时间 $1/Nu_1$ 小于一个时间单位. 于是可以认为，1 型细胞是立即出现的. 这些细胞的多度 x_1 按下式增长

$$x_1(t) = Nu_1t. \tag{12.16}$$

在 t 时刻，生成 2 型细胞的概率为

$$P(t) = 1 - e^{-u_2 \int_0^t x_1(\tau)d\tau}. \tag{12.17}$$

将 (12.16) 代入 (12.17)，并求积分，可以得到

$$P(t) = 1 - \exp(-Nu_1u_2t^2 / 2). \tag{12.18}$$

232

这个概率也是时间 t 的二阶累积（图 12.14）. 但是，就大种群而言，在整个癌症发展过程中，灭活一个 TSG 的两次打击很有可能不是限速的. 在小种群中，等待一个突变发生需要耗费大量时间，相比之下，在大的细胞种群中，灭活一个 TSG 所需的时间可以忽略不计.

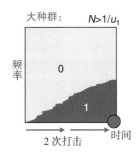

$$P(t)=1-\exp(-Nu_1u_2t^2/2)$$

图 12.14　在大种群内，第一个突变将立即出现．携带这个突变的细胞的多度是关于时间 t 的线性函数．我们只需等待这些细胞再发生一次突变．对于较小的 t，概率 $P(t)$ 与 t^2 成正比，这意味着在大的细胞种群内，灭活一个 TSG 也经过两次打击．但是，在大种群中，相对于癌症的整个发展过程而言，这些打击都不是限速的，因为这些突变事件都是在更快的时间尺度上发生的．

232

12.4.5　抑癌基因失活的三大动力学定律

232

　　三大动力学定律 (式 12.10，12.14，12.18) 完整描述了抑癌基因的失活过程．在一个由细胞小区室组成的正常组织中，灭活一个抑癌基因需要经历两次限速打击．失活的总速率与 t^2 成正比．对于中等种群来说，仅需一次限速打击就能灭活抑癌基因．灭活率与 t 成正比．对于大肿瘤来说，灭活抑癌基因也是经历两次打击，但是相对于肿瘤形成的整个过程而言，它们都不是限速的．因此，随着种群数量 N 的增加，抑癌基因被 2 个、1 个和 0 个限速步骤灭活 (图 12.15 和图 12.16)．

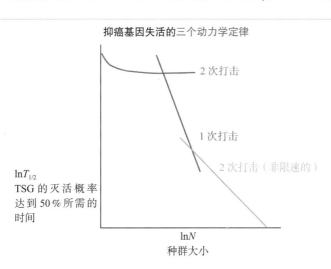

233

图 12.15　关于抑癌基因 (TSG) 失活的三大动力学定律．在小、中和大种群中，失活分别需要 2 个、1 个和 0 个限速打击．在 ln–ln 图中，显示了与细胞种群大小相对应的 "TSG 半衰期"．一个 "TSG 的半衰期" 被定义为一个 TSG 的灭活概率达到 1/2 所需的时间．

癌症发展的时间尺度

	正常	CIN
	$u_1=10^{-7}, u_2=10^{-6}$	$u_1=10^{-7}, u_2=10^{-2}$
10^3	>1 000年	>100年
10^4	>1 000年	21年
10^5	>100年	2.1年
10^6	21年	83天
10^7	3.6年	14天
10^8	1年	4天
10^9	120天	1天

种群大小，N

TSG 的灭活概率到达 50% 所需的时间

遗传不稳定性可增加小病灶发展

图 12.16　染色体不稳定性 (CIN) 能显著地加速癌症发展. 上表给出了抑癌基因的失活概率达到 50% 所需的时间. 对于稳定的细胞, 我们假定使第一个和第二个等位基因失活的突变率分别为 $u_1 = 10^{-7}$ 和 $u_2 = 10^{-6}$. 对于 CIN 细胞, 使第二个等位基因失活 (由杂合性丢失导致, LOH) 的突变率为 $u_2 = 10^{-2}$. 例如, 在有 CIN 存在的情况下, 由 $N = 10^5$ 个细胞组成的病灶只需要 2.1 年就可以灭活一个 TSG, 而没有 CIN 时, 所需时间将超过 100 年. 我们也可以看到, 随着种群大小 (= 癌细胞的有效数量) 的增加, 时间尺度显著减小.

12.5　遗传不稳定性

　　在肿瘤学中, 一个重要的问题是, 究竟何种程度的遗传不稳定性能够成为癌症发展的驱动力. 正常细胞都是遗传稳定的, 而所有的实体瘤似乎最终都表现出某种形式的遗传不稳定性. 因此, 遗传不稳定性一定是出现在肿瘤发生的某一阶段. 其中一种可能是遗传不稳定性在早期出现, 通过增大突变率加速癌细胞进化. 另一种可能是, 遗传不稳定性是癌症发展到最后阶段的副产物.

　　1974 年, Larry Loeb 首次提出了癌症遗传学中的 "突变表型 (mutator phenotype)" 概念. 他认为体细胞选择偏爱使突变率增加的细胞, 因为这些细胞将会更快地累积癌症发展所必需的其他突变. 在进化生物学中, 已有大量文献讨论了在给定情形下的最优突变率, 然而癌症发展代表了一种相当特殊的进化情形. 在人体内, 存在大量能够防止癌症过早发生的基因. 在体细胞进化过程中, 所有这些基因都是那些可能导致癌变的有利突变的攻击目标. 在癌细胞中, 由于有利打击出现的可能性很大, 所以它们的最优突变率应当大大高于正常体细胞的突变率.

　　下面我们将探索最根本的问题. 我们将计算染色体不稳定性先于第一个抑

癌基因失活出现并进而启动癌症的概率. 间接的证据表明, 在结肠癌的发展过程中, CIN 是一个早期事件: 在大多数大小约为 1—3mm 小腺瘤中, 已经出现了等位基因失衡现象 (图 12.17).

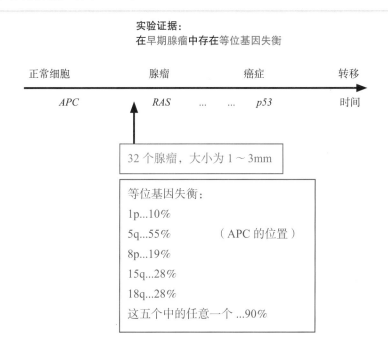

实验证据:
在早期腺瘤中存在等位基因失衡

正常细胞	腺瘤	癌症	转移
APC	*RAS* ...	... *p53*	时间

32 个腺瘤, 大小为 1～3mm

等位基因失衡:

1p...10%

5q...55%   (APC 的位置)

8p...19%

15q...28%

18q...28%

这五个中的任意一个 ...90%

图 12.17 在早期腺瘤中, 等位基因出现失衡. Shih 等 (2001) 对 32 个大小为 1~3 mm 的腺瘤进行了分析. 在基因组的 5 个不同位置: 1p, 5q, 8p, 15q 和 18q, 他们寻找等位基因失衡 (或者少于两个拷贝, 或者多于两个拷贝). 结果显示, 90% 的腺瘤至少在一个位置上出现等位基因失衡.

12.5.1　先于一个 TSG 失活出现的中性 CIN

我们先研究这样一种情形: 在一个细胞小区室中, 一个抑癌基因 A 的失活引发了肿瘤发生. 一个恰当的例子是, 结肠隐窝中 APC 基因的失活. 起初, 所有的细胞都携带 TSG 的 2 个活性等位基因, 记为 $A^{+/+}$. 其中一个等位基因可能以突变率 u_1 失活, 进而生成一个 $A^{+/-}$ 型细胞. 另一个等位基因可能以突变率 u_2 失活, 进而生成一个 $A^{-/-}$ 型细胞. 此外, $A^{+/+}$ 细胞也可能获得突变, 进而引发 CIN 表型的出现. 这种情形的发生速率为 u_c, 生成的细胞记为 $A^{+/+}$CIN 型. 这类细胞能导致正常突变率为 u_1 的 TSG 的第一个等位基因失活, 进而生成一

个 $A^{+/-}$CIN 型细胞. 当 $A^{+/-}$ 细胞获得一个 CIN 突变时，也可以产生 $A^{+/-}$CIN 型细胞. $A^{+/-}$CIN 型细胞以速率 u_3 快速经历 LOH，最后生成一个 $A^{-/-}$CIN 型细胞（图 12.18）.

具体参数如下：u_1 表示导致 TSG 的第一个等位基因失活的突变率；u_2 表示在没有出现 CIN 的细胞中导致 TSG 的第二个等位基因失活的突变率；u_3 表示在表现出 CIN 的细胞中导致 TSG 的第二个等位基因失活的突变率；u_c 表示诱发 CIN 的突变率；区室的有效种群大小记为 N.

通常，第一个等位基因失活是由一个点突变所造成的. 在每次细胞分裂中，每个基因的突变率大约为 $u_1 \approx 10^{-7}$. 在一个正常细胞中，第二个等位基因失活是由点突变或 LOH 事件所引起的.

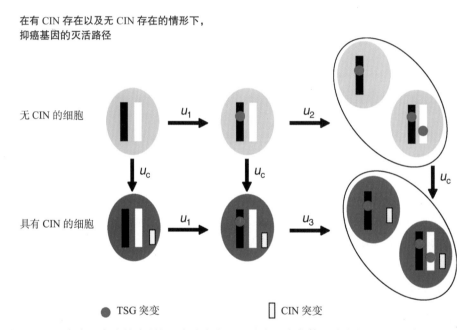

图 12.18 一个尚无定论的难题是：在肿瘤发展过程中，染色体不稳定性 (CIN) 是何时出现的. 最根本的（也是最有趣的）提议是：CIN 先于抑癌基因 (TSG) 的第一个等位基因失活出现，并由此诱发通往癌症的第一个表型变化. 图中展示了突变路径，下面进一步分析这些路径. 通常第一个等位基因失活是由一个点突变所造成的. 第二个等位基因的失活或者是由一个点突变所引起，或者是由杂合性缺失 (LOH) 所引起的. 第一个和第二个等位基因的失活率分别用 u_1 和 u_2 表示，诱发 CIN 的突变率由 u_c 表示. 如果存在大量 CIN 基因，则 u_c 很可能远远大于 u_1 和 u_2. 就一个 CIN 细胞而言，杂合性缺失速率很快. 因此，在所有突变率中，最大的是 u_3.

　　如果有效区室大小 N 远远小于突变率 u_1，u_2，u_c 的倒数，则实际的进化动态可以被近似看作是在同质状态之间转移的随机过程. 一个突变细胞的后代世系通常会在其他突变细胞出现之前达到固定或者灭绝. 在此情况下，我们可以考虑如下具有 6 个状态的随机过程（图 12.19）：

　　（ⅰ）在状态 X_0，所有细胞是 $A^{+/+}$ 型.

　　（ⅱ）在状态 X_1，所有细胞是 $A^{+/-}$ 型.

　　（ⅲ）在状态 X_2，所有细胞是 $A^{-/-}$ 型.

　　（ⅳ）在状态 Y_0，所有细胞是 $A^{+/+}$CIN 型.

　　（ⅴ）在状态 Y_1，所有细胞是 $A^{+/-}$CIN 型.

　　（ⅵ）在状态 Y_2，所有细胞是 $A^{-/-}$CIN 型.

　　在该随机过程中，$X_0(t)$，$X_1(t)$，$X_2(t)$，$Y_0(t)$，$Y_1(t)$，$Y_2(t)$ 分别代表系统在 t 时刻处于上述 6 种状态的概率. 癌症启动的进化动态可以由下面的线性微分方程组来表述

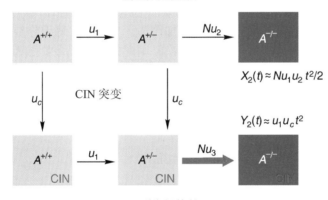

图 12.19　癌症启动过程可以用描述同质区室之间转移的随机过程来研究. 第一个等位基因的突变是中性的，于是从 $A^{+/+}$ 到 $A^{+/-}$ 的进化率由突变率 u_1 给出. 第二个等位基因的突变能够导致一个选择优势的出现. 如果这个优势较大，则从 $A^{+/-}$ 到 $A^{-/-}$ 的进化速率可以近似表示为 Nu_2. 如果染色不稳定性 (CIN) 是中性的，则它的进化速率为突变率 u_c. 尽管 CIN 对第一个等位基因的失活不起任何作用，但是它会大大加速第二个等位基因的杂合性缺失 (LOH). 红色箭头表示此转移率比其他所有转移率要快许多个数量级. 在相应的时间尺度上，一个没有出现 CIN 的 TSG 的失活概率由 $X_2(t) \approx Nu_1u_2t^2/2$ 给出，在出现 CIN 的情况下，这个概率变为 $Y_2(t) = u_1u_ct^2$. 如果 $Y_2(t) > X_2(t)$，即 $u_c > Nu_2/2$，则说明癌症更有可能是由 CIN 启动的.

$$\dot{X}_0 = -(u_1 + u_c)X_0$$

$$\dot{X}_1 = u_1 X_0 - (u_c + Nu_2)X_1$$

$$\dot{X}_2 = Nu_2 X_1$$

$$\dot{Y}_0 = u_c X_0 - u_1 Y_0 \tag{12.19}$$

$$\dot{Y}_1 = u_c X_1 + u_1 Y_0 - Nu_3 Y_1$$

$$\dot{Y}_2 = Nu_3 Y_1$$

238　　　　我们假定单个 $A^{+/-}$ 细胞的后代世系占满整个区室的概率为 $1/N$. 因此, TSG 的第一个等位基因的失活是中性的. 我们又假定 CIN 突变是中性的. 最后, 我们假定一个 $A^{-/-}$ 细胞占满整个区室的概率接近于 1, 这就意味着该突变具有很强的选择优势.

239　　　　最初, 在 $t=0$ 时刻, 我们有 $X_0=1$, 其他所有的概率都为 0. 运用标准方法, 可以很容易得到这个系统的时间明确的解. 而对于人类寿命的时间尺度 (大约 100 年) 来说, 这些解的形式甚至会更加简洁. 如果细胞每天分裂一次, 则时间 t 就用天来测度. 如果细胞每周分裂一次, 则时间 t 就用周来测度. 在上述两种情形下, $u_1 t, Nu_2 t, u_c t$ 都远远小于 1.

　　　　在相应的时间尺度上, 系统 (12.19) 的近似解的形式如下

239

$$X_0(t) \approx 1$$

$$X_1(t) \approx u_1 t$$

$$X_2(t) \approx Nu_1 u_2 t^2 / 2$$

$$Y_0(t) \approx u_c t \tag{12.20}$$

$$Y_1(t) \approx u_1 u_c t^2$$

$$Y_2(t) \approx u_1 u_c t^2$$

　　　　就人的一生而言, 几乎所有区室都保持野生型, 这意味着 $X_0(t) \approx 1$. 处于状态 X_1 的区室随时间 t 呈线性增加趋势. 处于状态 X_2 的区室按照时间 t 的二次函数进行累积. 同样地, Y_0 区室随时间 t 呈线性增加趋势. Y_1 区室按照时间 t 的二次函数进行累积. 然而, 令人惊讶的是, $Y_2(t)$ 与 $Y_1(t)$ 相等. 由此, Y_2 区室也是按照时间 t 的二次函数进行累积. 这是因为, 在相应尺度上, $Nu_3 t$ 远远大于 1, 而且相应的步骤不是限速的. 只要系统到达状态 Y_1, 就会继续向 Y_2 转移. 与系统中其他突变的等待时间相比, CIN 细胞中 LOH 事件的等待时间可以忽略不计.

　　　　因此, 我们观察到有趣的现象, 无论有没有 CIN 出现, 都需要两个限速打击才能使一个 TSG 失活. CIN 突变的引入为系统增加了一个限速步骤, 但是随

后发生的 LOH 事件不再是限速的 (图 12.20).

现在我们可以估计在有 CIN 出现的情形下和无 CIN 出现的情形下诱发癌症启动的比例. 有

$$Y_2(t) : X_2(t) = 2u_c : Nu_2. \tag{12.21}$$

该比例与时间无关.

在正常细胞 (非 CIN) 中, 使 TSG 的第二个等位基因失活的突变率可以用每个基因的点突变率 u 与 LOH 率 P_0 之和来表示. 即

$$u_2 = u + p_0. \tag{12.22}$$

就人类基因组而言, 如果存在 n_1 个 I 类 CIN 基因和 n_2 个 II 类 CIN 基因, 而且这些基因可以在癌症启动的特殊情形下发生突变, 则诱发 CIN 表型的突变率 u_c 为

$$u_c = 2n_1(u + p_0) + 2n_2 u. \tag{12.23}$$

因此, 大多数癌症是由 CIN 引起的, 如果满足

$$4n_1(u + p_0) + 4n_2 u > N(u + p_0). \tag{12.24}$$

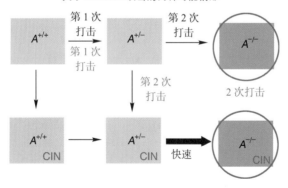

关于 Knudson 双击的两种可能情形

图 12.20 Knudson 二次打击学说促使抑癌基因 (TSG) 的概念诞生. 根据该学说, 一个 TSG 的失活需要经历两次限速打击: 一次打击针对的是第一个等位基因, 另一次打击针对第二个等位基因. 这些限速打击是在对成视网膜细胞瘤的癌症 – 发病率数据的研究中首次观察到的. 我们的分析结果显示, Knudson 二次打击学说也适用于描述染色体不稳定性 (CIN), 也是只通过两次打击就使一个携带 CIN 突变的 TSG 失活: 一次打击针对的是 TSG 的第一个等位基因, 而另一次打击针对 CIN 突变. 在存在 CIN 的细胞中, TSG 的第二个等位基因会快速消失, 因而该打击不是限速的.

241 例如，如果 $N=4$，$u \approx P_0$，则只要有一个 I 类 CIN 基因和一个 II 类 CIN 基因就足以保证 CIN 诱发半数以上的癌症. 如果存在两个 I 类基因和两个 II 类基因，则 CIN 可以引发 75% 的癌症. 到目前为止，计算都没有包括导致 CIN 出现所需要付出的代价. 我们将在下面讨论这个问题.

12.5.2　小区室中高代价的 CIN

假定一个 CIN 细胞的相对适应度是 $r<1$；则 CIN 的代价为 $1-r$. CIN 表型能够被细胞凋亡等防御机制识别出来，这会导致更高的死亡率，进而导致更低的 r. 此外，由于 CIN 细胞会使有害突变累积下来，所以 CIN 细胞的适应度还有可能更低 (图 12.21).

241 在种群大小为 N 的 Moran 过程中，由一个 CIN 突变的后代世系占据整个种群的概率为

$$\rho = \frac{1-1/r}{1-1/r^N}. \tag{12.25}$$

242 在该随机过程中，从非 CIN 状态转移到 CIN 状态的速率为 $N\rho u_c$. 这时我们得到和前面一样的方程，只是 u_c 被 $N\rho u_c$ 所替代：

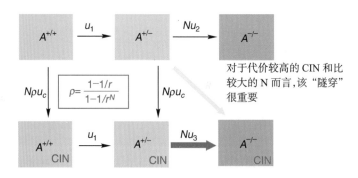

CIN 可以蕴含适合度收益，$r>1$，
或适合度代价，$r<1$.

241

对于代价较高的 CIN 和比较大的 N 而言，该"隧穿"很重要

图 12.21　如果染色体不稳定性 (CIN) 蕴含适合度的得失，则从非 CIN 状态转移到 CIN 状态的速率为 $Nu_c\rho$（译者注：作者笔误为 $Nu\rho$），其中 ρ 是新产生的 CIN 细胞占满整个种群的概率. 但是，对于代价较高的 CIN 和比较大的 N 而言，从 $A^{+/-}$ 隧穿到 $A^{-/-}$CIN 是很重要的. 这个隧穿的转移率是 $R=Nu_c u_3 r/(1-r)$

$$\dot{X}_0 = -(u_1 + N\rho u_c)X_0$$

$$\dot{X}_1 = u_1 X_0 - N(\rho u_c + u_2)X_1$$

$$\dot{X}_2 = Nu_2 X_1$$

$$\dot{Y}_0 = N\rho u_c X_0 - u_1 Y_0 \qquad (12.26)$$

$$\dot{Y}_1 = N\rho u_c X_1 + u_1 Y_0 - Nu_3 Y_1$$

$$\dot{Y}_2 = Nu_3 Y_1$$

在相应的时间尺度上，方程的解为

$$X_0(t) \approx 1$$

$$X_1(t) \approx u_1 t$$

$$X_2(t) \approx Nu_1 u_2 t^2 / 2$$

$$Y_0(t) \approx N\rho u_c t \qquad (12.27)$$

$$Y_1(t) \approx N\rho u_1 u_c t^2$$

$$Y_2(t) \approx N\rho u_1 u_c t^2$$

此时，在有 CIN 出现与无 CIN 出现的情形下诱发癌症的比例为

$$Y_2(t) : X_2(t) = 2\rho u_c : u_2. \qquad (12.28)$$

如前所述，我们假定

$$u_2 = u + p_0 \qquad (12.29)$$

且

$$u_c = 2n_1(u + p_0) + 2n_2 u. \qquad (12.30)$$

例如，如果 $N = 4, r = 0.8, u \approx p_0, n_1 = 2, n_2 = 2$，则大约 68% 的癌症是由 CIN 引发的. 如果有效区室比较小，则甚至能承受更大的 CIN 代价，这是因为在小种群区室中进化动态是由随机漂变决定的，而不是由选择决定的.

12.5.3 大区室中高代价的 CIN

然而，对于大区室来说，当 $r < 1$ 时，比率 $N\rho$ 将变得非常小. 例如，如果 $N = 100$，$r = 0.7$，则 $N\rho \approx 10^{-16}$. 在有效大小为 100 的种群内，具有这样代价的 CIN 突变永远也不会达到固定.

"随机隧穿"仍能保证相当一部分癌症启动是由 CIN 所引发的. 不过，该随机过程永远也不会到达状态 Y_0 和 Y_1，但能够从 X_1 不经过 Y_1 隧穿到 Y_2. 在状态 X_1，所有细胞都是 $A^{+/-}$ 型. $A^{+/-}$CIN 型细胞的生成速率为 Nu_c. 这些细胞不会

达到固定，只是保持在突变选择平衡附近，其平均多度为 $Nu_c/(1-r)$. 进而它们以速率 ru_3 生成 $A^{-/-}$ CIN 细胞. 因此，从状态 X_1 到状态 Y_2 的隧穿率为

$$R = \frac{Nu_c ru_3}{1-r}. \tag{12.31}$$

随机进化由下列系统描述：

$$
\begin{aligned}
\dot{X}_0 &= -u_1 X_0 \\
\dot{X}_1 &= u_1 X_0 - (R + Nu_2) X_1 \\
\dot{X}_2 &= Nu_2 X_1 \\
\dot{Y}_2 &= R X_1
\end{aligned}
\tag{12.32}
$$

244　在相应时间尺度上，近似解为

$$
\begin{aligned}
X_0(t) &\approx 1 \\
X_1(t) &\approx u_1 t \\
X_2(t) &\approx Nu_1 u_2 t^2 / 2 \\
Y_0(t) &\approx 0 \\
Y_1(t) &\approx 0 \\
Y_2(t) &\approx R u_1 t^2 / 2
\end{aligned}
\tag{12.33}
$$

由于这个系统永远不会达到状态 Y_0 和 Y_1. 所以，$Y_0(t)$ 和 $Y_1(t)$ 都为 0.

此时，在有 CIN 存在和无 CIN 存在的情形下诱发癌变的比例为

$$Y_2 : X_2 = R : Nu_2 = \frac{u_c ru_3}{1-r} : u_2. \tag{12.34}$$

在上式中，种群大小已经被约去了. 例如，如果 $r=0.8, u \approx p_0, u_3 = 0.01, n_1 = 5$ 和 $n_2 = 5$，那么约有 38% 的癌症是由 CIN 所引发的.

12.5.4　先于两个 TSG 失活出现的 CIN

考虑一条通向癌症的路径，其中有两个 TSG，A 和 B，它们必须被灭活 (图 12.22). 在起始状态，区室由 N_0 个野生型细胞 $A^{+/+} B^{+/+}$ 组成. 假设基因 A 必须首先被灭活. 进化路径先从 $A^{+/+} B^{+/+}$ 通过 $A^{+/-} B^{+/+}$ 再到达 $A^{-/-} B^{+/+}$，随后到达 $A^{-/-} B^{+/-}$ 以及 $A^{-/-} B^{-/-}$. CIN 可能在这个路径中任何一个阶段出现. 一旦出现，CIN 就可能加速从 $A^{+/-}$ 到 $A^{-/-}$ 以及从 $B^{+/-}$ 到 $B^{-/-}$ 的转移. 第一个 TSG 的失活能诱发瘤（neoplastic）的生长. 假定 $A^{-/-}$ 区室能生成由 N_1 个细胞构成的小病灶. 在这个病灶上，为了肿瘤进一步发展，必须使第二个 TSG 失活. 由于区室大小的增加，进化轨道将从 $A^{-/-} B^{+/+}$ 直接隧穿到达 $A^{-/-} B^{-/-}$. 这个隧穿的发生条件是

$1/u_1 > N_1 > 1/\sqrt{u_2}$.

由于我们已经知道，CIN 很可能启动癌症发展，条件是如果它无须付出代价 (12.5.1 节)，或者第一个 TSG 的失活发生于一个很小的区室中 (12.5.2 节)．所以我们下面将只研究 CIN 付出相当大代价和区室大小 N_0 大到使一个 CIN 细胞几乎不可能达到固定的情形．在这种情况下，进化动态可以由具有 6 个状态的随机过程来描述：

（ⅰ）在状态 X_0，所有的细胞都是 $A^{+/+}$ $B^{+/+}$ 型．

（ⅱ）在状态 X_1，所有的细胞都是 $A^{+/-}$ $B^{+/+}$ 型．

（ⅲ）在状态 X_2，所有的细胞都是 $A^{-/-}$ $B^{+/+}$ 型．

（ⅳ）在状态 X_3，所有的细胞都是 $A^{-/-}$ $B^{-/-}$ 型．

（ⅴ）在状态 Y_2，所有的细胞都是 $A^{-/-}$ $B^{+/+}$CIN 型．

（ⅵ）在状态 Y_3，所有的细胞都是 $A^{-/-}$ $B^{-/-}$CIN 型．

如前所述，$X_i(t)$ 和 $Y_i(t)$ 表示种群在 t 时刻处于相应状态的概率．在 $t = 0$ 时刻，有 $X_0(0) = 1$，处于其他状态概率为 0．进化动态可以用下面线性微分方程系统来描述：

$$
\begin{aligned}
\dot{X}_0 &= -u_1 X_0 \\
\dot{X}_1 &= u_1 X_0 - (R_1 + N_0 u_2) X_1 \\
\dot{X}_2 &= N_0 u_2 X_1 - R_2 X_2 \\
\dot{X}_3 &= R_2 X_2 \\
\dot{Y}_2 &= R_1 X_1 - R_3 Y_2 \\
\dot{Y}_3 &= R_3 Y_2
\end{aligned}
\tag{12.35}
$$

隧穿率为：

$$
\begin{aligned}
R_1 &= \frac{N_0 u_c r u_3}{1 - r} \\
R_2 &= N_1 u_1 \sqrt{u_2} \\
R_3 &= N_1 u_1 \sqrt{u_3}
\end{aligned}
\tag{12.36}
$$

在无 CIN 出现的情况下，两个 TSG 的失活路径中存在 3 个限速打击．其中使第一个 TSG 失活需要两次打击．如果它的失活导致适度的克隆扩增发生，则灭活第二个 TSG 只需通过一个限速步骤．在有 CIN 出现的情况下，两个 TSG 的失活也需要 3 个限速步骤．第一次限速打击使第一个 TSG 的一个等位基因失活，随后一次限速打击诱发 CIN，最后一次限速打击灭活第二个 TSG 的一对等位基因 (图 12.22)．

在两个抑癌基因失活前出现 CIN

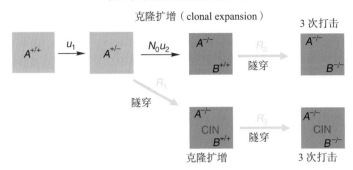

图 12.22 第一个抑癌基因 (TSG) 的失活导致适度的克隆扩增发生. 在这个例子中, 要使肿瘤进一步发展, 必须灭活第二个 TSG. 我们能够计算出染色体不稳定性 (CIN) 先于第一个 TSG 失活出现的概率. 适度的克隆扩增可导致形成一个中等大小的种群, 因此, 第二个 TSG 的失活将通过隧穿来实现. 这样, 分别在有 CIN 情形下和无 CIN 情形下, 经过 3 次打击灭活两个 TSG. 不过, CIN 的出现能够加速这两个 TSG 的杂合性缺失 (LOH). 在肿瘤发展路径中, 我们发现一个 (或几个) 代价很高的 CIN 基因足以保证 CIN 在第一个 TSG 灭活之前出现, 在此路径中, 两个 TSG 必须在限速情况下被灭活.

对系统 (12.35) 进行数值分析的结果表明, 即使在 CIN 代价很高以及区室大小 N_0 很大的假设下, 也只需要少量的 I 类和 II 类 CIN 基因就能保证癌症发展是由一个 CIN 突变启动的.

TSG 相继失活的加速能够补偿 CIN 的代价. 第一个 TSG A 很有可能是在没有 CIN 出现的细胞中被灭活的. 这样, 在大多数由 TSG A 失活所引起的病灶上就不会表现出 CIN, 在人类寿命的时间尺度内, 极小部分具有 CIN 的病灶将会灭活 TSG B. 在这种情形下, 所有 (或几乎所有) 癌症都是由下述病灶发展而来的, 在这些病灶上, CIN 突变的出现先于第一个 TSG 的失活.

如果第一个 TSG 的失活导致大量的克隆扩增发生, 则第一个 TSG 的失活不是限速的. 在这种情形下, 对系统的分析又回到了原来的问题: CIN 是否先于第一个 TSG 的失活出现?

也有可能是另外一种情形, 第一个 TSG 失活引起的克隆扩增过少, 以至于非 CIN 轨道需要通过两次打击才能灭活第二个 TSG. 这使得灭活不具有 CIN 的 A 和 B 需要 4 次打击才能完成, 但是, 在有 CIN 出现的情况下, 灭活它们只需 3 次打击就足够了. 因而, 在这种情形下, CIN 显示出巨大的优势.

在本节中, 我们始终假设 A 基因一旦被灭活, 克隆扩增就会发生. 可以很容易地在模型中添加一个使克隆扩增概率减小的修正项. 此外, 我们还做了一个比较合理的假设：与其他转移率相比，克隆扩增所需要的时间可以忽略不计.

最后，我们得到下述结论. 就癌症发展的一种路径而言，其中一个 TSG 在限速情形下被灭活，这时，一个或者几个中性的 CIN 基因足以确保 CIN 在该 TSG 失活之前出现. 就癌症发展的另外一种路径而言，其中两个 TSG 都必须在限速情形下被灭活，这时，一个或者几个代价很高的 CIN 基因足以确保 CIN 在 TSG 失活之前出现. 与酵母类比，在人类基因组中应该有上百个 CIN 基因 (尽管对于任何一个特定组织来讲，CIN 表型只是由这些基因的一个子集发生突变所引起的). 因此，CIN 不仅确实能够加速癌症发展，而且也存在相当多的突变可导致 CIN 的出现. 这两种影响结合在一起必然意味着，在癌症发展进程中，CIN 不仅是一个早期事件，而且是一股重要的驱动力.

小结

◆ 癌是一个进化的过程.

◆ 定量理解癌症发展需要对其基本的进化动力学性质进行数学分析.

◆ 我们计算了激活致癌基因和灭活使抑癌基因的进化率. 关键参数包括由增殖细胞所构成的种群的大小、突变率以及适合度. 248

◆ 组织结构可以影响癌症启动率以及可能出现的突变类型. 小区室可以抵御致癌基因和抑癌基因的突变，但是容易受到遗传不稳定性的影响.

◆ "线性过程"是一种能够延缓癌症发作的有效的组织结构设计.

◆ 在由增殖细胞所组成的小种群、中等种群和大种群中，分别会经过 2 个、1 个和 0 个限速步骤灭活抑癌基因. 248

◆ 对于一个小区室（如结肠隐窝）而言，通过两次限速打击可以灭活一个具有 CIN 和不具有 CIN 的 TSG. 因此，Knudson 的二次打击学说与第二个打击是在 CIN 基因中出现的思想相一致.

◆ 在合理的参数值取值范围内，CIN 的出现先于 TSG 的第二等位基因的失活. 这种情况下，CIN 突变导致通往癌症的第一个表型变化.

◆ 在人类基因组中，CIN 基因的数量越多，导致 CIN 出现的可能性也就越大，因而，CIN 更有可能在早期出现.

◆ 在癌症的一种进化路径中，一个 TSG 在限速情形下失活. 在这种情况下，一个（或几个）中性的 CIN 基因足以确保 CIN 在 TSG 失活之前出现.

◆ 在癌症的另外一种进化路径中，至少两个 TSG 在限速情形下失活. 在这种情况下，一个（或几个）代价较高的 CIN 基因足以确保 CIN 先于第一个 TSG 失活出现.

13 语言的进化

　　语言是人类一项极其伟大的发明.它使人类在动物界中卓尔不群.它是人类信息交流的基本工具,是人类社会的根基,是人类创造力的源泉.此外,语言具有独特的进化模式.因此,语言的进化机制受到进化生物学家的广泛关注.

　　进化要求信息能够在个体之间及亲代与子代之间进行传播.在地球上生命诞生之后的前40亿年中,遗传一直是信息传播的主要途径.作为另一种信息传播方式,语言引发了人类文化的演变（cultural evolution）.过去五千年沧桑巨变的根本驱动力是文化演变,而非遗传进化.在动物界中,文化演变可能会通过其他某种形式呈现,但是演变的程度是极其有限的.语言为人类提供了一种复制机制,使得人类文化可以无限演变下去.语言能够"利用有限的符号进行无限的组合（makes infinite use of finite media）",进而使思想而非基因广泛传播.语言的出现是进化史上最后一个重要的里程碑,只有生命起源、首个细菌出现、首个高等细胞出现,复杂的多细胞进化等少数几个事件能与之相提并论.可以说,语言是过去六亿年中最伟大的发明（图13.1）.

语言是过去 6 亿年中最引人入胜的发明

?	生命起源
3500	原核生物
1500	真核生物
600	高等多细胞生物
≈ 1?	语言
（百万年以前）	

语言带来了一种崭新的进化模式

图 13.1　语言是过去 6 亿年中最引人入胜的发明.在生命进化史上,只有生命起源、首个细菌细胞出现、首个高等细胞出现.复杂多细胞组织出现等少数几个重大事件可以与之相提并论.在语言产生之前,进化只依赖于遗传信息.语言是人类文化信息无限复制的有利工具,会导致文化演变的空前爆炸.偶尔我们会忽略基因,而只考虑思想和发明的传递.细菌为遗传学和生物化学的发展奠定了基础.真核生物是多细胞生物的基本组成单元,它具有高级的遗传机制,这些机制推动了动植物的分化.同样,语言能够使人类智慧传承下去.

　　语言是人类区别于其他所有动物的特性之一. 其他动物或许具有复杂且神奇的交流方式,但是它们只能谈论当时当地发生的事件. 它们可以发出警告提醒同伴捕食者来袭,但是不能向同伴询问前一天狮子是否在这附近出现过. 相比之下,人类可以使用语言分享经验,制订规划,传播信息,畅想一些远远超越现有时空的情景. 我们已知的一切都归功于语言的发明. 人类的所有其他特定认知(cognitive specializations)或许都是由语言衍生出来的. 例如,数学和音乐各是一种语言. 人类适应任何环境的能力基于语言. 我们的大脑是问题的解决者,它不停地在搜索新观点. 语言把这些问题的解决者们汇聚起来,组成人类大脑的万维网. 这就使得在一个人大脑中存在的想法可以传播到其他人的大脑中去. 从而,将每个人的经验集中在一起,大家都能从其他人处得到有益于自己的信息.

　　语言是一项极为复杂的性状,需要许多解剖学和神经解剖学上的结构相互作用. 这样一种性状只能在自然选择下逐渐形成,并不是大脑进化的副产物. 如果说它与大脑进化有什么关系的话,那么也是相反的情况:提高语言能力这一认知要求或许为大脑尺寸的增加提供了选择压力(图 13.2).

　　进化总倾向于使用惯用的"伎俩":使原有基于某种目的而进化出来的结构再增添一些新的功能. 构成人类大脑语言处理系统的神经组织原本是基于其他目的进化而来的. 在高等动物的大脑里一定存在某些认知任务,这些任务与学习

追溯语言的起源

◆ 人类和黑猩猩大约在 5 百万到 7 百万年前分离

◆ 一些研究者提供证据说明:从解剖学角度来看,大约是在 3 百万年前,与语言相关的大脑区域开始扩大

◆ 其他研究指出:匠人(*Homo ergaster*)(180 万年前)和尼安德特人(*Homo neanderthalensis*)(20 万年前)都缺乏能够产生语言的重要解剖结构.

◆ 在 10 万年前,解剖学上的现代人在非洲出现

◆ 大约在 5 万年前,走出非洲的浪潮使得人类遍及全球

◆ 大约在 5 千年前,产生了书写能力

图 13.2　尽管现代语言的起源时间尚无定论,但是上述这些事实意义重大.

252

出声语言 (spoken language) 的语法类似. 其中两种可能的任务是:(i) 理解从视觉、听觉以及其他方面获取的信息,这需要大脑先将世界分解成对象 (objects). 对象组及行为;许多动物都需要掌握一种"语法",以便理解它们从视觉、听觉以及嗅觉上获得的各类信息;(ii) 在发育过程中,大脑内不同模块必须要学会"对话";极其相似的神经算法能够使处于不同大脑中的语言模块学会对话成为可能.

本章主要分三部分. 首先,为了便于分析语言是什么,将阐明形式语言理论 (formal language theory) 的基本概念. 其次,将对学习理论 (learning theory) 以及语言习得 (language acquisition) 的任务进行讨论. 最后,将介绍语言的进化动力学理论,在该理论中,主要关注语法规则的进化. 描述简单交流系统进化的模型,如词汇矩阵 (lexical matrix) 和句法 (syntax) 起源等可以参阅其他著作 (在本书 255 页进一步阅读中列出了相应的参考文献).

13.1 形式语言理论 (formal language theory)

语言为人类提供了一种交流方式,是人类行为中至关重要的组成部分,是确立社会认同的文化遗产. 语言所具有的基本特征使它服从形式分析 (formal analysis):语言结构包括许多按照一定规则聚集的小单元. 这些小单元逐级聚集成更大结构. 这种聚集规则并不是随意的. 音素(phonemes)构成音节(syllables)和单词,单词再进一步构成短语和句子.

个体语言具有明确的规则. 某些单词的顺序在一种语言中是合理的,而在另外一种语言中可能是不合理的. 在某些语言中,单词顺序是相对自由的,但是音调标记明显. 特定规则总是存在,基于这些规则生成的语言结构才是有效的或者是有意义的. 这是现代语言学理论的根本出发点. 数学和计算机科学的分支领域——形式语言理论,为处理上述现象提供了一种数学方法.

形式语言理论是一种试图揭示语言基本特征的数学方法. 我们从定义"字母表(alphabet)"开始,它是一个包含有限符号的集合. 对于自然语言来讲,可能的字母表是所有音素的集合或是构成一种语言的所有词的集合. 尽管基于上述两种定义方式,可以得到两种在不同水平上的形式语言,但是其数学准则是相同的. 不失一般性,我们考虑二进制字母表 {0,1},其中字母就是二进制码.

253

一个"句子"是一个有限长的符号串. 由二进制字母表构成的所有句子组成的集合是 {0,1,00,01,10,11,000,…}.该集合具有和整数一样的无限多个句子. 这意味着此集合是"可数的 (countable)".

253

"语言"是句子的集合. 对于所有可能的句子及某种特定语言,有些句子包含在该种语言中,有些不在. 有限语言包含有限多个句子. 无限语言包含无限多个句子. 有限语言和无限语言的种类都是无限多的. 无限多种有限语言构成的集合类似整数集. 因此由有限语言构成的集合是可数的. 无限多种无限语言构成的集合类似实数集. 因此由所有语言组成的集合是不可数的. 这点值得注意. 随后我们将会发现所有语法集合都是可数的. 因此, 除了语法之外, 还存在更多种类的其他语言.

现在列举包含三个句子的有限语言:

$$L = \{0, 00, 111\} \tag{13.1}$$

无限语言的例子:

$$L = \{0, 01, 011, 0111, 01111, \ldots\} \tag{13.2}$$

这种语言是由包含单个 0 和任意多个 1 的字符串构成, 可以写作:

$$L = 01^n \tag{13.3}$$

这里 1^n 代表由 n 个 1 组成的字符串, n 可以是任意非负整数.

"语法"是指用来确定某种语言的有限条规则. 语法指定了改写的规则: 即一个特定的字符串如何被改写成另外一个字符串. 字符串包括"终结符号"和"非终结符号". 终结符号是字母表的元素. 非终结符号是一些可以被其他字符串取代的占位符. 在规则经过反复修改完善之后, 最终形成的字符串将只含有终结符号 (图 13.3). 254

一个简单语法的例子如下: 254

$$\begin{aligned} S &\to 0A \\ A &\to 1A \\ A &\to \varepsilon \end{aligned} \tag{13.4}$$

其中, S 和 A 是非终结符号. 0 和 1 是终结符号. ε 是空元素, 表示"空(nothing)". 每个句子从 S 开始. 第一个规则说明 S 可以被改写成 $0A$. 余下两条规则说明 A 可以被改写成 $1A$ 或空元素 ε. 下面使用这些语法生成一些句子:

$$\begin{aligned} S &\to 0A \to 0 \\ S &\to 0A \to 01A \to 01 \\ S &\to 0A \to 01A \to 011A \to 011 \end{aligned} \tag{13.5}$$

显然, 这些语法可以形成语言

$$L = 01^n. \tag{13.6}$$

这种语言严格地由包含单个 0 和若干个 1 的字符串构成. 255

254

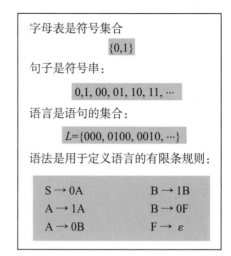

字母表是符号集合

$$\{0,1\}$$

句子是符号串：

0,1, 00, 01, 10, 11, …

语言是语句的集合：

$$L=\{000, 0100, 0010, \cdots\}$$

语法是用于定义语言的有限条规则：

S → 0A	B → 1B
A → 1A	B → 0F
A → 0B	F → ε

图 13.3　形式语言理论的基本要素是字母表、句子、语言和语法. 语法包括改写规则：一个特定的字符串如何被改写成另外一个字符串. 这些规则中包含字母符号（在此指 0 和 1）. 所谓非终结符号（在此指 S, A, B, F），以及空元素 ε. 此图表示以下语法. 每个语句以 S 开始. 然后 S 被改写成 0A. 下面有两个选择：A 可以被改写成 1A 或 0B. B 可以被改写成 1B 或 0F. F 总是变成 ε. 在这种语法下生成的句子形如 01″01″0.

13.1.1　有限状态语法

语法 13.4 是有限状态语法 (finite-state grammar) 的一个实例. 改写规则必须采用以下形式：单个非终结符号（居于左侧）被改写成单个终结符号及一个非终结符号（居于右侧）. 有限状态语法可以用有限状态自动机表示.

有限状态自动机包括一个起始状态，有限多个中间状态及一个结束状态. 从一个状态转移到另外一个状态会产生一个单独的终结符号，自动机在从开始到结束的每一次运行都能够产生一个特定的语句. 多次不同的运行之后便会产生许多不同语句. 只要有限状态自动机具有一个环路，那么它就会形成一种无限语言.

256

图 13.4 说明用有限状态自动机生成的语言与按照图 13.3 描述的语法产生的语言是相同的. 任何一次转移都对应于一种改写规则. 这里存在两个环路，分别对应于规则 $A → 1A$ 和 $B → 1B$. 这些规则是递归的，因为它们允许一个非终结符号自身进行无限次替代. 递归导致形成无限语言.

所有按照有限状态语法或自动机生成的语言叫做正则语言（regular languages）. 正则语言包括所有的有限语言和部分无限语言.

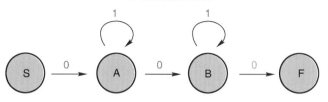

一个有限状态自动机

这种有限状态自动机会产生出语言

$$L = 01^m01^n0$$

图 13.4 一个有限状态自动机包括起始状态 S，有限个中间状态（这里指 A 和 B），以及结束状态 F. 如图所示，在每次从一个状态转移到另一个状态的过程中，自动机会产生一个字母符号，0 或 1. 如果一有限状态自动机中至少存在一个环路，那么它就可以形成一种无限语言. 这种有限状态自动机能生成无限语言 $L = 01^m01^n0$. 一些例句如：000，0100，0010，01010，01100.

13.1.2 上下文无关语法（Context-free grammars）

考虑下面的语言

$$L = 0^n1^n. \tag{13.7}$$

一个语句属于这种语言需要满足：当且仅当它具有一串 0 及一串 1 的形式，而且这两种字符串具有相同的长度. 可以证明，有限状态语法不可能生成这种语言. 有限状态语法在这里显得无能为力. 因为他们不能保证对于任意长度 n，在 0^n 后出现 1^n. 但是用"上下文无关"语法能生成这种序列：

$$S \to 0S1 \tag{13.8}$$
$$S \to \varepsilon$$

基于上述规则可以生成一些例句：

$$S \to \varepsilon$$
$$S \to 0S1 \to 01 \tag{13.9}$$
$$S \to 0S1 \to 00S11 \to 0011$$

上下文无关语法允许按照下面的形式改写规则：单个非终止符号（居于左侧）可以被改写成任意一个字符串（居于右侧）. 上下文无关语法可以通过叠加（push-down）自动机来实现. 这些计算机都具有单一内存堆栈：在每次执行规则时都只访问位于内存中最上层的记录.

13.1.3　上下文相关语法（Context-sensitive grammars）

某些语言不能由上下文无关语法生成（图 13.5）．考查字母表 $\{0,1,2\}$ 以及语言

$$L = 0^n1^n2^n. \tag{13.10}$$

257　　下面的语法可以生成这种语言

$$
\begin{aligned}
S &\to 0AS2 \\
S &\to 012 \\
A0 &\to 0A \\
A1 &\to 11
\end{aligned}
\tag{13.11}
$$

这种语法并非与上下文无关．最后两条改写规则违反了上下文无关语法的限制条件，因为左侧不是单个非终结符号．事实上，可以证明上下文无关语法无法258　生成形如 $0^n1^n2^n$ 的语言．语法（13.11）被叫做上下文相关语法．这种语法的规则是：可以用符号串来表示非终结符号被改写的过程．更加确切地讲，上下文相关语法规则如下：

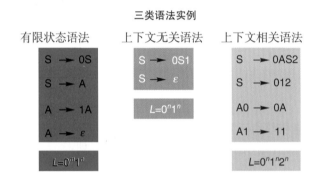

三类语法实例

有限状态语法　　上下文无关语法　　上下文相关语法

有限状态语法	上下文无关语法	上下文相关语法
$S \to 0S$	$S \to 0S1$	$S \to 0AS2$
$S \to A$	$S \to \varepsilon$	$S \to 012$
$A \to 1A$	$L = 0^n1^n$	$A0 \to 0A$
$A \to \varepsilon$		$A1 \to 11$
$L = 0^m1^n$		$L = 0^n1^n2^n$

257

图 13.5　三类语法以及对应生成的语言．有限状态语法规则如下：单个非终结符号（左侧）改写成单个终结符号，或许后面还伴随一个非终结符号（右侧）．上图中的有限状态语法所生成的语言形式是 0^m1^n；一个有效语句是由若干个 0 后跟随若干个 1 形成的序列．上下文无关语法规则如下：单个非终结符号改写成任意终结符号和非终结符号组成的符号串．上图中的上下文无关语法所生成的语言形式是 0^n1^n；一个有效语句是由若干个 0 后跟随同样数目的 1 形成的序列．这种语言无法按照有限状态语法生成．上下文相关语法规则形如 $\alpha A\beta \to \alpha\gamma\beta$．这里 α，β 和 γ 分别代表终结符号串和非终结符号串．尽管 α 和 β 可以是空集，但是 γ 必须是非空集合．在上下文相关语法的规则中一项重要的限制是右侧的符号串至少要和左侧的符号串等长．上图中的上下文相关语法所生成语言的形式是 $0^n1^n2^n$．上下文无关语法无法生成这种语言．

$$\alpha A\beta \rightarrow \alpha\gamma\beta \qquad\qquad (13.12)$$

这里 A 是非终结符号，α、β、和 γ 分别代表终结符号串和非终结符号串. 尽管 α 和 β 可以是空集，但是 γ 必须是非空集合. 右侧的符号串至少要和左侧的符号串等长.

应用上下文相关语法（13.11）可以推导出语句如下：

$$S \rightarrow 012$$

$$S \rightarrow 0AS2 \rightarrow 0A0122 \rightarrow 00A122 \rightarrow 001122 \qquad (13.13)$$

$$S \rightarrow 0AS2 \rightarrow 0A0AS22 \rightarrow 0A0A01222 \rightarrow 00AA01222$$

$$\rightarrow 00A0A1222 \rightarrow 000AA1222 \rightarrow 000A11222 \rightarrow 000111222$$

由上下文相关语法生成的所有语言是所谓决策语言（decidable languages）的子集. 对于每种决策语言，存在一台图灵机（Turing），在输入任意一串终结符号串后，它会判定字符串是否为该语言的有效语句，因此，图灵机可以决定任意字符串的语法规范.

图灵机是计算机的一般模型. 它具有一个读写头和一条无限长的纸带. 在纸带上的每个位置存储 0 或 1. 读写头是一个有限状态自动机. 在运算的每一步，读写头读取一个位置，然后向左或向右移动一步. 读写头可以修改任意一个位置的元素. 图灵机使具有无限大内存的数字计算机的理论概念变成了现实.

13.1.4 短语结构语法（Phrase-structure grammars）

短语结构语法具有无限制的改写规则：

$$\alpha \rightarrow \beta \qquad\qquad (13.14)$$

α 和 β 代表有限终结符号串和非终结符号串.

短语结构语法生成可计算语言的集合. 对应于每种可计算语言，都存在一台图灵机来识别语句是否属于这种语言. 但是，如果图灵机接收到的输入语句不属于这种语言，那么它将会永远运算下去. 因此，原则上图灵机并不能确定一个语句是否属于这种语言，因为运算会永无休止.

短语结构语法是"图灵完全的（Turing complete）"：每一台图灵机都有相应的短语结构语法，反之亦然. 因此，短语结构语法可以和所有可能的具有无限内存的（数字）计算机相媲美.

下面构造一个无法被确定的可计算语言的实例. 所有的图灵机可以被列举出来. 图灵机和语法具有相同数目. 语法和整数具有相同数目. 定义 M 为代表图灵机的整数. 定义 ω 是以二进制形式输入的符号串. 考虑语言 L，它包含所有的 (M,ω)，

图灵机 M 接收到输入 ω：

$$L = (M, \omega). \tag{13.15}$$

没有一台图灵机能够推断出 M 是否会接受 ω. 相反, 我们得输入 ω, 运行 M 并等待结果. 如果运算停止, 那么 M 就认可了 ω. 如果运算不停止, 那么我们就永远无法知道答案. 这就涉及图灵理论中著名的停机问题 (halting problem). 但是显然存在一种运算方法可以列出所有的 (M, ω), 最终导致停机. 因此, $L = (M, \omega)$ 是一种可计算的语言. 这种无法被确定的可计算语言叫做 "半可判定的 (semi-decidable)": 语法语句可以被列出.

13.1.5 哲学家的问题 (philosopher's question)

实例 $L=(M, \omega)$ 是可计算的语言, 但是又是无法被判定的语言, 这显然无法令人满意. 同时使我想起下面的故事:

天使拜访一位哲学家, 并提出: "您可以问上帝一个问题." 哲学家激动不已, 非常想把握住这次机会. 几天过后, 天使返回, 哲学家已经准备好了问题: "我想要知道的问题是: 我所要提的问题最有可能是什么? 答案又是什么?" 天使到了上帝那里. 上帝思考了一下. 天使又回到哲学家那里说: "你最有可能提出的问题就是你已经问了的问题, 答案就是我现在给你的回答."

13.1.6 乔姆斯基和哥德尔 (Chomsky and Gödel)

语言、语法和机器三者之间具有一种优美的联系. 所有语法集合和所有具有无限内存的数字计算机集合相对应, 并且生成了可计算语言的集合. 在这个集合中, 几乎所有的语言都是 "半可被判定的" (semi-decidable) 而不是可判定语言 (decidable). 可判定语言仅仅是可计算语言中一个很小的子集. 于是大多数具有语法的语言不能由图灵机判定.

可判定语言的一个子集是基于上下文相关语法生成的. 另外一个子集基于上下文无关语法生成. 上下文无关语言的一个子集包括所有的正则语言. 正则语言包含所有的有限语言.

语法之间的这种关系叫做乔姆斯基语法等级 (Chomsky hierarchy) (图 13.6). 它是以语言学大师乔姆斯基的名字命名的, 乔姆斯基在人类语言学的研究中引入了严格的数学证明. 在形式的离散系统中的规则和关系可以用很多不同的方式来描述. 但是所有的规则系统都是乔姆斯基语法等级的一部分. 乔姆斯基语法等级正是计算机科学、数理逻辑和形式语言 (formal language) 的根基所在.

任何一个数学问题都可以等价于判断一个语句是否属于一种语言的问

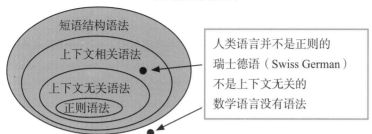

图 13.6 乔姆斯基等级结构描述了所有可能的语法之间存在的关系. 有限状态自动机等价于有限状态语法并且生成正则语言. 叠加（push-down）自动机等价于上下文无关语法并且生成上下文无关语言. 线性有界（linear-bounded）自动机等价于上下文相关语法并且生成可判定语言的一个子集. 图灵机等价于短语结构语法并生成半可判定的语言. 语言学家承认人类语言不是正则的, 如果瑞士德语（Swiss German）不是上下文无关的, 那么澳大利亚德语（Austrian German）也不完全是上下文无关语言.

261

题. 数学定理是一种语句. 定理的证明就是通过反复应用语法的改写规则来推导出这种语句的过程. 这些改写规则就是形式系统（formal system）中的公理.

　　这和哥德尔（Gödel）不完备定理之间存在一种有趣的联系. 你可以设想语言包含全部完整的算术表达式:

$$3 + 5 = 7$$
$$8 / 2 = 3 \qquad\qquad (13.16)$$
$$(1 + 4) \times 3 = 15$$

上述三个表达式都是完整的, 但是前两个是"错误的", 而第三个式子是"正确的". 这里有一些不完整的算术表达式的例子:

261

$$3 + = 4$$
$$(2 + 6 =) / 3 \qquad\qquad (13.17)$$

有结果表明包含所有完整的算术表达式的语言可以由上下文无关的语法生成. 但是, 哥德尔证明精确包含所有正确算术表达式的语言不具有语法. 这就是他在维也纳的一个咖啡屋里提出的著名的不完备定理, 该定理同时指出数学语言是不可计算的.

　　唉, 如果可以确保数学——最为严谨的语言形式, 没有语法的话, 曾与前面那位哲学家交谈过的上帝一定会非常高兴.

13.1.7　自然语言的地位

自然语言会在乔姆斯基等级结构下处于什么位置也是人们所感兴趣的问题之一. 自然语言是一种无限语言: 把所有英语语句用一个有限的列表表示出来是不可能的. 更进一步, 有限状态语法对于自然语言是不足够的. 这些语法不能反映出类似"如果……那么……."的远程依赖结构. 在"如果"和"那么"之间的字符串可以任意长而且可以包含更多对的"如果—那么"结构. 这些成对搭配符合生成字符串 0^n1^n 的规则, 需要上下文无关语法.

对于自然语言而言, 上下文无关语法是否是充分的, 或者是否需要引入更复杂的语法一直存在争论. 大部分语言学家主张人类语言是温和的上下文相关的 (mildly context sensitive): 它们需要一些上下文相关的改写规则, 但是他们不需要上下文相关语法的全部力量.

自然语言的基本结构是树. 短语作为树上的节点, 由其他短语递归而成. 树表示了句子在特定语法的规则系统下的派生过程. 对于句子的解释依赖于树的结构. 如果不止一棵树和给定的句子相关, 那么就会引起歧义（ambiguity）.

语法也可以这样定义: 直接指定给定的语言是属于哪一棵树. 存在某类树邻接语法（tree-adjoining grammars）, 它是温和的上下文相关的, 并且能和自然语言的句法发挥同样的作用. 大部分现代句法理论处理的是规定树操作（tree operation）的改写规则的语法. 当然, 所有这些语法都是乔姆斯基等级理论的一部分, 下一节中将要介绍的学习理论的结果适用于研究这些语法.

13.2　学习理论

学习过程包括归纳和推理. 学习者在得到数据后, 必须要推断出生成这些数据所遵循的规则. "学习"和"记忆"之间的区别在于是否具有超越自己以往

经验对新环境进行归纳（generalize）的能力. 在具体语境中, 孩子会归纳出以前他从没未听过的新语句. 任何一个人都可能创造和理解不在他原有语言体系里的句子. 学习理论描述了学习的数学原理, 描述了进行成功归纳所需要的条件.

13.2.1　语言习得悖论

儿童通过听他们父母或其他人所讲的句子来学习母语. 在这种"环境输入"下, 儿童按照潜在的语法规则构造了一种本能的表述. 大人们并没有给儿童灌

输语法规则. 儿童和大人都没有意识到语法规则是如何确定自己的语言的.

乔姆斯基指出, 提供给孩子的环境输入并不能唯一确定语法规则. 这种现象叫做"刺激贫乏（poverty of stimulus）". "语言习得悖论"是指在同一个语言社会

里长大的儿童会掌握相同的语言. 解决办法是儿童在一个限定的候选语法集合中挑选正确的语法来学习. 描述这种有限制集合的"理论"就是"普遍语法"(universal grammar, UG). 正式地讲, UG 不是一种语法, 而是一种语法收集理论.

大约 50 年前, 在先天的、由遗传决定的 UG 这一概念刚被提出时, 引起了很大争议, 这种争议一直延续至今. 但是, 在学习理论中所运用的数学方法能够解释 UG 在何种意义上是逻辑上必需的.

13.2.2　可学习性

假设有一个听说组合. 说话人使用语法 G 构造语言 L. 听者在接收到语句后, 经过一段时间才能够使用语法 G 构造出属于 L 语言的其他语句. 用数学语言描述, 即听者具有一种算法 A（更确切地, 是一个函数）, 输入的是一些句子, 输出的是一种语言.

下面引入"文本 (text)"这一概念来表示句子序列. 具体地, 语言 L 的文本 T 指的是属于语言 L 的无穷语句序列, 该语言中的每一个语句在文本中至少出现一次. 设文本 T_N 包含 T 的前 N 个语句. 通过算法 A, 语言 L 是可学习的, 如果对于每一文本 T, 有

$$\lim_{N \to \infty} A(T_N) = L.$$

264

更确切地, 对于任意一个 T, 存在 M, 使得对于所有 $N > M$, 有 $A(T_N) = L$ 成立. 这就意味着当输入充分多的语句之后, 该算法将会保证正确的语言输出. 该过程在学习理论中叫做"极限识别"（identification in the limit）.

此外, 一个语言集合通过一种算法是可学习的, 如果集合中的每种语言都是可学习的. 我们感兴趣的问题是, 对于一个给定的算法, 什么样的语言集合 $\mathcal{L} = \{L_1, L_2, ...\}$ 是可以学习的?

1967 年建立的 Gold 定理代表了学习理论中的一个关键结果. 考虑一个语言集合, 它包含所有的有限语言和至少一个无限语言. 这样的集合是"超有限 (super-finite)"的. Gold 定理指出不存在可以学习超有限语言集合的算法. 下面264
进一步讨论证明方法背后隐藏的直觉（behind the proof）.

我们可以列举所有有限语言的集合. 因此, 想象一个无穷语言列表, 其中包含所有有限语言: $L_1, L_2, ...$. 再加入一个无限语言, 我们称为 L_∞. 给定的算法可以按照次序考虑所有的有限语言, 但是在某个阶段它必须要考虑无限语言 L_∞. 但是, 在拒绝所有有限语言之后, 给定的算法并不能考虑 L_∞, 因为这个列表没有尽头. 而且, 不能把所有是 L_∞ 子集的有限语言考虑完之后再考虑 L_∞, 因为这种语言也有无穷多. 于是, 给定的算法必须在一个特定的时刻并且在 L_∞ 的某些有限子集之前考虑 L_∞.

假设给定的算法考虑的语言形式如下:

$$L_1, L_2, L_3, \cdots, L_n, L_\infty, \cdots, L_k, \cdots \tag{13.18}$$

设想老师使用的语言是 L_k，它是语言 L_∞ 的一个有限子集. 学习者从假设 L_1 开始. 如果文本中所有句子都和 L_1 相容，学习者会停留在那. 如果存在一个句子和语言 L_1 不相容，学习者就会移向 L_2. 如果所有的语句都和 L_2 相容，学习者就停留在那. 否则，学习者转而移向 L_3，以此类推. 在拒绝了前 n 个语言之后，学习者接受了假设 L_∞. 这是由于老师所使用的 L_k 是 L_∞ 的子集，所以没有语句会和 L_∞ 不相容. 因此，学习者将会永远停留在那并且收敛到错误的语言.

或许挑剔的读者对这种论证并不满意，因为它依赖于在大的有限语言集合和它的无限大超集（super set）之间存在的微妙差异. 人们可能还想知道，对于理解自然语言习得过程，什么是不太重要的呢？

添加无限语言仅仅是一种用来排除通过记忆进行学习的可能性的优雅技巧. 我们试图构造一种可以学习所有有限语言集合的算法. 学习者简单地记住老师给出的所有句子. 每次学习者都假设目标语言精确包含那些储存在其记忆中的语句. 在极限状况下，学习者将会识别所有的有限语言，但是他永远不会想到一种无限语言. 于是通过添加无限语言，Gold 排除了学习是依靠记忆的可能性.

对于自然语言习得来讲，记忆是个错误的观念：通过记忆，学习者只有在听完这种语言的全部语句之后才会识别出正确的语言. 一个考虑所有有限语言集合的学习者没有可能进行归纳：学习者永远不会超越他已经遇到过的语句进行外推. 对于自然语言来讲，情况并非如此：我们总可以说出我们以前从未听说过的语句. 因此，Gold 定理也可以用下面的方式来理解：不存在能够在所有有限语言集合基础上进行归纳的学习者.

我们甚至能够通过扩展这个框架来考虑一个有限语言的有限集合. 假设世界上只存在四个语句：S_1, S_2, S_3, S_4. 因此，一共有 16 种可能的语言. 学习者 A 考虑所有 16 种语言作为先验概率 (*priori* possibilities)，而学习者 B 仅考虑两种语言，例如，$L_1 = \{S_1, S_3\}$，和 $L_2 = \{S_2, S_4\}$. 如果学习者 A 听到语句 S_1，则他无法确定语句 S_2, S_3 是否属于目标语言. 他仅仅在听到了所有的语句之后才能识别目标语言. 如果学习者 B 听到语句 S_1，她可以确定 S_3 将是这种语言的一部分，而且该语言不包含 S_2 和 S_4. 她能够超出自身经验进行外推. 获得寻找潜在规则的能力的前提条件是存在一个受限制的检索空间 (search space) (图 13.7).

尽管 Gold 语言学习框架通常用于对语言进行正确识别，但是我们主要利用它来让学习者收敛到一种能归纳出正确语言的语法. 在这种情况下，该定理仍成立：对于能够生成超有限语言集合的语法集合来讲，不存在能够学习它的算法. 有限状态语法、上下文自由语法、上下文相关语法、短语结构语法都能生成超有限语言集合. 因此，这些集合都不可能通过算法来学习.

此外，Gold 定理具有极大的普遍性：这里"算法"不必包含一种计算装置.

记忆 – 归纳

图 13.7　假设仅存在四种语句 S_1 到 S_4. 语言是语句的集合. 共有 2^4=16 种可能的语言. 这些语言之中有一种包含全部四个语句，还存在一种静语言 (quiet language)，其特点为不包含任何一个语句. 学习者 A 在尽力学习目标语言时，接受所有可能的 16 种语言作为候选语言. A 接收到的任何一个语句不能提供关于其他语句语法的信息. 学习者 A 可以通过记住所有接收到的语言最终收敛到目标语言. 相反，学习者 B 只了解两种语言. 如果学习者 B 注意到语句 S_4 是属于目标语言的，那么她会知道 S_2 也属于目标语言，因为她知道这种语言仅仅包含 S_2 和 S_4. 这个简单的例子表明从一个语句归纳出另外一个语句需要一个有限制的检索空间. 归纳是人类语言习得的重要组成部分. 我们可以说出以前未曾听到过的语句. 一个无限制的检索空间只允许通过记忆的学习. 通过归纳来学习需要一个有限制的检索空间.

它可能是任何一个从文本到语言的函数. Gold 定理指出：不存在能够学习超有限语言集合的从文本到语言的映射.

13.2.3　大概近乎正确（Probably almost correct）

多年来，针对 Gold 语言学习框架有很多批评：(i) 学习者不得不精确地识别目标语言；(ii) 学习者接收的仅仅是正（positive）的例句；(iii) 学习者能接触到任意多的例句；(iv) 学习者不受任何计算复杂性所限制. 假设 (i) 和 (ii) 是限制性的：放松这些假设，可以使特殊的学习者们成功学习大的语言集合. 假设 (iii) 和 (iv) 是非限制的：放松这些假设会使可学习语言的集合变小. 事实上，对于学习过程的每一种假设都曾经被通过各种方式放宽过，但是本质的结论是一样的：不存在可以学习无限制语言集合的算法.

统计学习理论（statistical learning theory）或许是对经典的学习框架最有

意义的扩展. 在此理论中, 学习者需要以很高的概率渐近收敛到正确语言. 由 Vladimir Vapnik 和 Alexey Chervonenkis 给出的深刻结论是: 一个语言集合是可学习的, 条件是当且仅当它的 VC 维数有限. VC 维数是一种用来度量语言集合复杂性的组合测度. 于是, 如果可能的语言集合是完全任意的 (并且 VC 维数是无限的), 那么学习是不可能完成的. 可以证明所有正则语言的集合 (甚至所有有限语言的集合) 的 VC 维数是无限的, 因此, 这些语言不能通过统计学习理论框架中的程序来学习. 但是, 由 n 状态自动机生成的正则语言的子集的 VC 维数是有限的, 并且人们可以对学习所必需的样本语句数量的边界进行估计.

在 VC 框架下的统计学习理论摒弃了 Gold 语言学习框架下的基本假设 (i),(ii), 和 (iii) : 它并不要求精确收敛到正确语言, 学习者可以获得正的或者负的例句, 而且学习过程必须在获得一定例句之后结束. 该理论提供了以很大概率近似收敛到正确语言所需要的例句数量的边界. 这是信息复杂性的概念.

Les Valiant 也考虑到了计算复杂性, 由此他去除了 Gold 语言学习框架的假设 (iv) : 学习者必须在有效的算法下以很高的置信度近似趋于目标语法. 因此, 尽管有一些原则上可学习的语言集合 (其 VC 维数有限), 但是没有算法可以在多项式时间 (polynomial time) 完成学习. 计算学家认为一个问题 "不可解 (intractable)", 如果在多项式时间内不存在解决该问题的算法, 多项式时间指的是一个问题的计算时间是和所输入问题大小的幂成比例的.

下面介绍其他一些学习模型. 例如, 在基于查询的学习中, 学习者被允许询问一个特定的句式是否属于目标语言. 在此模型中, 正则语言能够在多项式时间内被学习, 而上下文无关的语言则不能被学习. 综合其他一些基于查询的具有不同心理可信度的学习模型可以得到结论: 不存在允许所有语言都是可学习的模型. 总之, 对于学习理论的所有扩展强调了引入特定限制条件的重要性.

13.2.4 先天期望的重要性（ The necessity of innate expectations ）

下面我们说明在何种意义上一定存在与生俱来的 UG. 人类大脑是由一套学习算法武装起来的, 记为 A_H, 它使我们能够学习某种语言. 这种算法可以学习现存 6000 余种语言的一种或多种, 但是 A_H 不可能学习所有语言 (或语法). 因此, 存在一个有限制的语言集合能够通过 A_H 来学习. UG 是关于这种有限制集合的一种理论 (图 13.8).

学习理论指出有限制的检索空间必须先于数据存在. "数据" 是指儿童用来学习语言或改进语言习得过程的语言学信息或其他信息. 因此, 在我们使用的术语里, "先于数据" 等价于 "与生俱来". 在这个意义上, 学习理论表明: 一定存在一种与生俱来的 UG, 它是人类使用的某种特定学习算法 A_H 的产物. 对 A_H 的性质的探索需要对神经生物学以及人类大脑在语言习得中的神经认知功能

人类语言学习

● 人类大脑包含算法 A_H,通过它可以学习语言.

● 问题是: 能够通过这种算法学习的集合 L_H 是什么

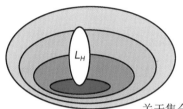

关于集合 L_H 的理论是普遍语法

图 13.8 普遍语法的逻辑必要性. 人类大脑包含一种可以学习语法的算法. 不存在可以学习无限制语法的算法. 因此,人类大脑只能学习所有可能语法的某个子集. 普遍语法是关于这个子集的理论. 普遍语法不一定是一种语法,因为对于一个语法集合的描述并不必是一种语法.

进行经验研究. 然而,我们或许可以通过研究现有人类语言的共同特点来了解 UG 的某些特点. 这是近几十年来语言学研究的主要目标. 一种特别的方法是"原则与参数理论 (principles and parameters theory)",其假设是儿童天生具有一套普遍的原则和参数,具体参数在个体语言之间存在差异. 另外一种方法是"优化理论",即对于特定语言的学习是受先天条件限制的.

对于学习机制 A_H 是否具有普遍意义已经有一些研究. 最终这个问题变成了一个探讨大脑特定结构以及神经是如何参与计算的问题,但是人们无法否认存在一种学习机制 A_H,它对语言输入有影响并且使孩子能够学习到人类语言的规则. 这种机制能够学习一种有限制的语言集合;关于这个集合的理论就是 UG. 对先天的 UG 的持续争议不应该在于它是否存在,而应该在于它是以什么形式存在的. 人们可以争论个体语言的共通性,但是人们无法否定它们的存在性.

神经网络是对语言习得的神经机制建模的一种重要工具. 学习理论的结果明显适用于神经网络,没有一种神经网络能够学习无限制的语言集合.

有时一些研究表明对于先天的 UG 的逻辑证据是基于特定的数学假设的,即生成语法涉及句法学 (syntax) 而不涉及语义学 (semantics). 认知语言学和功能语言学并非基于形式语言理论,而是通过心理学中的对象(psychological objects)来描述,例如符号(symbols)、类(categories)、轮廓(schemas)和图像(image). 学习理论的结果适用于任何一类必须从实例中学习"规则"的学习过程. 归纳是任何一个语言习得模型的固有特征,并应用于语义学、句法学和语音学(phonetics)领域. 成功归纳的任何步骤都必须选择范围有限的假设.

学习理论的结果也适用于语言学中的形式和意义之间的学习映射(learning

mapping）. 如果意义被明确地考虑，那么语言不是语句的集合，而是语句–意义对的集合. 那时语言习得的任务是学习哪些语句–意义对是正确的（ = 是该语言的一部分）以及哪些是不正确的. 描述形式–意义对的语言也是乔姆斯基等级理论的一部分，不存在能够在无限制的语言集合上获得成功的学习程序.

13.2.5　语言习得的特殊之处是什么?

在我们学习生成系统（generative systems）的语法时，例如下棋和算术，通常有人会告诉我们规则. 我们不必通过观棋来猜测棋的走法. 相比之下，语言习得过程可以在缺少规则指导的情况下发生，老师和学习者都没意识到规则的存在. 这是一个重要差异：如果学习者被灌输了一种语言的语法，那么所有可计算语言都能够通过一种可以记住规则的算法来学习.

13.3　语法的进化

我们将构建一种理论来描述语法的确定性进化动态. 我们将会估计语法连
271　贯性的进化条件，这和遗传进化的误差阈值相似（第 3 章）.

考虑一个学习者，他的检索空间中包含 n 个候选语法，

$$G_1,\cdots,G_n. \tag{13.19}$$

每种语法 G_i 都是一个用来定义有效语句集合的规则系统. 而且使用 G_i 的人将会按照某种概率分布生成这些语句. 于是我们可以认为语法 G_i 在所有语句集合上引入了一种测度 u_i，这种测度支持（ = 为正数）与 G_i 相容的所有语句. 对于所有其他语句，该测度等于零.

考虑两种语法 G_i 和 G_j. 具有共同语句的集合由两集合的交集 $G_i \cap G_j$ 表示. 一个使用语法 G_i 的人能够明确表达一个与语法 G_j 相容的语句的概率，可以用下式表示：

$$a_{ij} = \mu_i(G_i \bigcap G_j). \tag{13.20}$$

271　这个量定义了在 G_i 和 G_j 之间的共同语句集合上由 G_i 诱导出来的概率分布的权重. 而一个使用语法 G_j 的人能够明确表达出一个与 G_i 相容的语句的概率是：

$$u_{ji} - \mu_j(G_i \bigcap G_j). \tag{13.21}$$

注意到 a_{ij} 不一定等同于 a_{ij}. 一个使用语法 G_i 的人所说的语句能够被另一个和他使用相同语法的人理解的概率是

$$a_{ii} = \mu_i(G_i) = 1. \tag{13.22}$$

在该模型中，在使用同一种语法的两个个体之间的交流是完美的，检索空间中所有的语法都具有这种性质．在更加复杂的模型中这个假设可以被放宽．

矩阵 $A = [a_{ij}]$ 描述了 n 种语法两两之间的关系．我们有 $0 \leqslant a_{ij} \leqslant 1$ 和 $a_{ii} = 1$. 矩阵 A 不必是对称的．

假设互相理解存在一种报酬．使用 G_i 进行交流的个体与使用 G_j 进行交流所获得的支付是

272

$$F(G_i, G_j) = \frac{1}{2}(a_{ij} + a_{ji}). \tag{13.23}$$

这是 G_i 能生成被 G_j 解析的语句以及 G_j 能生成被 G_i 解析的语句的平均概率．注意到 $F(G_i, G_i) = 1$，于是所有 n 种语法具有等价的功效并允许相同水平的交流．

13.3.1 复制 — 突变方程

我们定义 x_i 是使用语法 G_i 的个体频率．其中任意一个个体的平均支付是

$$f_i(\bar{x}) = \sum_{j=1}^{n} x_j F(G_i, G_j). \tag{13.24}$$

假设支付对应于个体的繁殖成功：具有较高支付的个体会产生更多的后代．繁殖可以是遗传意义上的或者是文化意义上的．

在学习过程中易出现错误．定义 Q_{ij} 为一个孩子从使用语法 G_i 的父母那里学习之后最终使用语法 G_j 来说话的概率．显然，Q 是一个随机矩阵，利用这些假设，这个群体动态可以表示如下：

$$\dot{x}_i = \sum_{j=1}^{n} x_j f_j(\bar{x}) Q_{ji} - \phi x_i \qquad i = 1, \cdots, n \tag{13.25}$$

这里 $\phi = \sum_i x_i f_i$ 是种群的平均适合度或语法连贯性（*grammatical coherence*），它表示一个人说的话能被另外一个人理解的概率．其中种群大小是常数，即 $\sum_i x_i = 1$.

方程（13.25）是"复制 — 突变方程"．它既包含准种方程，也包含复制方程，上述两个方程都是它的特例．在完美学习的极限状态下，即 Q 是一个单位矩阵，所有对角线元素是 1，非对角线元素是 0 时，我们就可以得到复制方程．在常数选择的极限状态下，即适合度 f_i 不依赖于种群的组成时，我们就会得到准种方程．该复制 — 突变方程是对包括频率依赖选择和突变的确定性进化动态的一种普遍描述（图 13.9）.

273

对于矩阵 A，其满足 $a_{ii} = 1$，$0 \leqslant a_{ij} < 1$，方程（13.25）可能具有多个稳定或不稳定的平衡点．对于准确无误的学习，Q 是单位阵，存在 n 个非对称平衡点，形如 $x_i = 1$ 和 $x_j = 0$，对于所有 $j \neq i$ 成立．这些平衡点是非渐近稳定的 (asymptotically stable)．与这些平衡点相对应的情形是种群中所有个体都使用相同语法．相反，对于高误差率的情况，和唯一的稳定平衡点对应的情形是所有语法以相同

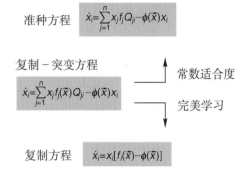

准种方程 $\quad \dot{x}_i = \sum\limits_{j=1}^{n} x_j f_j Q_{ji} - \phi(\vec{x}) x_i$

273

复制－突变方程

$\dot{x}_i = \sum\limits_{j=1}^{n} x_j f_j(\vec{x}) Q_{ji} - \phi(\vec{x}) x_i$

常数适合度

完美学习

复制方程 $\quad \dot{x}_i = x_i[f_i(\vec{x}) - \phi(\vec{x})]$

图 13.9 语言方程是对确定性进化动态的统一描述. 它也被叫做复制－突变方程. 在完美学习的特例中，我们得到复制方程：突变矩阵 Q 是单位矩阵 I. 在常数选择的特例中，我们得到准种方程.

273 频率出现. 我们试图分析下面的问题：为了确保种群中大多数个体使用同一语法，学习过程必须达到怎样的精确度？换句话说，普遍语法什么时候能诱导出连贯的语法交流？

13.3.2 超对称

考虑所有语法之间具有相等距离的特殊情况，因此

$$a_{ii} = 1 \text{ 且 } a_{ij} = a \quad \forall i \neq j \tag{13.26}$$

这里 a 介于 0 和 1 之间. 按照上式，有

$$Q_{ii} = q \text{ 且 } Q_{ij} = \frac{1-q}{n-1} \quad \forall i \neq j \tag{13.27}$$

274 这里 q 表示语法习得的的精确度：它定义了学习正确语法的概率. 学习一种不正确的语法的概率是 $u = (1-q)/(n-1)$. 对于学习矩阵 Q，复制方程可以被写成

$$\dot{x}_i = x_i[f_i(q - u) - \phi] + u\phi. \tag{13.28}$$

使用语法 G_i 的个体的支付是

$$f_i = a + (1-a)x_i. \tag{13.29}$$

平均支付（语法连贯性）为

$$\phi = \sum_i x_i f_i = a + (1-a)\sum_i x_i^2. \tag{13.30}$$

超对称复制 – 突变方程的一个平衡点是

$$x_i = \cdots = x_n = 1/n \qquad (13.31)$$

所有语法 $G_1, \ldots, G_n$ 具有相同的频率. 该平衡点总是存在的.

此外, 存在一些非对称平衡点, 在这些平衡点处, 某一语法具有频率 X, 所有其他语法在剩余种群中占有相等的比率. 因此, 这些非对称平衡点形式如下:

$$x_i = X \; \text{且} \; x_j = \frac{1-X}{n-1} \quad \forall i \neq j \qquad (13.32)$$

在给定语法习得的精确度 q 超过阈值的情形下, 可以证明这些非对称平衡点的存在性和稳定性. 此阈值是

$$q_1 = \frac{2\sqrt{a}}{1+\sqrt{a}}. \qquad (13.33)$$

如果 q 超过下面的阈值, 对称平衡点 (13.31) 就会失去稳定性,

$$q_2 = 1 - \frac{1-a}{na}. \qquad (13.34)$$

当 $n \gg 1/a$ 时, 上述这些结果成立. 如果 $1/a > n \gg 1$, 那么 $q_1 = 2/\sqrt{n}$ 且 $q_2 = 1/2$.

因此, 如果 $q < q_1$, 那么只有对称平衡点是稳定的. 如果 $q_1 < q < q_2$, 那么对称平衡点和 n 个非对称平衡点是稳定的, 最终到达哪一个平衡点将依赖于初始条件. 最后, 当 $q > q_2$ 时, 只有非对称平衡点是稳定的. 因此, $q > q_1$ 是种群收敛到连贯性语法的必要条件, 而 $q > q_2$ 是一个充分条件 (图 13.10).

这些条件明确指出普遍语法的 "连贯性阈值 (coherence threshold)". 一般, q 是 n 的减函数. 因此, $q(n) > q_1$ 是使得普遍语法生成的检索空间达到最大体积的一个隐含条件. 连贯性阈值是复杂语言进化的一个必要条件: 只有满足连贯性阈值的普遍语法才能促成语法交流.

13.3.3　无记忆学习者和批量学习者 (Memoryless and batch learners)

下面考虑超对称语言方程, 并对两个具体的学习过程计算连贯性阈值, 这两个学习过程分别决定了如何对输入语句进行估计. 考虑一个 "无记忆的学习者" 和一个 "批量学习者". 在合理的可能性范围内, 第一个是功效最小的机理, 第二个是功效最大的机理. 无论人类大脑学习的实际机理是什么, 它总会比无记忆学习者好, 比批量学习者差.

"无记忆学习者" 算法描述了学生和老师之间的关系. 假设老师使用语法 G_k. 学生最初随机选择一个假设语法 G_i. 老师生成一些与 G_k 相容的语句. 只要这些语句也符合 G_i, 学生就保持之前的假设. 如果语句不符合 G_i, 那么学生再

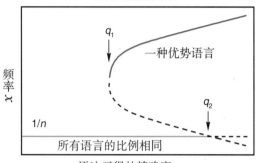

图 13.10　在超对称的情况中，存在一个简单的分支图，如果语法习得的精确度小于临界值 q_1，那么唯一的平衡点服从均匀分布：所有语法在种群中的使用比例是相等的，语言连贯性比较低．如果语法习得的精确度大于临界值 q_1，那么在均匀分布之外还存在 n 个非对称平衡点，其中一个语法将会比其他语法所占的比例都大．如果语法习得的精确度大于第二个临界值 q_2，那么只有一个非对称的平衡点是稳定的．虚线指示出了不稳定的平衡点的位置．

随机选取另外一种假设语法 G_j．在给出 N 个样本语句之后，过程停止，学生保持当时的假设．这种学习算法定义了一种马尔可夫链．转移概率依赖于老师的语法和 a_{ij} 的值．对于特例 $a_{ij}=a$，以及所有 $i \neq j$ 且 $n \gg 1$，在给出 N 个例句之后，学生从老师那里获得新语法的概率是

$$q = 1 - \left(1 - \frac{1-a}{n}\right)^N. \tag{13.35}$$

阈值 q_1、q_2 也可以用使种群收敛到连贯语法每个个体需要的最小样本语句数量来表示．由 $q > q_1$，我们得到

$$N > \frac{n}{1-a} \ln \frac{1+\sqrt{a}}{1-\sqrt{a}}. \tag{13.36}$$

因此，对于无记忆学习者来讲，样本语句的数量必须超过一个常数与候选语法数量的乘积．

　　　无记忆学习对个体认知能力的要求最小．另外一个极端是"批量学习者"，这种学习者能够记住 N 个语句，然后选择与所有记住的语句最相容的语法．对于批量学习者，可以证明，一般情形下，学习正确语法的概率是

$$q = \frac{1 - (1 - a^N)^n}{n a^N}. \tag{13.37}$$

若同时有 $q > q_1$，那么

$$N > \frac{\ln n}{\ln(1/a)}. \tag{13.38}$$

因此，批量学习者要求样本语句的数量必须超过一个常数和候选语法数量的对数的乘积.

既然任何现实的学习过程都介于"无记忆学习"和"批量学习"之间，那么方程（13.36）和（13.38）提供了在一个种群中语法一致的最大检索空间的边界.

277

13.3.4 打破超对称

下面考虑候选语法 $G_1, \cdots, G_n$ 两两之间距离不同的情形. 图 13.11 给出了当候选语法数 $n = 50$ 时，平衡点的情况，其中 a_{ij} 是随机取自区间 $(0,1)$ 上的均匀分布. 当样本语句数量 N 很小时，所有的语法以大致相同的频率出现，种群内语法连

278

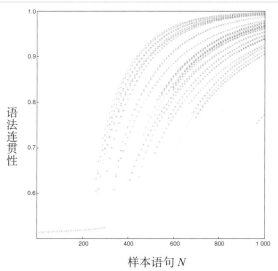

图 13.11 种群中语法连贯性随样本语句数量 N 的变化趋势，每个点表示方程（13.25）的稳定平衡点. 其中语法数量 $n = 50$，随机指定它们之间的距离. $a_{ij}(i \neq j)$ 的值取自 $(0,1)$ 上的均匀分布，且 $a_{ij} = 1$. 儿童按照无记忆算法学习他们父母所使用的语法. 种群的语法连贯性（或平均适合度）是 $\phi = \sum_i x_i f_i$，其中 $f_i = (1/2) \sum_j x_j(a_{ij} + a_{ji})$. 这是度量种群中互相理解程度的测度. 对于比较小的 N 来讲，所有的语法以大致相似的频率出现，连贯性比较低（左下角的红线）. 对于较大的 N 值来讲，稳定平衡出现在种群中大多数个体采取相同语法的情况下. 在 $N \to \infty$ 的极限状态，存在 n 个稳定平衡点，与之对应的是所有人都使用 n 种语法中的某一种语法.

贯性较低. 随着 N 的增加, 种群中大多数个体使用某一特定语法, 此时平衡点变得稳定. 发生跃迁的临界值 N 可以由给定 $a=1/2$ 的式（13.36）近似给出. 如果 N 充分大, 且对于所有 $i \neq j$, 有 $a_{ij} < 1$, 那么可以证明严格存在 n 个稳定的、具有单一语法的平衡点.

279　13.3.5　贫乏和歧义

　　语言是声音和意义之间的映射（图 13.12）. 语言的数学形式体系可以推广到交流和运用等方面. 语言可被看成是一个无穷大矩阵 L, 该矩阵具体给出了"声音"和"意义"之间（即语音形式和语义形式之间）用来确定语言的映射. 该矩阵定义了语言能力（linguistic competence）. 为了对交流做出评价, 我们还需要描述语言行为. 假设矩阵 L 诱导出矩阵 P 和 Q, 分别确定听、说. 元素 P_{ij}^l 定义了一个使用 L_l 的说话者使用声音 j 编码意义 i 的概率. 元素 q_{ij}^l 定义了一个倾听者解码声音 j 为意义 i 的概率. $\sum_j P_{ij}^l \leq 1$, 和 $\sum_j Q_{ij}^l \leq 1$ 成立. 即一种语言或许不会编码所有的意义, 也不会使用所有可能的声音.

　　下面在所有意义的集合上引入测度 σ. σ_i 定义了意义 i 的交流概率. 测度 σ 依赖于环境、行为、和个体的表现型等其他因素. 它也定义了哪些意义之间是更相关的.

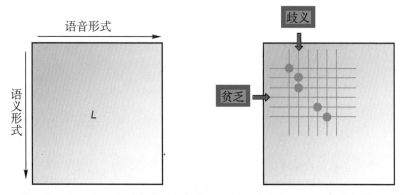

图 13.12　语言是存在于声音（语音形式）和意义（语义形式）之间的一种映射. 一种特定语言或许不能编码所有的意义, 或许不能使用所有的声音. 当个别声音与不止一个意义相对应时会导致语言歧义的出现, 歧义指部分可交流性的丧失. 语言的贫乏是指部分意义（以关联度来测度）的缺失. 蓝点指示了声音－意义对构成的特定语言.

一个使用 L_I 的说话者发出的声音可以被使用 L_J 的倾听者理解的概率是 $a_{IJ} = \sum_{ij} \sigma_i\, p^I_{ij}\, q^I_{ij}$. 在 L_I 和 L_J 之间交流的支付可以被定义为 $F_{IJ} = \frac{1}{2}(a_{IJ} + a_{JI})$. L_I 内部的交流支付是 $F_{II} = a_{II}$.

在此框架下，交流支付介于 0 和 1 之间. 歧义和贫乏致使出现小于 1 的支付. 语言 L_I 的歧义（ambiguity）α_I 指的是个别声音与不只一个意义相对应时造成的部分可交流性的丧失. 语言 L_I 的贫乏（poverty）β_I 指的是 L_I 中部分意义（以 σ 作为测度）的缺失. L_I 的交流能力可以写成 $F_{II} = (1-\alpha_I)(1-\beta_I)$.

对于语言习得过程，我们需要一种能够度量 L_I 和 L_J 之间相似性的测度 s_{IJ}. 概率 $s_{IJ} = \sum_{ij} \sigma_i\, p^I_{ij}\, q^I_{ij} / \sum_{ij} \sigma_i\, p^I_{ij}$ 定义了一个 L_I 说话者发出的声音被 L_J 倾听者正确解读的概率. 在这种情况下，L_I 和 L_J 之间的相似性会由于歧义而减小，但不会因为贫乏而改变. 歧义蕴含掌握正确假设的倾听者可能会认为自己出错而改变假设. 它会引出对一贯学习（consistent learning）的定义；对于一贯学习者来讲，一旦其掌握正确假设，就将坚持到底.

候选语法会在总体行为表现上存在区别. 一些语法描述更多的概念或者具有更少的歧义. 因此，候选语法具有不同的适合度. 在这种情形下，即使是比较大的 N，单一语法假定不同适合度值. 因此，可以假定一个种群正在寻找更适合候选语法的进化过程. 假设一个种群使用特定语法 G_1，某个个体使用语法 G_2，某种波动可能会使得整个种群采纳 G_2. 在小种群中以及上述两种语法极其相似且 G_2 具有更高的适合度的情况下，这种跃迁容易发生. 因此，该模型提供了一种框架来学习文化以及同一种普遍语法中语法的进化适应.

13.4 进化出新规则

281

下面我们研究新规则的进化过程. 考虑一个所有个体使用同一种语言的种群. 如果两个个体使用一种新发明的形式进行沟通，那么就表明已经产生了一种具有适合度优势（用 s 表示）的新语言特征. 这种适合度优势体现在语言应用性的提高、效率的提高或者仅仅是在旁观者眼中地位的上升，其他人或许只有通过对例句进行归纳的方式才能学会新规则，新规则被成功学习的概率是 q.

定义 x 为运用新规则的人所占的比例. 其余的人的比例用 y 表示，显然，$x + y = 1$. 个体适合度（文化意义的或生物意义的）分别是：

$$f_x = 1 + s x \ \text{和} \ f_y = 1. \tag{13.39}$$

种群的平均适合度是

$$\phi = x f_x + (1-x) f_y = 1 + s x^2 \tag{13.40}$$

280

进化动态是

$$\dot{x} = f_x qx - \phi x$$
$$\dot{y} = f_x(1-q)x + f_y y - \phi y \qquad (13.41)$$

微分方程的平衡点为：$x=0$ 和 $x=1$. 这个平衡点总是存在并且是稳定的. 第二个平衡点由下面的二次方程式给出：

$$sx^2 - sqx + 1 - q = 0 \qquad (13.42)$$

上述方程存在实数解，如果

$$q > 2(-1+\sqrt{1+s})/s. \qquad (13.43)$$

对于比较小的 s，不等式变为

$$q > 1 - \frac{s}{4}. \qquad (13.44)$$

282   这种条件给定了为了使新规则在大种群中被保持下去，成功学习的概率的最小值.

假设这个新规则已经被一位无记忆学习者获得，当对这些数据进行归纳时，学习者也许会面临 n 种假设. 定义 a 为一个遵循新规则的语句与这些假设中的任何一种相容的概率. 于是当学习者听到的语句无法和当前假设相容时，进而转移到正确假设的概率可以简单地表示为 $(1-a)/n$. 在 N 个样本语句输入之后还未发生转移的概率是 $[1-(1-a)/n]^N$. 在 N 个语句输入内发生转移的概率是

$$q = 1 - \left(1 - \frac{1-a}{n}\right)^N. \qquad (13.45)$$

这个量表示成功归纳的概率.

联合公式（13.44）和（13.45），我们得到

$$N > \frac{n}{1-a}\ln\frac{4}{s}. \qquad (13.46)$$

282   我们再次得到了存在于检索空间大小 n 和样本语句数量 N 之间的一个线性关系，这是一个新语言特征在种群中被保留下来所必须满足的条件. 当然，对于有利性状而言，它们能被保留下来仅仅是进化的必要条件，并不是充分的条件.

13.5 普遍语法的进化

为了进一步阐明作用于普遍语法设计上的选择压力，我们研究了不同普遍语法之间的竞争关系（图 13.13），下面叙述两个具体结果.

首先，考虑检索空间和学习过程都相同的普遍语法，唯一不同的是输入语句的数量 N, 这个量和学习周期（learning period）的长度成比例. 我们发现自然

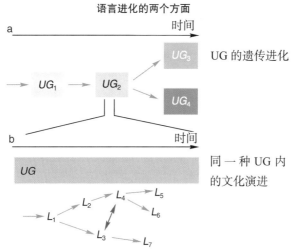

图 13.13 语言进化的两个方面.（a）普遍语法（UG）存在一种通过遗传变异产生的生物进化模式,这些变异影响人类大脑结构及大脑可学习的语言类型. UG 可以因为以下一些原因发生改变:(ⅰ)随机变异（自然进化）,(ⅱ)对其他认知功能的选择的副产品,(ⅲ)对语言习得和交流的选择作用. 在人类语言进化史上的某一点,出现了可以使语言被无限表达的 UG.（b）在一个更快的时间尺度上,在恒定 UG 限制下,语言的文化演进会出现. 语言改变是由于:(ⅰ)随机变异,(ⅱ)通过接触其他语言（红色箭头）,(ⅲ)其他文化发明的附属产物,(ⅳ)通过对不断增强的可学习性和交流能力的选择. 尽管历史上许多语言改变是中性的,但是描述语言进化的全景图应该包括选择.

选择导致 N 取中等数值,对于较小的 N,学习正确语法的精确数度太低. 对于较大的 N,学习过程太长且代价过高. 这些结果能够解释为何人类语言习得过程是有时间限制的.

    其次,考虑在检索空间大小 n 上存在差异,但是学习机制相同,输入语句数量 N 相同的普遍语法. 一般地,存在选择压力使 n 变小. 只有当 n 小于连贯性阈值时,普遍语法才能促使语法交流. 此外,n 越小,语法习得的精确度越高. 但是较大的 n 也常常被选择:假设普遍语法 U_1 比 U_2 大,（即 $n_1 > n_2$）. 如果所有个体使用语法 G_1,它既属于 U_1,也属于 U_2,那么 U_2 被选择. 现在假设某个人创造了一种关于优势语法（advantageous grammatical）的新概念,导致 U_1 中出现一种被修改的语法 G_2,而它不属于 U_2. 在这种情况下,较大的普遍语法受到青睐. 因此,选择要求缩小检索空间体积,又要求保持开阔状态以便学习新概念. 为了达到最大的灵活性（flexibility）,我们期待检索空间能够在小于连贯性阈值的前提下尽可能扩大.

13.6　递归进化

最后，我们探讨基于规则（rule-based）的具有无限表达能力的递归语法系统受自然选择青睐的条件．与这种基于规则的语法相比，人们可能会想到基于列表（list-based）的语法，这种语法系统只包含有限个语句．它可以被看成是基于规则语法的十分原始的进化先驱（或替代者）．个体不通过寻求潜在规则而是通过记住句型和句义（类似于记住词语的任意一种意义）来学习心理语法（mental grammar）．基于列表的语法没有考虑到句法层次的创造性．但是，自然选择是否青睐于更加复杂的依赖环境的基于规则的语法尚需探讨．

当前人类语法能够生成无限多的语句类型，但是出于传递信息的目的，仅仅少数语句是有意义的．自然选择不能直接赋予构造无穷长句的理论能力．因此我们考虑一组使用 M 个不同句型（或句法结构）的个体．注意到 M 具体给出了从生物适合度角度出发有意义的句型数量．

现在假定个体学习心理语法通过记住语句类型的列表．我们可以询问当一个孩子听到的样本语句数量 N 为多大时，才能维持整个种群具有 M 种句型．如果所有的句型以相同的频率出现，我们能简单得到 $N > M$．

可以比较使用基于列表语法的个体和基于规则的语法的个体的行为．使用批量学习者时，因为他们所具有的记忆能力可以与列表学习者匹敌，我们得到：有意义的句型数量 M 必须超过一个常数和候选语法数量 n 的对数乘积，即

$$M > \frac{\ln n}{\ln(1/a)} \tag{13.47}$$

如果这个条件成立，那么基于规则的语法比基于列表的语法更有效而且在适合度上具有优势．否则对于记住与任意意义相关的句型会更有效．在这种情况下，语言在句法层次上将会没有创新能力，仍然是一个相当大的迟钝系统．但是，如果基于规则的语法被选择，那么"有限的意义可以被无限的利用"的潜力就会作为一个副产品表现出来．

小结

◆　人类语言是一种可以对文化信息进行无限制复制的工具．

◆　人类语言带来了崭新的进化模式．

◆　形式语言理论为语言和语法提供了一种数学描述．

◆　乔姆斯基等级理论揭示了语言、语法、和机器（计算设备）之间的关系．

◆　形式语言理论以数理逻辑和计算科学为基础．短语结构语法等价于图灵机．Göldel 定理蕴含数学语言不具备语法．

◆　学习理论描述了进行成功归纳所需的条件．学习者被提供数据（语句或语

句 – 意义对), 并必须推断出生成这些数据的规则系统 (语法).

◆ 对学习理论而言, 我们可以通过多种方法证明: 不存在可以学习无限制语法集合的机制. 归纳需要一个有限制的搜索空间.

◆ 无论人类大脑的学习机制是什么, 它都只能学习有限制的语法集合. 普遍语法是对此集合的描述.

◆ 由于大脑的进化, 作为其进化的一个副产品的普遍语法也发生进化.

◆ 由于对各种语法的搜集并不一定是语法, 所以普遍语法并不是一种语法.

◆ 普遍语法不是通用的, 因为进化要求它必须是可变的.

◆ 语言进化的数学分析需要结合三个领域: 形式语言理论、学习理论和进化动力学.

◆ 根本的"复制 – 突变方程"包含两个极端的例子: 复制方程 (对于完美学习) 和准种方程 (对于常数选择).

◆ 在普遍语法研究中, 我们引入概念"连贯性阈值", 从而将搜索空间的最大体积和语法学习行为联系起来. 只有普遍语法满足连贯性阈值时, 合乎语法的交流才能进化. 该思想和准种理论中的误差阈值十分类似.

14 结论

在研究选择和突变过程时，我们推导出了准种方程

$$\dot{x}_i = \sum_{j=0}^{n} x_j f_j q_{ji} - \phi x_i \tag{14.1}$$

其中，x_i 表示基因组 i 的频率，f_i 表示其适合度. 突变矩阵 Q 的元素 q_{ji} 表示由 j 突变到 i 的概率. 种群的平均适合度记为 $\phi = \sum_i x_i f_i$. 准种组成记为 $\bar{x} = (x_1, \cdots, x_n)$. 准种被定义在序列空间上，并在适合度景观中努力向上攀爬. 在对准种动态的研究中，误差阈值概念极为重要：只有在每个碱基的突变率 u 都小于基因组长度的倒数 $1/L$ 的情况下，适应才有可能出现.

在适合度并非常数的情况下，我们可以运用进化博弈理论来探讨突变和选择过程. 由于无限大种群的确定性进化博弈动态可以近似看作为无突变发生的选择过程，因而可用如下的复制方程来描述，

$$\dot{x}_i = x_i [f_i(\bar{x}) - \phi] \tag{14.2}$$

通常，适合度是关于支付的线性函数，即 $f_i = \sum_j x_j a_{ij}$. 其中，系数 a_{ij} 表示支付矩阵 $A = [a_{ij}]$ 中的元素. 如果一个策略是严格的纳什均衡或进化稳定策略（ESS），则它必然是复制方程的稳定平衡点. 当 $n = 3$ 时，系统中可能会出现一个异宿环（heteroclinic cycles）. 当 $n = 4$ 时，系统中可能存在极限环或混沌. 并且，复制方程等价于生态学中的 Lotka-Volterra 方程.

在进化生物学中，一个至关重要的问题是：在自然选择作用下，通常会导致竞争异常激烈，那么利他行为是如何进化而来的？囚徒困境（Prisoner's Dileman）抓住了合作和背叛的本质.

$$\begin{array}{c} & \begin{array}{cc} C & D \end{array} \\ \begin{array}{c} C \\ D \end{array} & \begin{pmatrix} R & S \\ T & P \end{pmatrix} \end{array} \tag{14.3}$$

条件 $T > R > P > S$ 意味着背叛策略 D 相对于合作策略 C 占优，且是一个严格的纳什均衡. 如果博弈可重复进行，则合作策略有可能被保留下来. 这源

于直接互惠的想法："如果我帮助你,则你也将帮助我".最初,以牙还牙 (TFT) 策略被认为是"最佳策略",但随后的研究对这个观点提出了质疑.当存在噪声时,TFT 策略将由不大计较背叛的大度的 TFT(GTFT) 策略所取代.然而,它们都存在一个致命弱点,即向"永远合作"（ALLC）策略中性漂变.反过来,"永远合作"（ALLC）策略又容易使"永远背叛"(ALLD) 策略有机可乘.相比之下,"胜 – 保持,败 – 改变"(WSLS) 策略既能够纠正差错,又可以稳定地抵制 ALLD 策略的侵入,同时相对 ALLC 策略占优.因而,"胜 – 保持,败 – 改变"策略目前为重复囚徒困境博弈中的"世界冠军".

对于大小为 N 的有限种群来讲,为了研究其进化动态,我们引入了随机方法,其中包括 Moran 过程.在 Moran 过程中,一个相对适合度为 r 的突变的固定概率为

$$\rho = \frac{1-1/r}{1-1/r^N} . \tag{14.4}$$

在进化呈中性的极限状态,即 $r \to 1$,我们有 $\rho = 1/N$.进化速率等于种群大小乘以突变率再乘以固定概率,即 $N\mu\rho$.在中性情形下,N 和 μ 相互抵消.因此,中性进化的速率为突变率 μ.这就是"分子钟"的概念.

有限种群的进化博弈动态可以通过受频率制约的 Moran 过程来描述.在两策略 A 和 B 的博弈中,如果固定概率 ρ_A 大于 $1/N$,则选择有利于 A 取代 B.这个思想为认识进化稳定性提供了一个崭新的角度.在有限种群中,就是否受到自然选择作用的保护而言,严格的纳什均衡或 ESS 的条件既不必要也不充分.取而代之的是一个有趣的 1/3 定律.假设 A 和 B 都是自身的最佳响应,且 x^* 表示在一个不稳定平衡点处 A 的频率.如果

$$x^* < 1/3 , \tag{14.5}$$

则对弱选择和较大的 N 来说,有 $\rho_A > 1/N$.这个条件在频率依赖的 Wright-Fisher 过程也成立.

进化图论是研究结构种群随机进化博弈动态的一个新途径.个体占据图的顶点,边被用于描述个体之间相互作用.所有环路的固定概率与 Moran 过程相同.环路是具有如下性质的图:对于图上任意一个顶点来讲,进入它的边的权重之和等于所有流出它的边的权重之和.某些有向图,如星图、超星图是选择放大器,在这些图上,有利突变的固定概率大于 Moran 过程中的固定概率.某些图甚至能确保任何有利突变的固定.同时,也有一些图为选择抑制器,在这些图上,有利突变的固定概率小于 Moran 过程中的固定概率.对于在图上进行的博弈来说,我们发现了一个特别有趣的结果.自然选择将有利于图上合作的进化,如果

$$b/c > k \text{ 成立}. \tag{14.6}$$

该条件含义如下：利他行为的收益 b 除以代价 c，大于其平均邻居数 k。在这种情况下，合作行为类似有利突变。这种机理被称为"网络互惠 (network reciprocity)"。

空间进化博弈理论将确定性细胞自动机理论和进化博弈理论结合起来，探讨空间结构对种群动态的影响。我们将会看到空间混沌、进化"万花筒"和动态分形等丰富多彩的空间格局。这些研究促进了"空间互惠"概念的形成，即帮助你的邻居可能会使你间接受益。无条件合作者通过形成聚块形式得以幸存。某些聚块能使合作者侵入背叛者的世界成为可能。

随后，我们讨论了进化博弈理论的四种特殊应用。首先，在 HIV 感染中，对进化动力学的研究有助于理解疾病发展的机理。描述 HIV 和免疫系统相互作用的基本模型如下：

$$
\begin{aligned}
\dot{v}_i &= v_i(r - px_i - qz) \\
\dot{x}_i &= cv_i - bx_i - uvx_i \\
\dot{z} &= kv - bz - uvz
\end{aligned}
\tag{14.7}
$$

其中，v_i 表示病毒株 i 的多度，x_i 表示种特异性免疫应答 (strain-specific immune response)，z 表示交叉反应免疫应答 (cross-reactive immune response)。总病毒载量为 $v = \sum_i v_i$，$i = 1, \cdots, n$，是给定时刻一个患者体内存在的抗原变异的 HIV 病毒株总量。不管免疫应答的特异性为何，每个病毒突变都能削弱免疫应答。HIV 和免疫系统之间的非对称相互作用导致"多样性阈值"的出现：如果病毒抗原多样性 n 超过一个特定阈限，则 HIV 就无法被控制。此时，感染的无症状期结束，进入 AIDS 发病期。这个模型的基本想法是病毒在每个患者体内的进化将导致 AIDS。

随后，借助于进化动力学模型，我们又研究了病原体 (infectious agents) 的毒力 (virulence) 进化模式。流行病学的基本方程如下

$$
\begin{aligned}
\dot{x} &= k - ux - \beta xy \\
\dot{y} &= y(\beta x - u - v)
\end{aligned}
\tag{14.8}
$$

其中，未感染者的个体数量用 x 表示，出生（迁入）率用 k 表示，死亡率用 ux 表示，由此可知，βxy 表示被感染率。已感染个体的数量用 y 表示，死亡率用 $(u+v)y$ 表示，这里 v 表示由疾病引起的死亡率或毒力。在该模型中，由于自然选择作用于不同病毒株上，因而，基本再生率 (basic reproductive ratio) R_0 可达到最大值，其含义是：在未感染者群体中由一个已感染的个体所引发的继发感染的数量。故 $R_0 = \beta k / [u(u+v)]$。如果毒力 v 与传染力 β 相关，则选择将导致一个中等水平的毒力出现。如果我们再考虑已感染寄主被重复感染的情形，则选择会使毒力增加，甚至超过其最适水平。而且重复感染将导致毒力水平不同的病毒株的共存。

在肿瘤生物学中, 许多重要议题也都与进化动力学相关. 例如, 由繁殖细胞构成的种群需要多长时间才能激活抗癌基因或灭活抑癌基因 (TSG) ? 在癌症发展的早期出现遗传不稳定性的概率为多少? 为了回答这些问题, 我们已经研究了多种随机过程, 并得出结论: 无论是否表现出染色体不稳定性 (CIN), 都可以通过两次限速打击来使抑癌基因(在一个较小的细胞种群内)失活.

$$
\begin{array}{ccccc}
A^{+/+} & \rightarrow & A^{+/-} & \rightarrow & A^{-/-} \\
\downarrow & & \downarrow & & \\
A^{+/+}\,\mathrm{CIN} & \rightarrow & A^{+/-}\,\mathrm{CIN} & \rightarrow & A^{-/-}\,\mathrm{CIN}
\end{array}
\tag{14.9}
$$

在无 CIN 的情况下, 经历两次打击会使 TSG 的第一个和第二个等位基因失活. 在表现出 CIN 的情况下, 两次限速打击分别 (i) 使 TSG 的第一个等位基因失活和 (ii) 一个突变基因导致 CIN ; 随后 TSG 的第二个等位基因迅速失活 (非限速). 因此, 为了估计在通往癌症的过程中 CIN 的出现是否先于第一个 TSG 的失活, 我们只需去比较两次打击的速率常数. 实质归结为计算有效 CIN 基因的数量.

在进化博弈理论所涉及的应用领域中, 最为重要的莫过于对语言的进化机制的探讨. 本书中, 我们讨论了语言是什么, 孩子如何学习语言, 以及语言是如何发展的等问题. 描述语言进化的基本方程为

$$
\dot{x}_i = \sum_{j=0}^{n} x_j f_j(\bar{x}) q_{ji} - \phi x_i
\tag{14.10}
$$

在这个复制 – 突变方程中, x_i 表示使用语法 G_i 的个体所占的比例. 语法的适合度取决于有多少语法与它相容. 因此, $f_i(\bar{x})$ 依赖于种群内语法的组成. 通过学习矩阵 $Q = [q_{ij}]$, 我们可以描述语言习得过程. 对任何给定的学习周期, 与语言连贯性(语言适应)相容的可能语法将构成一个搜索空间, 并且该空间的大小有限, 即具有最大值. 在对语言进化的研究中, 我们联合了准种方程 (14.1) 与复制方程 (14.2). 其中语言学习过程取代了遗传繁殖. 这表明进化动力学模型具有向不同领域延伸的巨大潜力.

进化的思想已经渗透到了生物学的所有领域. 只有从进化的角度出发, 我们才能够探寻到生命系统的设计和功能的奥妙. 原则上, 我们可以通过对进化生物学的研究来解释生命世界呈现出来的五彩缤纷的多样性和令人惊异的复杂性.

进化动力学领域主要探究的是与进化相关的数学原理(自然规律). 尽管生物学的"最终奥秘"是什么无从而知, 但有一件事情是清楚的: 它将以对进化过程的精确数学描述为基础. 由于基本的进化原理本质上都是一个数学原理, 所以数学是描述进化的最恰当语言. 尽管进化理论在早期以文字描述为主, 但随着时间的推移, 进化理论已经越来越类似于数学, 所有涉及进化的争论和思想都应当以数学的形式明确地表示出来. 使用数学语言, 可以清晰明确地描述自

然现象.一旦可以用数学形式来描述,文字叙述就会显得苍白无力.

总之,对进化动力学的研究将有助于人类理解生物系统的基本特征的设计初衷,其应用范围十分广泛.在医学领域,它主要用于对传染病和癌症的分析.在人类社会中,它主要用于探究合作和语言的进化机制.除此之外,进化动力学仍具有巨大的潜能,对这些潜能的开发必将促进人类对一切未知之谜的探索.

进一步阅读

2. 进化是什么

Lamarck(1809) 和 Darwin(1859,1871) 标志着进化生物学的诞生. 就我个人而
言, 比较喜欢的书有: Williams(1966,1992),E.O.Wilson(1978,2000), Mayr(1982,2001),
Kimura(1983), Dawkins(1982),Diamond(1992),Sigmund(1993),Maynard Smith 和
Szathmary(1995), Dennett(1995), Hamilton(1996,2001), Gould(2002), Trivers(2002),
Kirschner 和 Gerhart(2005).Schrödinger's(1944) 所著的《生命是什么？》将大批物理
学家吸引到生物学领域.

May(1973) 是一部关于生态系统模型的不朽著作. 作为该书的第二版,
May(2001) 增加了一些新内容. May(1976),May 和 Oster(1976) 将混沌引入生物
学. Sugihara 和 May(1990) 描述了不可预测性. Levin 等 (1997) 对数学种群生物
学 (mathematical population biology) 进行了综述.

正如文中所言,本书并未涉及过多的群体遗传学 (population genetics)
内容. 关于群体遗传学 (population genetics) 的基本理论, 读者可参阅
R.A.Fisher(1930b), Wright(1931,1932),Haldane(1932). Wright(1968,1969) 也是群
体遗传学中的一部经典著作. 其他一些著作包括 Jacquard(1974), Lewontin(1974),
Nei(1987), Gillespie(1991),Hartl 和 Clark(1997),Burger(2000),Ewens(2004) 和
Gavrilets(2004). Slatkin(1979) 描述了频率制约选择过程 (frequency-dependent
selection). Barton(2000) 对遗传搭车效应 (genetic hitchhiking) 进行了研究.
Barton(2001) 考察了杂交在进化上的意义. Turelli,Barton 和 Coyne(2001) 讨论了
物种形成的群体遗传学 (population genetics) 机制. Maynard Smith(1989) 提出了
一种简单的进化遗传学研究方法.

Michod(1999) 和 Rice(2004) 都是关于进化动力学的书籍. Keller(1999)
讨论了多级进化 (evolution on multiple levels).Murray(2002,2003) 和 Edelstein-
Keshet(2004) 对数学生物学进行了全面的综述. Taubes(2001) 是一本介绍微分方
程在生物学中应用的优秀著作. Strogatz(1994) 是关于非线性动力学的一本很好
的入门读物.

May(2004) 比较了生物学中的哈迪 - 温伯格定律和物理学中的牛顿第一定
律 (Hardy-Weinberg law and Newton's first law). 后者描述的情形为: 任何物体将
保持静止或匀速直线运动状态,直到有外力作用迫使它改变这种状态为止. 相比
之下,哈德 - 温伯格定律为: 在随机交配的种群中,在不发生选择、突变、随机
漂移或迁移的条件下,基因频率将逐代保持不变.

进一步阅读

3. 适合度景观 (fitness landscape) 和序列空间

准种理论 (quasispecies theory) 是由 Eigen 和 Schuster(1979) 首先提出的. 参阅 Swetina 和 Schuster(1982), McCaskill(1984),Demetrius(1987), Leuthäusser(1987), Schuster 和 Swetina(1988),Eigen, McCaskill, 和 Schuster(1989),Eigen(1992). Nowak 和 Schuster(1989) 计算了有限种群中的误差阈值 (error threshold). 关于准种理论 (quasispecies theory) 和 RNA 进化的重要论文有：Fontana(2002) 和 Schuster(1987,1998),Fontana 等 (1993) 以及 Fontana(2002).Fontana 和 Buss(1994) 讨论了准种构建和进化动力学中的其他问题.

Kauffman 和 Levin(1987) 研究了适合度景观上的适应行走 (adaptive walks). Kauffman(1993) 从更广的角度对适合度景观和接近混沌的进化进行了描述. Stadler(1992) 和 Bonhoeffer 和 stadler(1993) 研究了相关适合度景观上的误差阈值. Krumhansl(1997) 和 Sherrington(1997) 分析了物理学和生物学中的景观. Stadler(1999) 考察了由序列结构映射生成的适合度景观.

297

Boerlijst,Bonhoeffer 和 Nowak(1996) 对准种和重组进行了研究. Saaki 和 Iwasa(1987) 计算了波动环境中的最优重组率. Schuster 和 Stadler(2002) 讨论了进化中的网络. Krakauer 和 Sasaki(2002) 探索了有噪声存在的适合度景观中的准种. Saaki 和 Nowak(2003) 介绍了突变景观的概念：任意序列按照自身的复制机制进行编码, 并且具有独特的突变率. 在这种新框架下, 准种在适合度景观和突变景观中同时移动.

4. 进化博弈理论

博弈论在生物学中的首次应用可以追溯到 Hamilton(1967),Triver(1971), Maynard Smith 和 Price(1973),Maynard Smith(1982,1984).Taylor 和 Jonker(1978), Zeeman(1980),Hofbauer, Schuster 和 Sigmund(1979) 在研究中引入了复制方程. Hofbauer 和 Sigmund(1998) 将主方程引入到进化博弈动力学中.

297

关于 Lotka-Volterra 方程的起源, 读者可参阅 Lotka(1925) 和 Volterra(1926). Kolmogorov(1936) 描述了捕食者 – 被捕食者系统中的极限环定理. May(1973) 对这些生态学方程给出了精彩的描述. May 和 Leonard(1975) 描述了 Lokta-Volterra 系统收敛到异宿环. 关于 Lotka-Volterra 方程和复制方程的等价性的证明可以查阅 Hofbauer 和 Sigmund(1998).

Taylor(1989) 研究了弱选择下的进化稳定性. Bomze(1983),Stadler 和 Schuster(1990) 为三种策略的复制动力学提供了完整的分类. Stadler 和 Schuster(1992) 研究了带有突变的复制动态. Fudenberg 和 harris(1992) 研究了带有噪声的进化博弈动态. 关于进化稳定吸引子的一篇杰出论文是由 Rand,Wilson 和 McGlade(1994) 作出的.

博弈论由 von Neumann 和 Morgenstern(1944) 创立. Nash(1950) 提出了以其名字命名的著名的均衡概念. 经济学中涉及博弈论的书籍有: Fudenberg 和 Tirole (1991), Binmore(1994), Samuelson(1997) 以 及 Fudenberg 和 Levine(1998). 进化博弈理论方面的书籍包括: Weibull(1995), Gintis(2000), Vincent 和 Brown(2005). 扩展博弈的进化动力学由 Cressman(2003) 介绍.

298

进化博弈理论已经渗入到生物学中的各个领域, 包括性的进化 (Trivers, 1983), 亲子冲突 (Godfray 1995), 同胞争宠 (sibling rivalry)(Mock 和 Parker 1997), 基因组印记 (genomic imprinting)(Haig 2002), 性比 (Hardy 2002), 物种形成 (Hendry 等 2000), 动物行为 (Dugatkin 和 Reeve 1998; Houston 和 McNamara 1999), 择偶 (mate choice)(Iwasa 和 Pomiankowski 1995), 信 号 (signaling)(Johnstone 2002), 细 胞 器 (cell organelles)(Krakauer 和 Mira 2000), 以及植物间相互作用 (Falster 和 Westoby 2003). Sinervo 和 Lively(1996) 研究了蜥蜴的石头 – 剪子 – 布博弈 (Rock-Paper-Scissors game). Nowak, Page 和 Sigmund(2000) 研究了最后通牒博弈 (Ultimatum game) 的进化动力学. 最后通牒博弈的实验结果由 Henrich 等 (2001) 给出.

Iwasa 和 Sasaki(1987) 研究了性别数量的进化. Iwasa 和 Pomiankowski(2001) 对基因组印记的进化博弈过程进行了探索. Hammerstein(1996) 尝试将群体遗传学 (population genetics) 引入到博弈论研究中. Mylius 和 Diekmann(2001) 研究了在频率制约选择下入侵现存群落的复杂结果. Metz, Nisbet 和 Geritz(1992) 讨论了在不同的背景下如何定义适合度. 关于进化博弈动力学最近的综述可参阅 Hofbauer 和 Sigmund(2003) 以及 Nowak 和 Sigmund(2004).

298

5. 囚徒困境

囚徒困境 (简称 PD) 问题最早出现于 Rapoport 和 Chammah(1965) 的书中. Trivers(1971) 将 PD 引入到生物学中. Selten(1975) 研究了扩展博弈中的平衡点. Eshel(1977) 是关于利他行为进化的一篇早期论文. Maynard Smith(1979) 指出在超循环中的合作会受到背叛的威胁. Axelrod 和 Hamilton(1981) 讨论了生物学中的重复囚徒困境问题. 在 Axelrod(1984) 的书中, 他对两场重复囚徒困境竞赛进行了描述. Selten 和 Hammerstein(1984) 指出以牙还牙策略 (Tit-for-tat) 并不是进化稳定策略 (ESS). Molander(1985) 计算了最适大度水平 (optimum level of generosity). Sugden(1986) 是一本重要的非数学书籍, 其中蕴含了许多想法. 关于重复博弈的 "Folk 定理", 参阅 Fudenberg 和 Maskin(1986). May(1987) 提出在研究合作进化时需要考虑噪声因素. Boyd 和 Lorberbaum(1987) 提出在重复囚徒困境中, ESS 不可能是纯策略. 关于早期研究结果的综述, 参阅 Axelrod 和 Dion(1988). Boyd(1989) 探索了噪声的影响. Kraines 和 kraines(1989) 对 "巴甫洛夫 (Pavlov)" 策略进行了研究. 在重复囚徒困境中的反应策略 (reactive strategies) 在 Nowak 和 Sigmund(1989a, b, 1990) 和 Nowak(1990b) 中进行了分析. "完

299

美的以牙还牙 (Perfect Tit-for-tat)"策略由 Fudenberg 和 Maskin(1990) 描述."巴甫洛夫"策略和"完美的以牙还牙"策略是"胜 – 保持, 败 – 改变 (Win-stay, lose-shift)"策略的别称. Lindgren(1991) 对重复囚徒困境中的确定性"记忆 –3(memory-3)"策略进行了分析, 该策略根据对方前三步的策略来确定自身选择合作还是背叛. Binmore 和 Samuelson(1992) 对重复博弈中有限状态自动机进行了研究.

TFT 能够促使合作策略的出现, 但是这并不是终极目标. 在具有噪声的世界中, 大度的 TFT(generous Tit-for-tat) 将取代 TFT. 在同步 PD(simultaneous PD) 中, "赢 – 保持, 败 – 改变"策略将战胜大度的 TFT 策略 (Nowak 和 Sigmund 1993). 交替 PD(alternating PD) 是另外一种博弈 (Nowak 和 Sigmund 1994; Frean 1994).Boerlijst,Nowak 和 Sigmund(1997) 研究了悔罪 TFT(contrite Tit-for-tat) 策略. Roberts 和 Sherratt(1998),Wahl 和 Nowak(1999a,b),Killingback 和 Doebeli(2002) 对连续 PD(continuous PD) 进行了研究. Fehr 和 Gächter(2000,2002), Sigmund,Hauert,Nowak(2001),Boyd 等 (2003) 研究了惩罚和合作. 弃权 (the option not to play) 会支持合作 (Hauert 等 2002; Szabó 和 Vukov 2004). 在 Dahlem 会议上发表的关于合作的进化的论文已结集出版, 读者可参阅 Hammerstein(2003).

关于生物系统中合作的进化机制的实验研究, 主要有 Wilkinson(1984), Lombardo(1985),Dugatkin(1988,1997),Bull 和 Molineux(1992),Heinsohn 和 Packer(1995),Velicer 和 Yu(2003).Milinski(1987) 描述了棘鱼 (stickleback) 的 TFT 策略. Turner 和 Chao(1999) 描述了 RNA 病毒之间的 PD.Nee(2000) 分析了多分体病毒 (coviruses) 的进化. Pfeiffer,Schuster, 和 Bonhoeffer(2001) 研究了 ATP 代谢过程中的合作. 关于人类的合作, 读者可参阅 Milinski 和 Wedekind(1998), Wedekind 和 Milinski(1996),Semmann,Krambeck 和 Milinski(2003). 关于人类利他的实验经济学研究, 可参阅 Fehr 和 Fischbacher(2003) 的综述.

Nowak 和 Sigmund(1990) 将适应动力学 (adaptive dynamics) 引入到对重复囚徒困境中的合作的进化机制的研究中. 关于适应动力学的新进展, 可以参阅 Hofbauer 和 Sigmund(1990),Metz 等 (1996),Geritz 等 (1997) 和 Dieckmann(1997). 关于适应动力学的应用, 可参阅 Dieckmann 和 Doebeli(1999),Dieckmann,Law 和 Metz(2000),Page 和 Nowak(2000),Le Galloard,Ferrière 和 Dieckmann(2003),Doebeli 和 Dieckmann(2004),Doebeli,Hauert 和 Killingback(2004). ESS 不一定是适应动力学中的吸引子 (Nowak 1990a).ESS 或许不可达这一观点最早是由 Eshel(1983) 提出的, 参阅 Eshel(1996).

亲缘选择 (kin selection) 的概念最早是由 Hamilton(1964a,b) 提出的; 参阅 Hamilton(1971) 和 Frank(1998). Wilson(1980), Szathmáry 和 Demeter(1987), Wilson,Pollock 和 Dugatkin(1992), Sober 和 wilson(1998) 用群体选择的观点探讨了合作的进化. Levin(1999) 从生态学的角度讨论了公用品悲剧 (tragedy of the commons).

间接互惠 (indirect reciprocity) 的思想是：帮助过其他个体的个体会获得另外一些个体的帮助 (Nowak 和 Sigmund 1998). 实验证据由 Wedekind 和 Milinski(2000) 和 Millinski,Semmann 和 Krambeck(2002) 给出. 最新的研究进展包括 Leimar 和 Hammerstein(2001),Fishman(2003),Panchanathan 和 Boyd(2003,2004),Ohtsuki 和 Iwasa(2004),Brandt 和 Sigmund(2005). 作为综述, 参阅 Nowak 和 Sigmund(2005).

300

6. 有限种群

关于 Moran 过程的基本描述，参阅 Moran(1958) 和 Moran(1962). 关于随机过程的标准论述，参阅 Karlin 和 Taylor(1975). 关于群体遗传学 (population genetics) 中的随机过程, 参阅 Ewens(2004). 关于进化的中性理论 (neutral theory of evolution), 参阅 Kimura(1994). 关于在空间连续的种群中的中性进化, 参阅 Barton,Depaulis 和 Etheridge(2002)

7. 有限种群中的博弈

Riley(1979) 和 Schaffer(1988),Fogel,Fogel 和 Andrews(1998),Ficici 和 Pollack(2000),Schreiber(2001),Alos-Ferrer(2003) 对有限种群中的进化博弈动力学进行了研究. 本书中所使用的方法取自 Nowak 等 (2004b) 和 Taylor 等 (2004). 后者对两种策略的所有情景进行了分类. Imhof 等 (2005) 对包含 ALLD、TFT 和 ALLC 三种策略的有限种群的进化博弈动力学进行了研究. 他们发现突变－选择过程的平衡点几乎都集中在 TFT, 即使 ALLD 是唯一严格的纳什均衡 (Nash equilibrium). Fudenberg 等 (2006) 计算出了有限种群中突变－选择过程的极限分布.

301

受频率制约的 Moran 过程与复制方程类似，但是我们还可以设想出许多描述有限种群博弈动力学的随机过程. 一个有趣的过程如下：随机挑选两个个体. 一个个体进行繁殖，一个死亡. 因此，只有使用不同策略的个体被挑选出来的时候，种群结构才会发生改变. 假设 A 型个体被选中进行繁殖的概率是 $f_i/(f_i+g_i)$, B 型个体被选择进行繁殖的概率是 $g_i/(f_i+g_i)$. 在这种情况下，重新标度时间之后也会得到相同的结果. 如果不是这样，总挑选适合度比较高的个体进行繁殖，那么结果会使该过程在速度上随机，在方向上确定：永远遵循选择的梯度. 另一方面，如果一个 A 型个体被挑选出来进行繁殖的概率是 $1/(1+\exp[-(f_i-g_i)/\tau])$，这里忽略了参数 w. 取而代之的是参数 τ, 它们具有相似的作用. 如果 $\tau \to 0$，那么适合度较高的个体总是被挑中；选择作用很强. 如果 $\tau \to \infty$，那么选择很弱，随机漂移对该过程起决定性作用. 对于无限大的 τ，我们得到了与本章完全相同的结果 (见 Nowak 等 2004b).

受频率制约的 Wright-Fisher 过程是另外一种随机过程. 在这种情况下，我们无法得到明确的固定概率的表达式，但是可以证明 1/3 定律依然成立 (Imhof 和

Nowak 2006).

8. 进化图论

Wright(1931,1932) 和 Fisher 和 Ford(1950) 研究了漂移和选择之间的平衡. Maruyama(1970) 和 Slatkin(1981) 表明固定概率不受对称的空间结构影响. 参阅 Nagylari 和 Lucier(1980). Pulliam(1988) 对种群动力学中的"源"和"汇"进行了描述. Barton(1993) 和 Whitlock(2003) 对亚种群 (subdivided populations) 中的固定概率和固定时间 (fixed probability and time) 进行了研究.

关于随机图的数学性质, 参阅 Erdös 和 Rényi(1960).Watts 和 Strogatz(1998) 和 Watts(1999) 介绍了小世界网络 (small-world network).Barabasi 和 Albert(1999) 介绍了无尺度网络 (scale-free network).Strogatz(2001) 是关于网络的一篇不错的综述 .Boyd,Diaconis 和 Xiao(2004) 对图上的随机游走 (random walks) 进行了研究.

Ellison(1993),Nakamaru,Matsuda 和 Iwasa(1997),Nakamaru,Nogami 和 Iwasa(1998),Abramson 和 kuperman(2001),Ebel 和 bornholdt(2002),Szabó 和 Hauert(2002),Nakamaru 和 Iwasa(2005),Santos 和 Pacheco(2005),Santos,Pacheco 和 Leanerts(2006), Bala 和 Goyal(2000),Skyrms 和 Pemantle(2000) 对网络形成中的博弈进行了探讨. Newman(2001) 对科学家之间进行合作的网络进行了评估. Flack,Krakauer 和 de Waal(2005),Flack 等 (2006) 对灵长类动物之间的网络进行了研究. Liggett(1999) 是一本关于表决模型 (voting models) 的书.

本书所介绍的进化图论内容取自 Lieberman,Hauert 和 Nowak(2005). 关于图上合作的进化过程以及规则 $b/c>k$, 参阅 Ohtsuki 等 (2006).

9. 空间博弈

细胞自动机理论最初是由 Stanislav Ulam 提出的. John von Neumann 研究了自我复制自动机. 1970 年, 数学家 John Conway 发明了"生命游戏". 参阅 Berlekamp,Conway 和 Guy(2001,2003),Poundstone(1985) 和 Sigmund(1993). Wolfram(1984,1994,2002) 和 Toffoli 和 Margolus(1987) 对于细胞自动机的发展具有重要意义. Langton(1986) 运用细胞自动机研究人工生命 (artificial life).

对生态学中空间模型的研究主要有 Levin 和 Paine(1974), Durrett(1988,1999), Levin(1992),Hassel,Comins 和 May(1991,1994),Durrett 和 Levin(1994a,b,1998), Pacala 和 Tilman(1994),Tilman 和 Kareiva(1997), Neuhauser(2001).Lloyd 和 Jansen(2004) 描述了流行病的空间动力学. Boerlijst 和 Hogeweg(1991a,b) 指出超循环导致在空间模型中出现螺旋波 (spiral waves), 它可以防止寄生物寄生.

关于空间进化博弈理论的研究, 参阅 Nowak 和 May(1992,1993).Herz 在简化的条件下获得了的解析结果. Nowak,Bonhoeffer 和 May(1994a,b) 对异步更新 (asynchronous updating) 和其他一些扩展形式进行了研究. 关于空间模型中合作的进化的更多研究, 参阅 Lindgren 和 Nordahl(1994),Ferrière 和 Michod(1996),Epstein(1998),van Baalen 和 Rand(1998),Mitteldorf 和 Wilson(2000),Irwin 和 Taylor(2001),Ifti,Killingback 和 Doebeli(2004). Hauert 和 Doebeli(2004) 指出在雪堆博弈中, 空间结构可能对合作者不利. Killingback 和 Doebeli(1996) 对 空 间 上 的 鹰 – 鸽 博 弈 进 行 了 研 究. Killingback 和 Doebeli(1998) 对空间博弈的自组织临界值 (self-organized criticality) 进行了分析. Sasaki,Hamilton 和 Ubeda(2002) 是关于空间模型中领跑者 (pacemakers) 的一篇有意义深刻的论文. 在空间博弈模型中, Kerr 等对细菌在空间上的石头 – 剪刀 – 布博弈 (Rock-Paper-Scissors game) 进行了实验研究.

10. HIV 感染

Coffin,Hughes 和 Varmus(1997) 对逆转录病毒 (retroviruses) 进行了分子生物学研究. Levine(1992) 是对病毒的初步介绍. Nowak 和 May(2000) 进一步介绍了病毒动力学.

Nowak,May 和 Anderson(1990) 和 Nowak 等 (1991) 提 出 HIV 疾 病 恶 化是寄主体内病毒进化的结果. HIV 逃避 CTL (cytotoxic T lymphocyte, 细胞毒性 T 淋巴细胞) 的免疫应答的实验证据, 参阅 Phillips 等 (1991),McAdam 等 (1995),McMichael 等 (1995),Nowak 等 (1995b),Borrow 等 (1997),Price 等 (1997), 以及 Goulder 等 (1997). Saag 等 (1988) 是关于 HIV-1 单一感染的遗传变异的一篇早期论文. Wei 等 (2003)对逃避中和抗体 (neutralizing antibodies) 进行了描述.

McLean 和 Nowak(1992) 对 HIV 和其他病原体 (pathogens) 之间的相互作用进行了研究. Bonhoeffer 和 Nowak(1994a) 建立模型来研究使免疫功能受 损 (immune function impairment) 的 病 毒 策 略 (viral strategy). De Boer 和 Boerlijst(1994) 分析了多样性和毒力阈值 (diversity and virulence thresholds). Sasaki(1994) 和 Sasaki 和 Haraguchi(2000) 分析了抗原的漂移和转变 (antigenic drift and shift). Nowak 等 (1995b),Nowak,May 和 Sigmund(1995) 发展了多表位抗原变异理论. Antia,Nowak 和 Anderson(1996) 研究了寄生物抗原变异. Krakauer 和 Komarova(2003) 对病毒动力学中的选择水平进行了探索. Bonhoeffer 等 (2004) 研究了 HIV 药物 – 治疗 – 抗药突变的上位性 (epistasis in drug-treament-resistant mutations in HIV).

Ho 等 (1995),Wei 等 (1995),Nowak(1995a),Perelson 等 (1996),Perelson,Essunger 和 Ho(1997),Bonhoeffer 等 (1997) 对药物治疗和抗药性出现的过程中呈下降趋势的 HIV 数据进行了分析. Wodarz 和 Nowak(1999) 显示特定的药物疗法或伴随免疫疗法和药物疗法和组合可以控制感染. Lifson 等 (1997,2000,2001) 研究了病毒动力学和 SIV 感染的早期治疗.

11. 毒力进化

关于数学流行病学的起源,可以参阅 Bernoulli(1970),Farr(1984),Hamer (1906), Ross(1908), Kermack 和 Mckendrick(1933). Anderson 和 May(1979),May 和 Anderson(1979) 具有重要意义,它们强调了数学表达必须简单而且要紧密联系数据,并促使许多现代理论流行病学方法的形成. 关于综合疗法 (comprehensive treatment), 参阅 Anderson 和 May(1991). Bailey(1975), Dietz(1975), Diekmann,Heesterbeek 和 Metz(1990),Diekmann 和 Heesterbeek(2000) 提出的方法同样出色,只是涉及更多的数学知识.

关于毒力进化,参阅 May 和 Anderson(1979,1983),Anderson 和 May(1981), S.A.Levin 和 Pimentel(1981), B.R.Levin(1982),Bremermann 和 Pickering(1983), Stewart 和 B.R.Levin(1984),Seger(1988),Seger 和 Hamilton(1988), Bremermann 和 Thieme(1989),Knolle(1989),Frank(1992),Ewald(1993),Read 和 Harvey(1993),Lenski 和 May(1994),Haraguchi 和 Sasaki(2000).

关于寄主–寄生物协同进化的研究,参阅 May 和 Anderson(1990),Sasaki(2000). Yamamura(1993) 对寄主–寄生物协同进化模型进行了分析,其中垂直传递 (vertical transmission) 导致寄生物毒力减弱. Antia,B.R.Levin 和 May(1994) 对寄主种群内部动态对进化的影响. B.R.Levin 和 Bull(1994) 发展了毒力的"短视的进化(short-sighted evolution of virulence)".B.R.Levin,Lipsitch 和 Bonhoeffer(1999) 是对病原体 (infectious agents) 的种群生物学的重要综述.

Stewart 和 B.R.Levin(1984) 对温和噬菌体和烈性噬菌体 (temperate and virulent phages) 进化和维持的不同条件进行了讨论,其中噬菌体的繁殖是通过感染新细胞或者 (垂直地) 通过细胞分裂来实现的. Nowak(1991) 的研究结果显示即使对于极其简单的模型,垂直传递也能够导致复杂的选择动态,这里选择不必优化 R_0.

Nowak 和 May(1994) 和 May 和 Nowak(1994) 对重复感染 (superinfection) 进行了探索. Bonhoeffer 和 Nowak(1994b) 分析了突变对毒力进化的影响. May 和 Nowak(1995) 研究了协同感染 (coinfection). Lipsitch,Herre 和 Nowak(1995) 研究了报酬递减律 (a law of diminishing returns). Lipsitch 和 Nowak(1995) 研究了通过性传播的 HIV 的毒力进化. Lipsitch 等 (1995),Lipsitch,Siller 和 Nowak(1996) 研究了垂直和水平传播的寄生物.

关于澳大利亚兔子易患的黏液瘤病 (myxomatosis) 的经典实证研究,参阅 Fenner 和 Ratcliffe(1965). Dieter Ebert 是研究肠道感染水蚤 (gut infections of water flea) 的世界顶级专家 (Ebert 1994). Bull,Molineux 和 Rice(1991) 描述了无毒性的进化实验 (experimental evolution of avirulence). Herre(1993) 研究了榕小蜂上的线虫 (nematodes of fig wasps). Busenberg 和 Cooke(1993) 是一本介绍垂直传播的传染病流行病学的书籍. Frank(2002) 使用进化方法来研究免疫学和传染病.

重复感染与生态学中的集合种群 (metapopulation) 动力学相关 (Tilman 等 1994). 关于集合种群模型,参阅 Sabelis,Diekmann 和 Jansen(1991),Nee 和 May(1992),Doebeli 和 Ruxton(1997),Parvinen(1999),Gyllenberg,Parvinen 和 Diekmann(2002),以及 Wakeley(2004).

12. 癌的进化动力学

Vogelstein 和 Kinzler(1998) 对肿瘤遗传学 (cancer genetics) 做了很好的介绍. Boveri(1914) 堪称经典. Muller(1927) 发现了电离辐射 (ionizing radiation) 也具有诱变作用. Knudson(1971) 是对成视网膜细胞瘤 (retinoblastoma) 的一项重要研究,并参阅 Knudson(1993). 成视网膜细胞瘤抑制基因 (retinoblastoma tumor suppressor) 的发现由 Friend 等 (1986) 进行了报道. Kinzler 等 (1991) 发现了结肠癌 APC 基因座. Grist 等 (1992) 测度了人类的体细胞突变率 (somatic mutation rate).

Weinberg(1991) 和 Levine(1993) 对抑癌基因 (tumor suppressor genes) 进行了综述. 关于 APC 失活 (inactivation) 的研究,参阅 Nagase 和 Nakamura(1993),以及 Lamlum 等 (1999). Boyer 等 (1995) 对微卫星 (microsatellite) 的不稳定性进行了研究. 术语“看门基因 (gatekeepers)”和“管理基因 (caretakers)”是由 Kinzler 和 Vogelstein(1997) 提出的. Lengauer,Kinzler 和 Vogelstein(1997,1998) 发展了人类癌症遗传不稳定性的概念. Strauss(1998) 对遗传不稳定性进行了综述. Wheeler 等 (1999) 研究了结肠癌 (colon cancer) 的微卫星不稳定性 (MIN). 关于 DNA 复制的保真度（fidelity）的综述,参阅 Kunkel 和 Bebenek(2000). Shonn,McCarroll 和 Murray(2000) 对酵母菌的染色体分离 (和染色体不稳定性,简称 CIN)(chromosomal segregation and chromosomal instability,CIN) 进行了研究. 关于体干细胞 (somatic stem cells) 和癌干细胞 (cancer stem cells) 的研究,参阅 Reya 等 (2001). Knudson(2001) 提出一种对肿瘤遗传学的发展具有启发性的观点. 关于小鼠癌 (murine cancer) 的 CIN 模型,参阅 Chang,Khoo 和 Depinho(2001),以及 Chang 等 (2003). Bach,Renehan 和 Potten(2000) 对肠道干细胞 (intestinal stem cells) 进行了描述. Bardelli 等 (2001) 指出不同的致癌物 (carcinogens) 能够选择不同类型的遗传不稳定性. Bissell 和 Radisky(2001) 对肿瘤生物学进行了综述. 关于结肠干细胞的研究,参阅 Yatabe,Tavare 和 Shibata(2001). 对遗传稳定的腺瘤 (adenomas) 研究,参阅 Haigis 等 (2002). Hermsen 等 (2001) 在结肠腺瘤 (colorectal adenoma) 恶化为结肠癌 (carcinoma) 的过程中发现了 CIN. Kolodner,Putnam 和 Myung(2002) 对酵母菌的遗传不稳定性进行了研究. Master 和 Depinho(2002) 对癌的 CIN 进行综述. Nasmyth(2002) 对染色体分离的分子生物学研究进行了描述. 干扰该过程的突变的出现能够导致 CIN.Sieber 等 (2002) 在结肠腺瘤中并未观察到 CIN, 不过这可能是由于实验方法的灵敏度不够. Pihan 等 (2003) 在结肠

306

癌中发现了 CIN. Sieber,Heinimann 和 Tomlinson(2003) 以及 Rajagopalan 等 (2003) 分别从不同角度研究了 CIN. 由 hCDC4 失活导致的 CIN, 参阅 Rajagopalan 等 (2004).

Nordling(1953),Armitage 和 Doll(1954,1957),J.C.Fisher(1959) 用多阶段概率模型 (multistage probabilistic models) 对人类癌症的年龄发病率曲线 (age-incidence curves) 进行了阐释. 关于增变表型 (mutator phenotype) 的研究, 参阅 Loeb,Springgate 和 Battula(1974) 以及 Loeb(1991,2001). Cairns(1975) 的思想贯穿突变、选择和癌症. 关于化学疗法 (chemotherapy) 的数学模型的发展, 参阅 Goldie 和 Coldman(1979,1983). Moolgavkar 和 Knudson(1981) 对癌症启动 (cancer initation) 的两阶段模型 (two-stage model of cancer) 进行了研究. Sherratt 和 Nowak(1992) 探索了癌症发展 (cancer progression) 的空间模型. Tomlinson,Novelli,Bodmer(1996) 认为突变率增加不利于癌症发展. Taddei 等 (1997) 研究了在标准进化 (非体细胞进化 not somatic evolution) 过程中突变率增加对癌变的影响. Anderson 和 chaplain(1998) 提出了一个描述血管生成的数学模型. Nunney(1999) 对癌变多阶段形成过程 (multistage carcinogenesis) 中的后代选择 (lineage selection) 进行了分析. Owen 和 Sherratt(1999) 建立了肿瘤免疫应答 (immune responses) 模型. Wodarz 和 Krakauer(2001) 研究了遗传不稳定性 (genetic instability) 和癌症形成. Cairns(2002) 对体干细胞在癌形成过程中的作用进行了描述. Tomlinson,Sasieni 和 Bodmer(2002) 对一种癌变中发生的突变次数进行了估计. Luebeck 和 Moolgavkar(2002) 运用结肠癌发病率数据对癌变多阶段形成过程模型进行了拟合. Nowak 等 (2002) 对在结肠癌变过程中一个 CIN 突变代表首个表型改变的概率进行了计算. Komarova 等 (2002) 和 Komarova,Sengupta 和 Nowak(2003) 对散发性和家族性结肠癌 (sporadic and familial colorectal cancer) 的遗传不稳定性 (genetic instability) 进行了研究. Plotkin 和 Nowak(2002) 分析了细胞凋亡 (apoptosis) 对肿瘤发生 (tumorigenesis) 的影响. Frank 和 Nowak(2003),Frank,Iwasa 和 Nowak(2003) 考虑了癌突变发生的阶段. Little 和 Wright(2003) 给出了关于结肠癌的随机模型. Gatenby 和 Vincent(2003) 给出了关于癌症形成的一个数学模型. Gatenby 和 Maini(2003) 从数学肿瘤学的角度进行了研究. Michor 等 (2003a,b,c) 显示小区室 (compartments) 能够防止通过致癌基因 (oncogenes) 和抑癌基因 (tumor suppressor genes) 突变导致癌症启动 (cancer initiation), 但是支持遗传不稳定性 (genetic instability). 上皮组织 (epithelial tissues) 可构成小区室这一观念的产生可以追溯到 Mintz(1971). 体细胞进化的线性过程由 Nowak 等 (2003) 描述. 关于随机隧道 (stochastic tunneling) 理论的分析, 参阅 Iwasa,Michor 和 Nowak(2004). Nowak 等 (2004a) 和 Iwasa 等 (2005) 描述了灭活抑癌基因的进化动态. 对于群体遗传学 (population genetics) 中的相关问题, 参阅 Robertson(1978) 及 Karlin 和 Tavare(1983). Michor,Iwasa 和 Nowak(2004) 综述了关于癌症发展 (cancer progression) 的数学模型. Michor 等 (2004) 提供了关于结肠癌 (color cancer) 启

动的一个简单的数学模型. Michor 等 (2005) 显示在限制速率的情况下, 如果两个抑癌基因失去活性, 则 CIN 会导致肿瘤发生 (tumorigenesis). Zheng, Wise 和 Crisini(2005) 给出了在空间上的肿瘤生长过程的计算机模拟. Frank(2005) 提供了一种研究年龄 – 发病率曲线的新视角. Michor 等 (2005b) 通过研究慢性粒细胞白血病 (chronic myeloid leukemia, CML) 的 imatinib 治疗, 第一次对人类体内癌症进行了定量分析.

308

13. 语言的进化

现代语言学理论框架的形成, 参阅 Chomsky(1956,1957,1965). 原则和参数理论 (principle and parameter theory) 由 Chomsky(1981) 提出, 并参阅管辖和约束理论 (government and binding)(Chomsky 1993). Jackendoff(1997) 对语言能力的结构 (architecture of the language faculty) 进行了探索. Jackendoff(2002) 描述了语言学基础. Robins(1979) 介绍了语言学史. 关于语言学的更多内容, 参阅 Miller(1991) 和 Pinker(1994).

形式语言理论 (formal language theory) 和计算机科学基础密切相关 (Turing 1936,1950). Bar-Hillel(1953) 提供了一种研究句法 (syntax) 的算术方法. Harrison(1978) 和 Partee,ter Meulen 和 Wall(1990) 介绍了形式语言理论. 树型修饰语法 (tree adjunct grammars) 由 Joshi 等 (1975) 提出. Pullum 和 Gazdar(1982) 考察了自然语言是否是上下文无关 (context free) 的. Shieber(1985) 认为瑞士德语 (Swiss German) 不是上下文无关的. Sadock(1991) 考察了自主词汇句法 (autolexical syntax). Pollard 和 Sag(1994) 是关于语法结构的书. Stabler(2004) 对柔和的上下文相关语法 (context-sensitive grammars) 进行了研究. 优化理论 (optimality theory) 的基本思想是语言习得依赖于约束条件的排序 (ordering of constraints) (Prince 和 Smolensky 1997,2004;Tesar 和 Smolensky 2000).

Gold(1967,1978) 是学习理论 (learning theory) 的奠基人之一. 统计学习理论的发展归功于 Vapnik 和 Chervonenkis(1971,1981),Vapnik(1998). Valiant(1984) 引入了 "或许可能正确 (probably almost correct)" 这一重要概念. 统计学习理论和归纳推理 (inductive inference) 相关 (Pitt 1989). Sakakibara(1988,1990) 运用结构数据 (structural data) 提供了一种从结构数据中学习上下文无关语法 (context-free grammars) 的模型; 参阅 Sakakibara(1997). 触发学习算法 (trigger learning algorithm) 由 Gibson 和 Wexler(1994) 提出. Angluin(1987),Gasarch 和 Smith(1992),Angluin 和 kharitonov(1995) 研究了一种学习模型, 在此模型中学生可以进行提问. Siskind(1996) 研究了从字到意义的学习映射 (Learning mappings). Niyogi(1998) 研究了学习的信息复杂性. 关于学习理论,Osherson,Stob 和 Weinstein(1986),Jain 等 (1999) 是重要的入门读物. Pinker(1979) 是一篇优秀的综述. Saffran,Aslin 和 Newport(1996) 提供了对婴儿的学习过程的一项实证研

309

究. Wexler 和 Culicover(1980) 研究了语言习得的形式原则 (formal principles); 参阅 Yang(2002). Goldsmith(2001) 研究了词法的无监督学习 (unsupervised learning of morphology) 过程. Stabler(1998) 描述了一类有趣的可习得语言 (learnable languages).

Greenberg 等 (1978) 及 Comrie(1981) 对语言共性 (language universals) 进行了研究. Baker(2001) 在考虑少量参数的情况下, 尝试对人类语言的多样性进行解释. 关于参数设定 (parameter setting), 参阅 Manzini 和 Wexler(1987).

关于语言认知 (cognitive aspects of language) 的讨论, 参阅 Lakoff(1987). Bates 和 MacWhinney(1982) 发展了功能语法 (functionalist grammars). Langacker(1987) 给出了认知语法 (cognitive grammars) 的基础. Batali(1994) 对语言习得的先天喜好 (innate biases) 进行了研究. Elman 等 (1996) 研究了语言学习的发展和天赋 (development and innateness of language learning). Bresnan(2000) 为句法研究提出了一种词汇 - 功能方法. Domjan 和 Burkhard(1986) 对学习和行为进行了介绍. Brent(1997) 和 Bertolo(2001) 关注的是语言习得.

Gopnik 和 Crago(1991) 按照孟德尔遗传模式 (Mendelian inheritance pattern) 对语言缺陷进行识别. VarghaKhadem 等 (1998) 进行了神经学分析 关于基因突变的鉴定, 参阅 Lai 等 (2001).

关于语言进化的思想和模型, 参阅 Brandon 和 Hornstein(1986),Aoki 和 Feldman(1987),Hurford(1989),Pinker 和 Bloom(1990),Hashimoto 和 Ikegami(1996), Kirby 和 Hurford(1997),Noyogi 和 Berwick(1997), Steels(1997), Hazlehurst 和 Hutchins(1998), Wang(1998), Jackendoff(1999),Fitch(2000),Cangelosi 和 Parisi(2002), 及 Christiansen 等 (2002).

关于简单交流系统的进化动力学研究, 参阅 Nowak 和 Krakauer(1999), Nowak,Krakauer 和 Dress(1999), 及 Trapa 和 Nowak(2000). 这些论文在进化博弈理论和语言进化之间架起了一座桥梁. 关于在研究语言进化时所采用的一种信息论 (information-theoretic) 方法, 参阅 Nowak,Plotkin 和 Krakauer(1999), 及 Plotkin 和 Nowak(2000). Nowak,Plotkin 和 Jansen(2000) 考察了句法交流 (syntactic communication) 的自然选择. Krakauer(2001) 研究了私有符号系统 (private sign system) 的进化.

Kroch(1989),Lightfoot(1991,1999),Ringe,Warnow 和 Taylor(2002),Warnow 等 (2005), 以及 Nakhleh 等 (2005) 从历史语言学 (historical linguistics) 的角度对语言的改变进行了研究.

Smith(1977) 是一本关于交流行为 (behavior of communication) 的著作. 关于语言进化的书籍包括 :Lieberman(1984,1991),Bickerton(1990),Newmeyer(1991), Hawkins 和 Gell-Mann(1992),Aitchinson(1996),Dunbar(1996),Hauser(1996),Deacon (1997),Hurford(2000), 及 Sampson(2005). 关于人类进化 (human evolution) 的研究,

参阅 Boyd 和 Silk(1997). 关于文化的演化 (cultural evolution) 和认知的研究, 参阅 Tomasello(1999).

Nowak,Komarova 和 Niyogi(2001),Komarova,Niyogi 和 Nowak(2001) 提出了关于语法进化的模型. 关于词汇 (lexical items) 的进化动力学, 参阅 Nowak(2000) 及 Komarova 和 Nowak(2001a). 对于语言习得的关键期 (critical period) 的自然选择的分析, 参阅 Komarova 和 Nowak(2001b). Komarova 和 Rivin(2001) 以及 Rivin(2001) 对无记忆 (memoryless) 学习者和其他学习者用来描述候选语法之间的相似性的随机矩阵上的表现进行了分析. Komarova 和 Nowak(2003) 对有限种群模型中的语言进化进行了研究. Nowak 和 Komarova(2001) 以及 Nowak,Komarova 和 Niyogi(2002) 对语言的进化动力学进行了综述. Page 和 Nowak(2002) 将复制 – 突变方程和 Price 方程联系在一起. Mitchener 和 Nowak(2003) 对不同普遍语法 (universal grammars) 的自然选择进行了研究. Mitchener 和 Nowak(2004) 对严格纳什平衡 (strict Nash equilibria) 中的混沌开关 (chaotic switching) 进行了描述.

310

参 考 文 献

Abrams, P. A., and H. Matsuda. 1997. "Fitness minimization and dynamic instability as a consequence of predator-prey coevolution." *Evol. Ecol.* 11: 1–20.

Abramson, G., and M. Kuperman. 2001. "Social games in a social network." *Phys. Rev. E* 63: 030901R.

Aitchinson, J. 1996. *The seeds of speech.* Cambridge: Cambridge University Press.

Alos-Ferrer, C. 2003. "Finite population dynamics and mixed equilibria." *Int. Game Theory Review* 5: 263–290.

Anderson, A. R., and M. A. Chaplain. 1998. "Continuous and discrete mathematical models of tumor-induced angiogenesis." *B. Math. Biol.* 60: 857−899.

Anderson, R. M., and R. M. May. 1979. "Population biology of infectious diseases: Part I." *Nature* 280: 361–367.

—— 1981. "The population dynamics of microparasites and their invertebrate hosts." *Philos. T. Roy. Soc. B* 291: 451–524.

—— 1991. *Infectious diseases of humans.* Oxford: Oxford University Press.

Angluin, D. 1987. "Learning regular sets from queries and counterexamples." *Inform. Comput.* 75: 87–106.

Angluin, D., and M. Kharitonov. 1995. "When won't membership queries help?" *J. Comput. Syst. Sci.* 50: 336–355.

Antia, R., B. R. Levin, and R. M. May. 1994. "Within-host population dynamics and the evolution and maintenance of microparasite virulence." *Am. Nat.* 144: 457–472.

Antia, R., M. A. Nowak, and R. M. Anderson. 1996. "Antigenic variation and the within-host dynamics of parasites." *P. Natl. Acad. Sci. USA* 93: 985–989.

Aoki, K., and M. W. Feldman. 1987. "Toward a theory for the evolution of cultural communication: Coevolution of signal transmission and reception." *P. Natl. Acad. Sci. USA* 84: 7164–7168.

Armitage, P., and R. Doll. 1954. "The age distribution of cancer and a multi-stage theory of carcinogenesis." *Brit. J. Cancer* 8: 1–12.

—— 1957. "A two-stage theory of carcinogenesis in relation to the age distribution of human cancer." *Brit. J. Cancer* 11: 161–169.

Asavathiratham, C., S. Roy, B. Lesieutre, and G. Verghese. 2001. "The influence model." *IEEE Contr. Syst. Mag.* 21: 52–64.

Axelrod, R. 1984. *The evolution of cooperation.* New York: Basic Books. (Reprinted 1989,

Harmondsworth, UK: Penguin.)

—— 1987. "The evolution of strategies in the iterated prisoner's dilemma." In L. Davis, ed., *Genetic algorithms and simulated annealing,* 32–41. London: Pitman.

Axelrod, R., and D. Dion. 1988. "The further evolution of cooperation." *Science* 242: 1385–1390.

Axelrod, R., and W. D. Hamilton. 1981. "The evolution of cooperation." *Science* 211: 1390–1396.

Bach, S. P., A. G. Renehan, and C. S. Potten. 2000. "Stem cells: The intestinal stem cell as a paradigm." *Carcinogenesis* 21: 469–476.

Bailey, N. J. T. 1975. *The mathematical theory of infectious diseases and its application.* London: Griffin.

Baker, M. C. 2001. *The atoms of language: The mind's hidden rules of grammar.* New York: Basic Books.

Bala, V., and S. Goyal. 2000. "A noncooperative model of network formation." *Econometrica* 68:1181–1229.

Balfe, P., P. Simmonds, C. A. Ludlam, J. O. Bishop, and A. J. L. Brown. 1990. "Concurrent evolution of human-immunodeficiency-virus type-1 in patients infected from the same source—rate of sequence change and low-frequency of inactivating mutations." *J. Virol.* 64: 6221–6233.

Barabasi, A., and R. Albert. 1999. "Emergence of scaling in random networks." *Science* 286: 509–512.

Bardelli, A., D. P. Cahill, G. Lederer, M. R. Speicher, K. W. Kinzler, B. Vogelstein, and C. Lengauer. 2001. "Carcinogen-specific induction of genetic instability." *P. Natl. Acad. Sci. USA* 98: 5770–5775.

Bar-Hillel, Y. 1953. "A quasi-arithmetical notation for syntactic description" *Language* 29: 47–58.

Barton, N. 1993. "The probability of fixation of a favoured allele in a subdivided population." *Genet. Res.* 62: 149–158.

——2000. "Genetic hitchhiking." *Philos. T. Roy. Soc. B* 355: 1553–1562.

——2001. "The role of hybridization in evolution" *Mol. Ecol.* 10: 551–568.

Barton, N., F Depaulis, and A. M. Etheridge. 2002. "Neutral evolution in spatially continuous populations." *Theor. Popul. Biol.* 61: 31–48.

Batali, J. 1994. "Innate biases and critical periods: Combining evolution and learning in the acquisition of syntax." In R. A. Brooks and P. Maes, eds., *Artificial life IV: Proceedings of the fourth international workshop on the synthesis and simulation of living systems, MIT,* 160–171. Cambridge: MIT Press.

Bates, E., and B. MacWhinney. 1982. "Functionalist approaches to grammar." In E. Wanner and L. R. Gleitman, eds., *Language acquisition: The state of the art,* 173–218. Cambridge: Cambridge University Press.

Berlekamp, E. R., J. H. Conway, and R. K. Guy. 1982a. *Winning ways for your mathematical plays.*

参考文献

Vol. 1: *Games in general.* New York: Academic Press.

——1982b. *Winning ways for your mathematical plays.* Vol. 2: *Games in particular.* New York: Academic Press.

——2001. *Winning ways for your mathematical plays.* Vol. 1.2nd ed. Natick, MA: A K Peters, Ltd.

——2001. *Winning ways for your mathematical plays.* Vol. 2.2nd ed. Natick, MA: A K Peters, Ltd.

Bernoulli, D. 1760. "Essai d'une nouvelle analyse de la mortalité causée par la petite vérole et des advantages de l'inoculation pour la prévenir." *Mém. Math. Phys. Acad. Roy. Sci., Paris,* 1–45.

Bertolo, S., ed. 2001. *Language acquisition and learnability.* Cambridge: Cambridge University Press.

Bickerton, D. 1990. *Language and species,* Chicago: University of Chicago Press.

Binmore, K. 1994. *Game theory and the social contract.* Cambridge: MIT Press.

Binmore, K., and L. Samuelson. 1992. "Evolutionary stability in repeated games played by finite automata." *J. Econ. Theory* 57: 278–305.

Bissell, M. J., and D. Radisky. 2001. "Putting tumors in context." *Nat. Rev. Cancer* 1: 46–54.

Boerlijst, M. C., S. Bonhoeffer, and M. A. Nowak. 1996. "Viral quasi-species and recombination." *P. Roy. Soc. Lond. B Bio.* 263: 1577–1584.

Boerlijst, M., and P. Hogeweg. 1991a. "Self-structuring and selection: Spiral waves as a substrate for prebiotic evolution." In C. G. Langton, C. Taylor, J. D. Farmer, and S. Rasmussen, eds., *Artificial Life II,* SFI studies in the sciences of complexity, vol. 10, 255–276. Boston: Addison-Wesley.

——1991b. "Spiral wave structure in pre-biotic evolution: Hypercycles stable against parasites." *Physica D* 48: 17–28.

Boerlijst, M. C., M. A. Nowak, and K. Sigmund. 1997. "The logic of contrition." *J. Theor. Biol.* 185: 281–293.

Bomze, I. M. 1983. "Lotka-Volterra equations and replicator dynamics: A two-dimensional classification." *Biol. Cybern.* 48:201–211.

Bonhoeffer, S., C. Chappey, N. T. Parkin, J. M. Whitcomb, and C. J. Petropoulos. 2004. "Evidence for positive epistasis in HIV-1." *Science* 306: 1547–1550.

Bonhoeffer, S., R. M. May, G. M. Shaw, and M. A. Nowak. 1997. "Virus dynamics and drug therapy." *P. Natl. Acad. Sci. USA* 94: 6971–6976.

Bonhoeffer, S., and M. A. Nowak. 1994a. "Intra-host versus inter-host selection: Viral strategies of immune function impairment." *P. Natl. Acad. Sci. USA* 91: 8062–8066.

——1994b. "Mutation and the evolution of virulence." *P. Roy. Soc. Lond. B Bio.* 258: 133–140.

Bonhoeffer, S., and P. F. Stadler. 1993. "Error thresholds on correlated fitness landscapes." *J. Theor. Biol.* 164: 359–372.

Borrow, P., H. Lewicki, X.-P. Wei, M. S. Horwitz, N. Peffer, H. Meyers, J. A. Nelson, J. E. Gairin,

B. H. Hahn, M. B. A. Oldstone, and G. M. Shaw. 1997. "Antiviral pressure exerted by HIV-1 specific cytotoxic T lymphocytes (CTLs) during primary infection demonstrated by rapid selection of CTL escape virus." *Nat. Med.* 3: 205–211.

Boveri, T. 1914. *Zur Frage der Entstehung maligner Tumoren.* Jena, Germany: Gustav Fischer. (English translation, 1929. *The origin of malignant tumors.* Trans. M. Boveri. Baltimore: Williams and Wilkins.)

Boyd, R. 1989. "Mistakes allow evolutionary stability in the repeated prisoner's dilemma game." *J. Theor. Biol.* 136: 47–56.

Boyd, R., H. Gintis, S. Bowles, and P. J. Richerson. 2003. "The evolution of altruistic punishment." *P. Natl. Acad. Sci. USA* 100: 3531–3535.

Boyd, R., and J. P. Lorberbaum. 1987. "No pure strategy is evolutionarily stable in the repeated prisoner's dilemma game." *Nature* 327: 58–59.

Boyd, R., and J. B. Silk. 1997. *How humans evolved.* 1st ed. New York: W. W. Norton. (4th ed. 2005).

Boyd, S., P. Diaconis, and L. Xiao. 2004. "Fastest mixing Markov chain on a graph." *SIAM Rev.* 46: 667–689.

Boyer, J. C., A. Umar, J. I. Risinger, J. R. Lipford, M. Kane, S. Yin, J. C. Barrett, R. D. Kolodner, and T. A. Kunkel. 1995. "Microsatellite instability, mismatch repair deficiency, and genetic defects in human cancer cell lines." *Cancer Res.* 55: 6063–6070.

Brandon, R. N., and N. Hornstein. 1986. "From icons to symbols: Some speculations on the origins of language." *Biol. Philos.* 1: 169–189.

Brandt, H., and K. Sigmund. 2005. "Indirect reciprocity, image scoring, and moral hazard." *P. Natl. Acad. Sci. USA* 102: 2666–2670.

Bremermann, H. J., and J. Pickering. 1983. "A game-theoretical model of parasite virulence." *J. Theor. Biol.* 100:411–426.

Bremermann, H. J., and H. R. Thieme. 1989. "A competitive-exclusion principle for pathogen virulence." *J. Math. Biol.* 27: 179–190.

Brent, M., ed. 1997. *Computational approaches to language acquisition.* Cambridge: MIT Press.

Bresnan, J. 2000. *Lexical-functional syntax.* Oxford: Blackwell.

Bull, J. J., and I. J. Molineux. 1992. "Molecular genetics of adaptation in an experimental model of cooperation." *Evolution* 46: 882–895.

Bull, J. J., I. J. Molineux, and W. R. Rice. 1991. "Selection of benevolence in a hostparasite system." *Evolution* 45: 875–882.

Bürger, R. 2000. *The mathematical theory of selection, recombination, and mutation.* Chichester, UK: Wiley.

——2002. "On a genetic model of intraspecific competition and stabilizing selection." *Am. Nat.*

160: 661–682.

Busenberg, S., and K. Cooke. 1993. *Vertically transmitted diseases.* Berlin: Springer Verlag.

Cairns, J. 1975. "Mutation selection and the natural history of cancer." *Nature* 255: 197–200.

——2002. "Somatic stem cells and the kinetics of mutagenesis and carcinogenesis." *P. Natl. Acad. Sci. USA* 99: 10567–10570.

Cangelosi, A., and D. Parisi, eds. 2002. *Simulating the evolution of language.* London: Springer.

Cavalli-Sforza, L. L., and M. W. Feldman. 1981. *Cultural transmission and evolution*: *A quantitative approach.* Princeton, NJ: Princeton University Press.

Chang, S., C. Khoo, and R. A. DePinho. 2001. "Modeling chromosomal instability and epithelial carcinogenesis in the telomerase-deficient mouse." *Semin. Cancer Biol.* 11: 227–239.

Chang, S., C. Khoo, M. L. Naylor, R. S. Maser, and R. A. DePinho. 2003. "Telomerebased crisis: Functional differences between telomerase activation and ALT in tumor progression." *Gene. Dev.* 17: 88–100.

Chomsky, N. A. 1956. "Three models for the description of language." *IRE T. Inform. Theor.* 2: 113–124.

——1957. *Syntactic structures.* Berlin: Mouton.

——1965. *Aspects of the theory of syntax.* Cambridge: MIT Press.

——1972. *Language and mind.* New York: Harcourt Brace Jovanovich.

——1981. "Principles and parameters in syntactic theory." In N. Hornstein and D. Lightfoot, eds., *Explanation in linguistics*: *The logical problem of language acquisition,* 123–146. London: Longman.

——1993. *Lectures on government and binding*: *The Pisa lectures.* 7th ed. Berlin: Mouton de Gruyter. (First published 1981. Dordrecht: Foris Publications.)

Christiansen, F.B. 1991. "On conditions for evolutionary stability for a continuously varying character." *Am. Nat.* 138: 37–50.

Christiansen, M. H., R. A. C. Dale, M. R. Ellefson, and C. M. Conway. 2002. "The role of sequential learning in language evolution: Computational and experimental studies." In A. Cangelosi and D. Parisi, eds., *Simulating the evolution of language,* 165–187. London: Springer.

Coffin, J. M., S. H. Hughes, and H. E. Varmus, eds. 1997. *Retroviruses.* Cold Spring Harbor, NY: Cold Spring Harbor Laboratory Press.

Comrie, B. 1981. *Language universals and linguistic typology.* Chicago: University of Chicago Press.

Cressman, R. 2003. *Evolutionary dynamics and extensive form games.* Cambridge: MIT Press.

Darwin, C. 1859. *On the origin of species.* London: J. Murray.

——1871. *The descent of man.* London: J. Murray.

Davidson, J. M., K. L. Gorringe, S.-F. Chin, B. Orsetti, C. Besret, C. Courtay-Cahen, I. Roberts, C. Theillet, C. Caldas, and P. A. W. Edwards. 2000. "Molecular cytogenetic analysis of breast cancer cell lines." *Brit. J. Cancer* 83: 1309–1317.

Dawkins, R. 1982. *The extended phenotype.* Oxford: W. H. Freeman.

Deacon, T. 1997. *The symbolic species.* London: Penguin Books.

De Boer, R. J., and M. C. B. Boerlijst. 1994. "Diversity and virulence thresholds in AIDS." *P. Nat. Acad. Sci. USA* 91: 544–548.

Demetrius, L. 1987. "Random spin models and chemical kinetics" *J. Chem. Phys.* 87: 6939–6946.

Dennett, D. C. 1995. *Darwin's dangerous idea*: *Evolution and the meanings of life.* New York: Simon & Schuster.

Diamond, J. M. 1992. *The third chimpanzee*: *The evolution and future of the human animal.* New York: HarperCollins.

Dieckmann, U. 1997. "Can adaptive dynamics invade?" *Trends Ecol. Evol.* 12:128–131.

Dieckmann, U., and M. Doebeli. 1999. "On the origin of species by sympatric speciation." *Nature* 400: 354–357.

Dieckmann, U., and R. Law. 1996. "The dynamical theory of coevolution: A derivation from stochastic ecological processes." *J. Math. Biol.* 34: 579–612.

Dieckmann, U., R. Law, and J. A. J. Metz, eds. 2000. *The geometry of ecological interactions*: *Simplifying spatial complexity.* Cambridge: Cambridge University Press.

Dieckmann, U., P. Marrow, and R. Law. 1995. "Evolutionary cycling in predator-prey interactions: Population dynamics and the red queen." *J. Theor. Biol.* 176: 91–102.

Diekmann, O., and J. A. P. Heesterbeek. 2000. *Mathematical epidemiology of infectious diseases*: *Model building, analysis, and interpretation.* Chichester, UK: Wiley.

Diekmann, O., J. A. P. Heesterbeek, and J. A. J. Metz. 1990. "On the definition and the computation of the basic reproductive ratio R_0 in models for infectious diseases in heterogeneous populations." *J. Math. Biol.* 28: 365–382.

Dietz, K. 1975. "Transmission and control of arbovirus diseases." In D. Ludwig and K. L. Cooke, eds., *Epidemiology,* 104–121. Philadelphia: SIAM.

Doebeli, M., and U. Dieckmann. 2004. "Adaptive dynamics of speciation: Spatial structure." In U. Dieckmann, J. A. J. Metz, M. Doebeli, and D. Tautz, eds., *Adaptive Speciation,* 140–167. Cambridge: Cambridge University Press.

Doebeli, M., C. Hauert, and T. Killingback. 2004. "The evolutionary origin of cooperators and defectors." *Science* 306: 859–862.

Doebeli, M., and G. D. Ruxton. 1997. "Evolution of dispersal rates in metapopulation models: Branching and cyclic dynamics in phenotype space." *Evolution* 51: 1730–1741.

Domjan, M., and B. Burkhard. 1986. *The principles of learning and behavior.* Monterey, CA: Brooks/ Cole.

Drake, J. W. 1991. A constant rate of spontaneous mutation in DNA-based microbes. *P. Natl. Acad.*

Sci. USA 88: 7160–7164.

——1993. Rates of spontaneous mutation among RNA viruses. *P. Natl. Acad. Sci. USA* 90: 4171–4175.

Drake, J. W., B. Charlesworth, D. Charlesworth, and J. F. Crow. 1998. Rates of spontaneous mutation. *Genetics* 148: 1667–1686.

Dugatkin, L. A. 1988. "Do guppies play tit for tat during predator inspection visits?" *Behav. Ecol. Sociobiol.* 23: 395–399.

——1997. *Cooperation among animals.* Oxford: Oxford University Press.

Dugatkin, L. A., and H. K. Reeve, eds. 1998. *Game theory and animal behaviour.* Oxford: Oxford University Press.

Dunbar, R. 1996. *Grooming, gossip, and the evolution of language.* Cambridge: Cambridge University Press.

Durrett, R. 1988. *Lecture notes on particle systems and percolation.* Stamford, CT: Wadsworth and Brooks/Cole Advanced Books and Software.

——1999. "Stochastic spatial models." *SIAM Rev.* 41: 677–718.

Durrett, R., and S. A. Levin. 1994a. "The importance of being discrete (and spatial)." *Theor. Popul. Biol.* 46: 363–394.

——1994b. "Stochastic spatial models: A user's guide to ecological applications." *Philos. T. Roy. Soc. B* 343: 329–350.

——1998. "Spatial aspects of interspecific competition." *Theor. Popul. Biol.* 53: 3043.

Ebel, H., and S. Bornholdt. 2002. "Coevolutionary games on networks." *Phys. Rev. E* 66:056118.

Ebert, D. 1994. "Virulence and local adaptation of a horizontally transmitted parasite." *Science* 265: 1084–1086.

Edelstein-Keshet, L. 2004. *Mathematical models in biology.* Philadelphia: SIAM.

Eigen, M. 1992. *Steps towards life*: *A perspective on evolution.* Oxford: Oxford University Press.

Eigen, M., J. McCaskill, and P. Schuster. 1989. "The molecular quasi-species." *Adv. Chem. Phys.* 75: 149–263.

Eigen, M., and P. Schuster. 1979. *The hypercycle.* New York: Springer.

Ellison, G. 1993. "Learning, local interaction, and coordination." *Econometrica* 61: 1047–1071.

Elman, J. L., E. A. Bates, M. H. Johnson, A. Karmiloff-Smith, D. Parisi, and K. Plunkett. 1996. *Rethinking innateness*: *A connectionist perspective on development.* Cambridge: MIT Press.

Epstein, J. M. 1998. "Zones of cooperation in demographic prisoner's dilemma." *Complexity* 4: 36–48.

Erdös, P., and A. Rényi. 1960. "On the evolution of random graphs." *Acta Math. Acad. Sci. H.* 5: 17–61.

Eshel, I. 1977. "On the founder effect and the evolution of altruistic traits: An ecogenetic approach."

Theor. Popul. Biol. 11: 410–424.

——1983. "Evolutionary and continuous stability." *J. Theor. Biol.* 103:99–111.

——1996. "On the changing concept of evolutionary population stability as a reflection of a changing point of view in the quantitative theory of evolution." *J. Math. Biol.* 34: 485–510.

Ewald, P. W. 1993. "The evolution of virulence." *Sci. Am.* 268: 86–93.

Ewens, W. J. 2004. *Mathematical population genetics.* 2nd ed. Berlin: Springer.

Falster, D. S., and M. Westoby. 2003. "Plant height and evolutionary games." *Trends Ecol. Evol.* 18: 337–343.

Farr, W. 1840. "Progress of epidemics." *Second report of the Registrar General of England,* 91–98.

Fehr, E., and U. Fischbacher. 2003. "The nature of human altruism." *Nature* 425: 785–791.

Fehr, E., and S. Gächter. 2000. "Cooperation and punishment in public goods experiments." *Am. Econ. Rev.* 90: 980–994.

——2002. "Altruistic punishment in humans." *Nature* 415: 137–140.

Fenner, F., and F. N. Ratcliffe. 1965. *Myxomatosis.* Cambridge: Cambridge University Press.

Ferrière, R., and R. E. Michod. 1996. "The evolution of cooperation in spatially heterogeneous populations." *Am. Nat.* 147: 692–717.

Ficici, S. G., and J. B. Pollack. 2000. "Effects of finite populations on evolutionary stable strategies." In D. Whitley, D. Goldberg, E. Cantú-Paz, L. Spector, I. Parmee, and H.-G. Beyer, eds., *Gecco 2000: Proceedings of the genetic and evolutionary computation conference, July 10–12, Las Vegas, NV,* 927–934. San Francisco: MorganKaufmann.

Fisher, J. C. 1959. "Multiple-mutation theory of carcinogenesis." *Nature* 181:651–652.

Fisher, R. A. 1930a. "The distribution of gene ratios for rare mutations" *P. Roy. Soc. Edinb. B* 50: 205–220.

——1930b. *The genetical theory of natural selection.* Oxford: Oxford University Press.

Fisher, R. A., and E. B. Ford. 1950. "The Sewall Wright effect." *Heredity* 4:117–119.

Fishman, M. A. 2003. "Indirect reciprocity among imperfect individuals." *J. Theor. Biol.* 225: 285–292.

Fitch, W. T. 2000. "The evolution of speech: A comparative review." *Trends Cogn. Sci.* 4: 258–267.

Flack, J. C., M. C. Girvan, F. B. M. de Waal, and D. C. Krakauer. 2006. "Policing stabilizes construction of social niches in primates." *Nature* 439: 426–429.

Flack, J. C., D. C. Krakauer, and F. B. M. de Waal. 2005. "Robustness mechanisms in primate societies:A perturbation study." *P. Roy. Soc. Lond. B Bio.* 272: 1091–1099.

Fogel, D., G. Fogel, and P. Andrews. 1998. "On the instability of evolutionary stable strategies in small populations." *Ecol. Model.* 109: 283–294.

Fontana, W. 2002. "Modelling 'evo-devo' with RNA." *BioEssays* 24:1164–1177.

Fontana, W., and L. W. Buss. 1994. "What would be conserved if 'the tape were played twice'?" *P.*

Natl. Acad. Sci. USA 91: 757–761.

Fontana, W., and P. Schuster. 1987. "A computer model of evolutionary optimization" *Biophys. Chem.* 26: 123–147.

——1998. "Continuity in evolution: On the nature of transitions." *Science* 280: 1451–1455.

Fontana, W., P. F. Stadler, E. G. Bornberg-Bauer, T. Griesmacher, I. L. Hofacker, M. Tacker, P. Tarazona, E. D. Weinberger, and P. Schuster. 1993. "RNA folding and combinatory landscapes." *Phys. Rev. E* 47: 2083–2099.

Frank, S. A. 1992. "A kin selection model for the evolution of virulence." *P. Roy. Soc. Lond. B Bio.* 250: 195–197.

——1998. *Foundations of social evolution.* Princeton, NJ: Princeton University Press.

——2002. *Immunology and evolution of infectious disease.* Princeton, NJ: Princeton University Press.

——2005. "Age-specific incidence of inherited versus sporadic cancers: A test of the multistage theory of carcinogenesis." *P. Natl. Acad. Sci. USA* 102: 1071–1075.

Frank, S. A., Y. Iwasa, and M. A. Nowak. 2003. "Patterns of cell division and the risk of cancer." *Genetics* 163: 1527–1532.

Frank, S. A., and M. A. Nowak. 2003. "Cell biology: Developmental predisposition to cancer." *Nature* 422: 494.

Frauenfelder, H., A. R. Bishop, A. Garcia, A. Perelson, P. Schuster, D. Sherrington, and P. J. Swart, eds. 1997. "Sixteenth annual international conference of the Center for Nonlinear Studies." *Physica D* 107:117–439.

Frean, M. R. 1994. "The prisoner's dilemma without synchrony." *P. Roy. Soc. Lond. B Bio.* 257: 75–79.

Friend, S. H., R. Bernards, S. Rogelj, R. A. Weinberg, J. M. Rapaport, D. M. Albert, and T. P. Dryja. 1986. "A human DNA segment with properties of the gene that predisposes to retinoblastoma and osteosarcoma." *Nature* 323: 643–646.

Fudenberg, D., and C. Harris. 1992. "Evolutionary dynamics with aggregate shocks." *J. Econ. Theory* 57: 420–441.

Fudenberg, D., L. A. Imhof, M. A. Nowak, and C. Taylor. 2006. "Stochastic evolution as a generalized Moran process." Preprint.

Fudenberg, D., and D. K. Levine. 1998. *The theory of learning in games.* Cambridge: MIT Press.

Fudenberg, D., and E. Maskin. 1986. "The folk theorem in repeated games with discounting or with incomplete information." *Econometrica* 50: 533–554.

——1990. "Evolution and cooperation in noisy repeated games." *Am. Econ. Rev.* 80: 274–279.

Fudenberg, D., and J. Tirole. 1991. *Game theory.* Cambridge: MIT Press.

Gasarch, W. I., and C. H. Smith. 1992. "Learning via queries." *J. Assoc. Comput. Mach.* 39: 649–

674.

Gatenby, R. A., and P. K. Maini. 2003. "Mathematical oncology: Cancer summed up." *Nature* 421: 321.

Gatenby, R. A., and T. L. Vincent. 2003. "An evolutionary model of carcinogenesis." *Cancer Res.* 63: 6212–6220.

Gavrilets, S. 2004. *Fitness landscapes and the origin of species.* Princeton, NJ: Princeton University Press.

Geritz, S. A. H., J. A. J. Metz, É. Kisdi, and G. Meszéna. 1997. "Dynamics of adaptation and evolutionary branching." *Phys. Rev. Lett.* 78: 2024–2027.

Gibson, E., and K. Wexler. 1994. "Triggers." *Linguist. Inq.* 25: 407–454.

Gillespie, J. H. 1991. *The causes of molecular evolution.* Oxford: Oxford University Press.

Gintis, H. 2000. *Game theory evolving: A problem-centered introduction to modeling strategic interaction.* Princeton, NJ: Princeton University Press.

Godfray, H. C. J. 1995. "Evolutionary theory of parent-offspring conflict." *Nature* 376: 133–138.

Gold, E. M. 1967. "Language identification in the limit." *Inform. Control* 10: 447–474.

——1978. "Complexity of automaton identification from given data." *Inform. Control* 37: 303–320.

Goldie, J. H., and A. J. Coldman. 1979. "A mathematic model for relating the drug sensitivity of tumors to their spontaneous mutation rate." *Cancer Treat. Rep.* 63: 1727–1733.

——1983. "Quantitative model for multiple levels of drug resistance in clinical tumors." *Cancer Treat. Rep.* 67:923–931.

Goldsmith, J. 2001. "Unsupervised learning of the morphology of a natural language." *Comput. Linguist.* 27: 153–198.

Gopnik, M., and M. Crago. 1991. "Familial aggregation of a developmental language disorder." *Cognition* 39: 1–50.

Gould, S. J. 2002. *The structure of evolutionary theory.* Cambridge, MA: Belknap Press of Harvard University Press.

Goulder, P. J. R., R. E. Phillips, R. A. Colbert et al. 1997. "Late escape from an immunodominant cytotoxic T-lymphocyte response associated with progression to AIDS." *Nature Medicine,* 3: 212–217.

Greenberg, J. H., C. A. Ferguson, and E. A. Moravcsik, eds. 1978. *Universals of human language.* Stanford: Stanford University Press.

Grist, S. A., M. McCarron, A. Kutlaca, D. R. Turner, and A. A. Morley. 1992. "In vivo human somatic mutation: Frequency and spectrum with age." *Mutat. Res.* 266: 189–196.

Gyllenberg, M., K. Parvinen, and U. Dieckmann. 2002. "Evolutionary suicide and evolution of dispersal in structured metapopulations." *J. Math. Biol.* 45: 79–105.

Haig, D. 2002. *Genomic imprinting and kinship.* Piscataway, NJ: Rutgers University Press.

Haigis, K. M., J. G. Caya, M. Reichelderfer, and W. F Dove. 2002. "Intestinal adenomas can develop with a stable karyotype and stable microsatellites." *P. Natl. Acad. Sci. USA* 99:8927–8931.

Haldane, J. B. S. 1932. *The causes of evolution.* London: Longmans, Green.

Hamer, W. H. 1906. "Epidemic disease in England." *The Lancet,* i: 733–739.

Hamilton, W. D. 1964a. "The genetical evolution of social behaviour I." *J. Theor. Biol.* 7: 1–16.

——1964b. "The genetical evolution of social behaviour II." *J. Theor. Biol.* 7: 17–52.

——1967. "Extraordinary sex ratios." *Science* 156: 477–488.

——1971. "Selection of selfish and altruistic behavior in some extreme models." In J. F. Eisenberg and W. S. Dillon, eds., *Man and beast: Comparative social behavior,* 57–91. Washington, DC: Smithsonian Press.

——1996. *Narrow roads of gene land 1: Evolution of social behaviour.* New York: W. H. Freeman.

——2001. *Narrow roads of gene land 2: Evolution of sex.* Oxford: Oxford University Press.

Hammerstein, P. 1996. "Darwinian adaptation, population genetics, and the streetcar theory of evolution." *J. Math. Biol.* 34:511–532.

——, ed. 2003. *Genetic and cultural evolution of cooperation.* Cambridge: MIT Press. Haraguchi, Y., and A. Sasaki. 2000. "The evolution of parasite virulence and transmission rate in a spatially structured population." *J. Theor. Biol.* 203: 85–96.

Hardy, I. C. W., ed. 2002. *Mother knows best. Sons or daughters? A review of sex ratios. Concepts and methods.* Cambridge: Cambridge University Press.

Harrison, M. A. 1978. *Introduction to formal language theory.* Boston: Addison-Wesley.

Hartl, D. L., and A. G. Clark. 1997. *Principles of population genetics.* 3rd ed. Sunderland, MA: Sinauer.

Hashimoto, T., and T. Ikegami. 1996. "Emergence of net-grammar in communicating agents." *BioSystems* 38: 1–14.

Hassell, M. P., H. N. Comins, and R. M. May. 1991. "Spatial structure and chaos in insect population dynamics." *Nature* 353: 255–258.

——1994. "Species coexistence and self-organizing spatial dynamics." *Nature* 370: 290–292.

Hauert, C., S. De Monte, J. Hofbauer, and K. Sigmund. 2002. "Volunteering as red queen mechanism for cooperation in public goods games." *Science* 296: 1129 –1132.

Hauert, C., and M. Doebeli. 2004. "Spatial structure often inhibits the evolution of cooperation in the snowdrift game." *Nature* 428: 643–646.

Hauser, M. D. 1996. *The evolution of communication.* Cambridge: Harvard University Press.

Hawkins, J. A., and M. Gell-Mann. 1992. *The evolution of human languages.* Reading, MA: Addison-Wesley.

Hazlehurst, B., and E. Hutchins. 1998. "The emergence of propositions from the coordination of talk and action in a shared world." *Lang. Cognitive Proc.* 13: 373–424.

Heinsohn, R., and C. Packer. 1995. "Complex cooperative strategies in group-territorial African lions." *Science* 269: 1260–1262.

Hendry, A. P., J. K. Wenburg, P. Bentzen, E. C. Volk, and T. P. Quinn. 2000. "Rapid evolution of reproductive isolation in the wild: Evidence from introduced salmon." *Science* 290: 516–518.

Henrich, J., R. Boyd, S. Bowles, C. Camerer, E. Fehr, H. Gintis, and R. McElreath. 2001. "In search of *Homo economicus*: Behavioral experiments in 15 small-scale societies." *Am. Econ. Rev.* 91 (2): 73–78.

Hermsen, M., C. Postma, J. Baak, M. Weiss, A. Rapallo, A. Sciutto, G. Roemen, J.-W. Arends, R. Williams, W. Giaretti, A. de Goeij, and G. Meijer. 2002. "Colorectal adenoma to carcinoma progression follows multiple pathways of chromosomal instability." *Gastroenterology* 123:1109–1119.

Herre, E. A. 1993. "Population structure and the evolution of virulence in nematode parasites of fig wasps." *Science* 259: 1442–1445.

Herz, A. V. M. 1994. "Collective phenomena in spatially extended evolutionary games." *J. Theor. Biol.* 169: 65–87.

Ho, D. D., A. U. Neumann, A. S. Perelson, W. Chen, J. M. Leonard, and M. Markowitz. 1995. "Rapid turnover of plasma virions and CD4 lymphocytes in HIV-1 infection." *Nature* 373: 123–126.

Hofbauer, J., P. Schuster, and K. Sigmund. 1979. "A note on evolutionary stable strategies and game dynamics." *J. Theor. Biol.* 81: 609–612.

Hofbauer, J., and K. Sigmund. 1990. "Adaptive dynamics and evolutionary stability." *Appl Math. Lett.* 3: 75–79.

——1998. *Evolutionary games and population dynamics.* Cambridge: Cambridge University Press.

——2003. "Evolutionary game dynamics." *B. Am. Math. Soc.* 40: 479–519.

Houston, A. I., and J. M. McNamara. 1999. *Models of adaptive behaviour: An approach based on state.* Cambridge: Cambridge University Press.

Hurford, J. R. 1989. "Biological evolution of the Saussurean sign as a component of the language acquisition device." *Lingua* 77: 187–222.

Hurford, J. R., M. Studdert-Kennedy, and C. Knight, eds. 1998. *Approaches to the evolution of language.* Cambridge: Cambridge University Press.

Ifti, M., T. Killingback, and M. Doebeli. 2004. "Effects of neighbourhood size and connectivity on the spatial continuous prisoner's dilemma." *J. Theor. Biol.* 231:97–106

Imhof, L. A., D. Fudenberg, and M. A. Nowak. 2005. "Evolutionary cycles of cooperation and defection." *P. Natl. Acad. Sci. USA* 102: 10797–10800.

Imhof, L. A., and M. A. Nowak. 2006. "Evolutionary game dynamics in a Wright-Fisher process" *J. Math. Biol.* Submitted.

Irwin, A. J., and P. D. Taylor. 2001. "Evolution of altruism in stepping-stone populations with

overlapping generations." *Theor. Popul. Biol.* 60: 315–325.

Iwasa, Y., F. Michor, N. L. Komarova, and M. A. Nowak. 2005. "Population genetics of tumor suppressor genes." *J. Theor. Biol.* 233: 15–23.

Iwasa, Y., F. Michor, and M. A. Nowak. 2004. "Stochastic tunnels in evolutionary dynamics." *Genetics* 166: 1571–1579.

Iwasa, Y., and A. Pomiankowski. 1995. "Continual change in mate preferences." *Nature* 377: 420–422.

——2001. "The evolution of X-linked genomic imprinting." *Genetics* 158: 1801–1809.

Iwasa, Y., and A. Sasaki. 1987. "Evolution of the number of sexes." *Evolution* 41: 49–65.

Jackendoff, R. 1997. *The architecture of the language faculty.* Cambridge: MIT Press.

——1999. "Possible stages in the evolution of the language capacity." *Trends Cogn. Sci.* 3: 272–279.

——2002. *Foundations of language*: *Brain, meaning, grammar; evolution.* Oxford: Oxford University Press.

Jacquard, A. 1974. *The genetic structure of populations.* New York: Springer Verlag.

Jain, S., D. Osherson, J. S. Royer, and A. Sharma. 1999. *Systems that learn*: *An introduction to learning theory.* 2nd ed. Cambridge: MIT Press.

Johnstone, R. A. 2002. "Signalling theory." In M. D. Pagel, ed., *Encyclopedia of evolution,* Vol. 2, 1059–1062. Oxford: Oxford University Press.

Joshi, A. K., L. Levy, and M. Takahashi. 1975. "Tree adjunct grammars." *J. Comput. Syst. Sci.* 10: 136–163.

Karlin, S., and S. Tavare. 1983. "A class of diffusion processes with killing arising in population genetics." *SIAMJ. Appl. Math.* 43: 31–41.

Karlin, S., and H. E. Taylor. 1975. *A first course in stochastic processes.* 2nd ed. London: Academic Press.

Kauffman, S. 1993. *The origins of order*: *Self–organization and selection in evolution.* Oxford: Oxford University Press.

Kauffman, S., and S. Levin. 1987. "Towards a general theory of adaptive walks on rugged landscapes." *J. Theor. Biol.* 128: 11–45.

Keller, L., ed. 1999. *Levels of selection in evolution.* Princeton, NJ: Princeton University Press.

Kermack, W. O., and A. G. McKendrick. 1933. "Contributions to the mathematical theory of epidemics III — further studies of the problem of endemicity." *P. Roy. Soc. Lond. A Mat.* 141: 94–122.

Kerr, B., M. A. Riley, M. W. Feldman, and B. J. M. Bohannan. 2002. "Local dispersal promotes biodiversity in a real-life game of rock-paper-scissors." *Nature* 418:171–174.

Killingback, T., and M. Doebeli. 1996. "Spatial evolutionary game theory: Hawks and Doves revisited." *P. Roy. Soc. Lond. B Bio.* 263:1135–1144.

——1998. "Self-organized criticality in spatial evolutionary game theory." *J. Theor. Biol.* 191: 335–340.

——2002. "The continuous prisoner's dilemma and the evolution of cooperation through reciprocal altruism with variable investment." *Am. Nat.* 160:421–438.

Kimura, M. 1968. "Evolutionary rate at the molecular level." *Nature* 217: 624–626.

——1983. *The neutral theory of molecular evolution.* Cambridge: Cambridge University Press.

——1985. "The role of compensatory neutral mutations in molecular evolution." *J. Genet.* 64: 7–19.

——1994. *Population genetics, molecular evolution, and the neutral theory: Selected papers.* Chicago: University of Chicago Press.

Kinzler, K. W., M. C. Nilbert, B. Vogelstein, T. M. Bryan, D. B. Levy, K. J. Smith, A. C. Preisinger, S. R. Hamilton, P. Hedge, A. Markham, M. Carlson, G. Joslyn, J. Groden, R. White, Y. Miki, Y. Miyoshi, I. Nishisho, and Y. Nakamura. 1991. "Identification of a gene located at chromosome 5q21 that is mutated in colorectal cancers." *Science* 251: 1366–1370.

Kinzler, K. W., and B. Vogelstein. 1997. "Gatekeepers and caretakers." *Nature* 386: 761–763.

Kirby, S., and J. Hurford. 1997. "Learning, culture, and evolution in the origin of linguistic constraints." In P. Husbands and I. Harvey, eds., *Fourth European conference on artificial life,* 493–502. Cambridge: MIT Press.

Kirschner, M. W., and J. C. Gerhart. 2005. *The plausibility of life: Resolving Darwin's dilemma.* New Haven, CT: Yale University Press.

Knight, C., M. Studdert-Kennedy, and J. Hurford. 2000. *The evolutionary emergence of language: Social function and the origins of linguistic form.* Cambridge: Cambridge University Press.

Knolle, H. 1989. "Host density and the evolution of parasite virulence." *J. Theor. Biol.* 136: 199–207.

Knudson, A. G. 1971. "Mutation and cancer: Statistical study of retinoblastoma." *P. Natl. Acad. Sci. USA* 68: 820–823.

——1993. "Antioncogenes and human cancer." *P. Natl. Acad. Sci. USA* 90: 10914–10921.

——2001. "Two genetic hits (more or less) to cancer." *Nat. Rev. Cancer* 1: 157–162.

Kolmogorov, A. N. 1936. "Sulla teoria di Volterra della lotta per l'esistenza." *Giorn. Instituto Ital. Attuari* 7: 74–80.

Kolodner, R. D., C. D. Putnam, and K. Myung. 2002. "Maintenance of genome stability in *Saccharomyces cerevisiae.*" *Science* 297: 552–557.

Komarova, N. L., C. Lengauer, B. Vogelstein, and M. A. Nowak. 2002. "Dynamics of genetic instability in sporadic and familial colorectal cancer." *Cancer Biotherapy* 1: 685–692.

Komarova, N. L., P. Niyogi, and M. A. Nowak. 2001. "The evolutionary dynamics of grammar acquisition." *J. Theor. Biol.* 209: 43–59.

Komarova, N. L., and M. A. Nowak. 2001a. "The evolutionary dynamics of the lexical matrix." *B.*

Math. Biol. 63: 451–484.

——2001b. "Natural selection of the critical period for language acquisition." *P. Roy. Soc. Lond. B Bio.* 268: 1189–1196.

——2003. "Language dynamics in finite populations." *J. Theor. Biol.* 221: 445–457.

Komarova, N. L., and I. Rivin. 2001. "Mathematics of learning." arXiv.org preprint math. PR/0105235

Komarova, N. L., A. Sengupta, and M. A. Nowak. 2003. "Mutation-selection networks of cancer initiation: Tumor suppressor genes and chromosomal instability." J. *Theor. Biol.* 223: 433–450.

Kraines, D., and V. Kraines. 1989. "Pavlov and the prisoner's dilemma." *Theor. Decis.* 26: 47–79.

Krakauer, D. C. 2001. "Kin imitation for a private sign system." *J. Theor. Biol.* 213: 145–157.

Krakauer, D. C., and N. L. Komarova. 2003. "Levels of selection in positive strand virus dynamics." *J. Evolution. Biol.* 16: 64–73.

Krakauer, D. C., and A. Mira. 2000. "Mitochondria and the death of oocytes." *Nature* 403: 501.

Krakauer, D. C., and A. Sasaki. 2002. "Noisy clues to the origin of life." *P. Roy. Soc. Lond. B Bio.* 269: 2423–2428.

Kroch, A. 1989. "Reflexes of grammar in patterns of language change." *Language Variation and Change* 1: 199–244.

Krumhansl, J. A. 1997. "Landscapes in physics and biology: A tourist's impression." *Physica D* 107: 430–435.

Kunkel, T. A., and K. Bebenek. 2000. "DNA replication fidelity." *Annu. Rev. Biochem.* 69: 497–529.

Lai, C. S. L., S. E. Fisher, J. A. Hurst, F. Vargha-Khadem, and A. P. Monaco. 2001. "A forkhead-domain gene is mutated in a severe speech and language disorder." *Nature* 413: 519–523.

Lakoff, G. 1987. *Women, fire, and dangerous things: What categories reveal about the mind.* Chicago: University of Chicago Press.

Lamarck, J. B. P. A. 1809. *Philosophie zoologique: ou exposition des considérations relative à l'histoire naturelle des animaux.* Paris: Dentu et l'Auteur.

——2004. *Zoological philosophy: An exposition with regard to the natural history of animals.* Gold Beach, OR: High Sierra Books. (Originally published 1809.)

Lamlum, H., M. Ilyas, A. Rowan, S. Clark, V. Johnson, J. Bell, I. Frayling, J. Efstathiou, K. Pack, S. Payne, R. Roylance, P. Gorman, D. Sheer, K. Neale, R. Phillips, I. Talbot, W. Bodmer, and I. Tomlinson. 1999. "The type of somatic mutation at APC in familial adenomatous polyposis is determined by the site of the germline mutation: A new facet to Knudson's 'two-hit' hypothesis." *Nat. Med.* 5:1071–1075.

Langacker, R. W. 1987. *Foundations of cognitive grammar.* Vol. 1: *Theoretical prerequisites.* Stanford: Stanford University Press.

Langton, C. G. 1986. "Studying artificial life with cellular automata." *Physica D* 22: 120–149.

Le Galliard, J.-F., R. Ferrière, and U. Dieckmann. 2003. "The adaptive dynamics of altruism in spatially heterogeneous populations." *Evolution* 57:1–17.

Leimar, O., and P. Hammerstein. 2001. "Evolution of cooperation through indirect reciprocation." *P. Roy. Soc. Lond. B Bio.* 268: 745–753.

Lengauer, C., K. W. Kinzler, and B. Vogelstein. 1997. "Genetic instability in colorectal cancers." *Nature* 386: 623–627.

——1998. "Genetic instabilities in human cancers." *Nature* 396: 623–649.

Lenski, R. E., and R. M. May. 1994. "The evolution of virulence in parasites and pathogens: Reconciliation between two competing hypotheses." *J. Theor. Biol.* 169: 253–265.

Leuthäusser, I. 1987. "Statistical mechanics of Eigen's evolution model." *J. Stat. Phys.* 48: 343–360.

Levin, B. R. 1982. "Evolution of parasites and hosts." In R. M. Anderson and R. M. May, eds., *Population biology of infectious diseases,* 212–243. New York: Springer Verlag.

Levin, B. R., and J. J. Bull. 1994. "Short-sighted evolution, and the virulence of pathogenic microorganisms." *Trends Microbiol.* 2:76–81.

Levin, B. R., M. Lipsitch, and S. Bonhoeffer. 1999. "Population biology, evolution, and infectious disease: Convergence and synthesis." *Science* 283: 806–809.

Levin, S. A. 1992. "The problem of pattern and scale in ecology." *Ecology* 73: 1943–1967.

——1999. *Fragile dominion: Complexity and the commons.* Reading, MA: Perseus Books.

Levin, S. A., and R. T. Paine. 1974. "Disturbance, patch formation, and community structure." *P. Natl. Acad. Sci. USA* 71: 2744–2747.

Levin, S. A., B. Grenfell, A. Hastings, and A. S. Perelson. 1997. "Mathematical and computational challenges in population biology and ecosystems science." *Science* 275: 334–343.

Levin, S. A., and D. Pimentel. 1981. "Selection of intermediate rates of increase in parasite-host systems." *Am. Nat.* 117: 308–315.

Levine, A. J. 1992. *Viruses.* New York: Scientific American Library.

——1993. "The tumor suppressor genes." *Annu. Rev. Biochem.* 62:623–651.

Lewontin, R. C. 1974. *The genetic basis of evolutionary change.* Columbia Biological Series. New York: Columbia University Press.

Lieberman, E., C. Hauert, and M. A. Nowak. 2005. "Evolutionary dynamics on graphs." *Nature* 433:312–316.

Lieberman, P. 1984. *The biology and evolution of language.* Cambridge, MA: Harvard University Press.

——1991. *Uniquely human: The evolution of speech, thought, and selfless behavior.* Cambridge, MA: Harvard University Press.

Lifson, J. D., M. A. Nowak, S. Goldstein, J. L. Rossio, A. Kinter, G. Vasquez, T. A. Wiltrout, C. Brown, D. Schneider, L. Wahl, A. L. Lloyd, J. Williams, W. R. Elkins, A. S. Fauci, and V.

M. Hirsch. 1997. "The extent of early viral replication is a critical determinant of the natural history of simian immunodeficiency virus infection." *J. Virol.* 71: 9508–9514.

Lifson, J. D., J. L. Rossio, R. Arnaout, L. Li, T. L. Parks, D. K. Schneider, R. F. Kiser, V. J. Coalter, G. Walsh, R. J. Imming, B. Fisher, B. M. Flynn, N. Bischofberger, M. Piatak, V. M. Hirsch, M. A. Nowak, and D. Wodarz. 2000. "Containment of simian immunodeficiency virus infection: Cellular immune responses and protection from rechallenge following transient postinoculation antiretroviral treatment." *J. Virol.* 74: 2584–2593.

Lifson, J. D., J: L. Rossio, M. Piatak, T. Parks, L. Li, R. Kiser, V. Coalter, B. Fisher, B. M. Flynn, S. Czajak, V. M. Hirsch, K. A. Reimann, J. E. Schmitz, J. Ghrayeb, N. Bischofberger, M. A. Nowak, R. C. Desrosiers, and D. Wodarz. 2001. "Role of CD8$^+$ lymphocytes in control of simian immunodeficiency virus infection and resistance to rechallenge after transient early antiretroviral treatment." *J. Virol.* 75: 10187–10199.

Liggett, T. M. 1999. *Stochastic interacting systems : Contact, voter. and exclusion processes.* Berlin: Springer.

Lightfoot, D. 1991. *How to set parameters : Arguments from language change.* Cambridge: MIT Press.

——1999. *The development of language : Acquisition, change, and evolution.* Maryland Lectures in Language and Cognition. Oxford: Blackwell Publishers.

Lindgren, K. 1991. "Evolutionary phenomena in simple dynamics." In C. G. Langton, C. Taylor, J. D. Farmer, and S. Rasmussen, eds., *Artificial life II*, SFI studies in the sciences of complexity, vol. 10, 295–312. Boston: Addison-Wesley.

Lindgren, K., and M. G. Nordahl. 1994. "Evolutionary dynamics of spatial games." *Physica D* 75: 292–309.

Lipsitch, M., E. A. Herre, and M. A. Nowak. 1995. "Host population structure and the evolution of virulence: A law of diminishing returns." *Evolution* 49: 743–748.

Lipsitch, M., and M. A. Nowak. 1995. "The evolution of virulence in sexually transmitted HIV/ AIDS." *J. Theor. Biol.* 174: 427–440.

Lipsitch, M., M. A. Nowak, D. Ebert, and R. M. May. 1995. "The population dynamics of vertically and horizontally transmitted parasites." *P. Roy. Soc. Lond. B Bio.* 260: 321–327.

Lipsitch, M., S. Siller, and M. A. Nowak. 1996. "The evolution of virulence in pathogens with vertical and horizontal transmission." *Evolution* 50: 1729–1741.

Little, M. P., and E. G. Wright. 2003. "A stochastic carcinogenesis model incorporating genomic instability fitted to colon cancer data." *Math. Biosci.* 183:111–134.

Lloyd, A. L., and V. A. A. Jansen. 2004. "Spatiotemporal dynamics of epidemics: Synchrony in metapopulation models." *Math. Biosci* 188: 1–16.

Loeb, L. A. 1991. "Mutator phenotype may be required for multistage carcinogenesis." *Cancer Res.*

51: 3075–3079.

——2001. "A mutator phenotype in cancel." *Cancer Res.* 61: 3230–3239.

Loeb, L. A., C. F. Springgate, and N. Battula. 1974. "Errors in DNA replication as a basis of malignant changes." *Cancer Res.* 34:2311–2321.

Lombardo, M. P. 1985. "Mutual restraint in tree swallows: A test of the tit for tat model of reciprocity." *Science* 227: 1363–1365.

Lotka, A. J. 1925. *Elements of physical biology.* Baltimore: Williams and Wilkins. (Reissued as *Elements of mathematical biology* by Dover, 1956.)

Luebeck, E. G., and S. H. Moolgavkar. 2002. "Multistage carcinogenesis and the incidence of colorectal cancer." *P. Natl. Acad. Sci. USA* 99: 15095–15100.

Manzini, M. R., and K. Wexler. 1987. "Parameters, binding theory, and learnability." *Linguist. Inq.* 18: 413–444.

Maruyama, T. 1970. "Effective number of alleles in a subdivided population." *Theor. Popul Biol.* 1: 273–306.

Maser, R. S., and R. A. DePinho. 2002. "Connecting chromosomes, crisis, and cancer." *Science* 297:565–569.

Matessi, C., A. Gimelfarb, and S. Gavrilets. 2001. "Long-term buildup of reproductive isolation promoted by disruptive selection: How far does it go?" *Selection* 2:41–64.

Matsuda, H., N. Ogita, A. Sasaki, and K. Satō . 1992. "Statistical mechanics of population: The lattice Lotka-Volterra model." *Prog. Theor. Phys.* 88: 1035–1049.

May, R. M. 1973. *Stability and complexity in model ecosystems.* Princeton, NJ: Princeton University Press. (Second edition with new introduction, 2001.)

——1976. "Simple mathematical models with very complicated dynamics." *Nature* 261: 459–467.

——1987. "More evolution of cooperation." *Nature* 327: 15–17.

——2004. "Uses and abuses of mathematics in biology." *Science* 303: 790–793.

May, R. M., and R. M. Anderson. 1979. "Population biology of infectious diseases: Part II." *Nature* 280: 455–461.

May, R. M., and R. M. Anderson. 1983. "Epidemiology and genetics in the coevolution of parasites and hosts." *P. Roy. Soc. Lond. B Bio.* 219: 281–313.

——1990. "Parasite-host coevolution." *Parasitology* 100: S89–S101.

May, R. M., and W. Leonard. 1975. "Nonlinear aspects of competition between three species." *SIAMJ. Appl. Math.* 29: 243–252.

May, R. M., and M. A. Nowak. 1994. "Superinfection, metapopulation dynamics, and the evolution of diversity." *J. Theor. Biol.* 170:95–114.

May, R. M., and M. A. Nowak. 1995. "Coinfection and the evolution of parasite virulence." *P. Roy. Soc. Lond. B Bio.* 261: 209–215.

May, R. M., and G. F. Oster. 1976. "Bifurcations and dynamic complexity in simple ecological models." *Am. Nat.* 110: 573–599.

Maynard Smith, J. 1979. "Hypercycles and the origin of life" *Nature* 280: 445–446.

——1982. *Evolution and the theory of games.* Cambridge: Cambridge University Press.

——1984. "Game-theory and the evolution of behavior." *Behav. Brain Sci.* 7: 95–101.

——1989. *Evolutionary genetics.* Oxford: Oxford University Press.

Maynard Smith, J., and G. R. Price. 1973. "Logic of animal conflict." *Nature* 246: 15–18.

Maynard Smith, J., and E. Szathmáry. 1995. *The major transitions in evolution.* Oxford: W. H. Freeman.

Mayr, E. E. 1982. *The growth of biological thought*: *Diversity, evolution, and inheritance.* Cambridge, MA: Harvard University Press.

——2001. *What evolution is.* New York: Basic Books.

McAdam, S. N., P. Klenerman, L. G. Tussey, S. Rowland-Jones, D. Lalloo, A. L. Brown, et al. 1995. "Immunogenic HIV variant peptides that bind to HLA-B8 but fail to stimulate cytotoxic T lymphocyte responses." *J. Immunol.* 155: 2729–2736.

McCaskill, J. S. 1984. "A stochastic theory of macromolecular evolution." *Biol. Cybern.* 50: 63–73.

McLean, A. R., and M. A. Nowak. 1992. "Models of interactions between HIV and other pathogens." *J. Theor. Biol.* 155: 69–86.

McMichael, A., S. Rowland-Jones, P. Klenerman, S. McAdam, F. Gotch, R. Phillips, and M. Nowak. 1995. "Epitope variation and T-cell recognition." *J. Cell.Biochem.* 59 (S21A): 60.

Metz, J. A. J., S. A. H. Geritz, G. Meszéna, F. J. A. Jacobs, and J. S. van Heerwarden. 1996. "Adaptive dynamics, a geometrical study of the consequences of nearly faithful reproduction." In S. J. van Strien and S. M. Verduyn Lunel, eds., *Stochastic and spatial structures of dynamical systems, K. Ned. Akad. Van Wet. B* 45: 183–231. Amsterdam: North-Holland Publishing Company.

Metz, J. A. J., R. M. Nisbet, and S. A. H. Geritz. 1992. "How should we define fitness for general ecological scenarios?" *Trends Ecol. Evol.* 7: 198–202.

Michod, R. E. 1999. *Darwinian dynamics*: *Evolutionary transitions in fitness and individuality.* Princeton, NJ: Princeton University Press.

Michor, F., S. A. Frank, R. M. May, Y. Iwasa, and M. A. Nowak. 2003a. "Somatic selection for and against cancer." *J. Theor. Biol.* 225: 377–382.

Michor, F., Y. Iwasa, N. L. Komarova, and M. A. Nowak. 2003b. "Local regulation of homeostasis favors chromosomal instability." *Curr. Biol.* 13:581–584.

Michor, F., Y. Iwasa, and M. A. Nowak. 2004. "Dynamics of cancer progression." *Nat. Rev. Cancer* 4: 197–205.

Michor, F., Y. Iwasa, H. Rajagopalan, C. Lengauer, and M. A. Nowak. 2004. "Linear model of colon

cancer initiation." *Cell Cycle* 3: 358–362.

Michor, F., Y. Iwasa, B. Vogelstein, C. Lengauer, and M. A. Nowak. 2005a. "Can chromosomal instability initiate tumorigenesis?" *Semin. Cancer Biol.* 15: 43–49.

Michor, F., T. Hughes, Y. Iwasa, S. Branford, N. P. Shah, C. L. Sawyers, and M. A. Nowak. 2005b. "Dynamics of chronic myeloid leukemia." *Nature* 435: 1267–1270.

Michor, F., M. A. Nowak, S. A. Frank, and Y. Iwasa. 2003c. "Stochastic elimination of cancer cells." *P. Roy. Soc. Lond. B Bio.* 270: 2017–2024.

Milinski, M. 1987. "Tit for tat in sticklebacks and the evolution of cooperation." *Nature* 325: 433–435.

Milinski, M., D. Semmann, and H.-J. Krambeck. 2002. "Reputation helps solve the 'tragedy of the commons.'" *Nature* 415: 424–426.

Milinski, M., and C. Wedekind. 1998. "Working memory constrains human cooperation in the prisoner's dilemma." *P. Natl. Acad. Sci. USA* 95: 13755–13758.

Miller, G. A. 1991. *The science of words. Scientific American* Library Series. New York: W. H. Freeman.

Mintz, B. 1971. "Clonal basis of mammalian differentiation." In D. D. Davies and M. Balls, eds., *Control mechanisms of growth and differentiation, Sym. Soc. Exp. Biol.* 25: 345–370. Cambridge: Cambridge University Press.

Mitchener, W. G., and M. A. Nowak. 2003. "Competitive exclusion and coexistence of universal grammars." *B. Math. Biol.* 65: 67–93.

——2004. "Chaos and language." *P. Roy. Soc. Lond. B Bio.* 271: 701–704.

Mitteldorf, J., and D. S. Wilson. 2000. "Population viscosity and the evolution of altruism." *J. Theor. Biol.* 204: 481–496.

Mock, D. W., and G. A. Parker. 1997. *The evolution of sibling rivalry.* Oxford: Oxford University Press.

Molander, P. 1985. "The optimal level of generosity in a selfish, uncertain environment." *J. Conflict Resolut.* 29:611–618.

Moolgavkar, S. H., and A. G. Knudson. 1981. "Mutation and cancer: A model for human carcinogenesis." *J. Natl. Cancer I.* 66: 1037–1052.

Moran, P. A. P. 1958. "Random processes in genetics." *P. Camb. Philos. Soc.* 54: 60–71.

——1962. *The statistical processes of evolutionary theory.* Oxford: Clarendon Press.

Muller, H. J. 1927. "Artificial transmutation of the gene." *Science* 46: 84–87.

Murray, J. D. 2002. *Mathematical biology I: An introduction.* 3rd ed. New York: Springer-Verlag.

——2003. *Mathematical biology II: Spatial models and biomedical applications.* 3rd ed. New York: Springer-Verlag.

Mylius, S. D., and O. Diekmann. 2001. "The resident strikes back: Invader-induced switching of

resident attractor." *J. Theor. Biol.* 211:297–311.

Nagase, H., and Y. Nakamura. 1993. "Mutations of the APC (adenomatous polyposiscoli) gene," *Hum. Mutat.* 2: 425–434.

Nagylaki, T., and B. Lucier. 1980. "Numerical analysis of random drift in a cline." *Genetics* 94: 497–517.

Nakamaru, M., and Y. Iwasa. 2005. "The evolution of altruism by costly punishment in lattice structured populations: Score-dependent viability versus score-dependent fertility." *Evol. Ecol. Res.* 7: 853–870.

Nakamaru, M., H. Matsuda, and Y. Iwasa. 1997. "The evolution of cooperation in a lattice-structured population." *J. Theor. Biol.* 184: 65–81.

Nakamaru, M., H. Nogami, and Y. Iwasa. 1998. "Score-dependent fertility model for the evolution of cooperation in a lattice." *J. Theor. Biol.* 194:101–124.

Nakhleh, L., D. Ringe, and T. Warnow. 2005. "Perfect phylogenetic networks: A new methodology for reconstructing the evolutionary history of natural languages." *Language* 81: 382–420.

Nash, J. F. 1950. "Equilibrium points in n-person games." *P. Natl. Acad. Sci. USA* 36: 48–49.

Nasmyth, K. 2002. "Segregating sister genomes: The molecular biology of chromosome separation." *Science* 297: 559–565.

Nee, S. 2000. "Mutualism, parasitism, and competition in the evolution of coviruses." *Philos. T. Roy. Soc. B* 355: 1607–1613.

Nee, S., and R. M. May. 1992. "Dynamics of metapopulations: Habitat destruction and competitive coexistence." *J. Anim. Ecol.* 61: 37–40.

Nei, M. 1987. *Molecular evolutionary genetics.* New York: Columbia University Press.

Neuhauser, C. 2001. "Mathematical challenges in spatial ecology." *Not. Am. Math. Soc.* 48: 1304–1314.

Newman, M. E. J. 2001. "The structure of scientific collaboration networks." *P. Natl. Acad. Sci. USA* 98: 404–409.

Newmeyer, F. J. 1991. "Functional explanation in linguistics and the origins of language." *Lang. Commun.* 11: 3–28.

Niyogi, P. 1998. *The informational complexity of learning*: *Perspectives on neural networks and generative grammar.* Dordrecht: Kluwer Academic Publishers.

Niyogi, P., and R. C. Berwick. 1997. "Evolutionary consequences of language learning." *Linguist. Philos.* 20: 697–719.

Nordling, C. O. 1953. "A new theory on cancer–inducing mechanism." *Brit. J. Cancer* 7: 68–72.

Nowak, M. 1990a. "An evolutionarily stable strategy may be inaccessible." *J. Theor. Biol.* 142: 237–241.

——1990b. "Stochastic strategies in the prisoner's dilemma." *Theor. Popul. Biol.* 38: 93–112.

——1991. "The evolution of viruses: Competition between horizontal and vertical transmission of mobile genes." *J. Theor. Biol.* 150: 339–347.

——2000. "The basic reproductive ratio of a word, the maximum size of a lexicon." *J. Theor. Biol.* 204: 179–189.

Nowak, M. A., R. M. Anderson, A. R. McLean, T. F. W. Wolfs, J. Goudsmit, and R. M. May. 1991. "Antigenic diversity thresholds and the development of AIDS." *Science* 254: 963–969.

Nowak, M. A., S. Bonhoeffer, and R. M. May. 1994a. "More spatial games." *Int. J. Bifurcat, Chaos* 4: 33–56.

——1994b. "Spatial games and the maintenance of cooperation." *P. Natl. Acad. Sci. USA* 91: 4877–4881.

Nowak, M. A., S. Bonhoeffer, C. Loveday et al. 1995c. "HIV dynamics: Results confirmed." *Nature* 375: 193.

Nowak, M. A., and N. L. Komarova. 2001. "Towards an evolutionary theory of language." *Trends Cogn. Sci.* 5: 288–295.

Nowak, M. A., N. L. Komarova, and P. Niyogi. 2001. "Evolution of universal grammar." *Science* 291: 114–118.

——2002. "Computational and evolutionary aspects of language." *Nature.* 417: 611–617.

Nowak, M. A., N. L. Komarova, A. Sengupta, P. V. Jallepalli, I.-M. Shih, B. Vogelstein, and C. Lengauer. 2002. "The role of chromosomal instability in tumor initiation." *P. Natl. Acad. Sci. USA* 99: 16226–16231.

Nowak, M. A., and D. C. Krakauer. 1999. "The evolution of language." *P. Natl. Acad. Sci. USA* 96: 8028–8033.

Nowak, M. A., D. C. Krakauer, and A. Dress. 1999. "An error limit for the evolution of language." *P. Roy. Soc. Lond. B Bio.* 266: 2131–2136.

Nowak, M. A., and R. M. May. 1992. "Evolutionary games and spatial chaos." *Nature* 359: 826–829.

——1993. "The spatial dilemmas of evolution." *Int. J. Bifurcat. Chaos* 3: 35–78.

——1994. "Superinfection and the evolution of parasite virulence." *P. Roy. Soc. Lond. B Bio.* 255: 81–89.

——2000. *Virus dynamics.* Oxford: Oxford University Press.

Nowak, M. A., R. M. May, and R. M. Anderson. 1990. "The evolutionary dynamics of HIV-1 quasispecies and the development of immunodeficiency disease." *AIDS* 4: 95–103.

Nowak, M. A., R. M. May, and K. Sigmund. 1995. "Immune-responses against multiple epitopes." *J. Theor. Biol.* 175: 325–353.

Nowak, M. A., R. M. May, R. E. Phillips, S. Rowland-Jones, D. G. Lalloo, S. McAdam, P. Klenerman, B. Köppe, K. Sigmund, C. R. M. Bangham, and A. J. McMichael. 1995b.

"Antigenic oscillations and shifting immunodominance in HIV-1 infections." *Nature* 375: 606–611.

Nowak, M. A., F. Michor, and Y. Iwasa. 2003. "The linear process of somatic evolution." *P. Natl. Acad. Sci. USA* 100: 14966–14969.

Nowak, M. A., F. Michor, N. L. Komarova, and Y. Iwasa. 2004a. "Evolutionary dynamics of tumor suppressor gene inactivation." *P. Natl. Acad. Sci. USA* 101: 10635–10638.

Nowak, M. A., K. M. Page, and K. Sigmund. 2000. "Fairness versus reason in the ultimatum game." *Science* 289: 1773–1775.

Nowak, M. A., J. B. Plotkin, and V. A. A. Jansen. 2000. "The evolution of syntactic communication." *Nature* 404: 495–498.

Nowak, M. A., J. B. Plotkin, and D. C. Krakauer. 1999. "The evolutionary language game." *J. Theor. Biol.* 200: 147–162.

Nowak, M. A., A. Sasaki, C. Taylor, and D. Fudenberg. 2004b. "Emergence of cooperation and evolutionary stability in finite populations." *Nature* 428: 646–650.

Nowak, M., and P. Schuster. 1989. "Error thresholds of replication in finite populations: Mutation frequencies and the onset of Muller's ratchet." *J. Theor. Biol.* 137: 375–395.

Nowak, M., and K. Sigmund. 1989a. "Game-dynamical aspects of the prisoner's dilemma." *Appl. Math. Comput.* 30: 191–213.

——1989b. "Oscillations in the evolution of reciprocity." *J. Theor. Biol.* 137: 21–26.

——1990. "The evolution of stochastic strategies in the prisoner's dilemma." *Acta Appl. Math.* 20: 247–265.

——1992. "Tit for tat in heterogeneous populations." *Nature* 355: 250–253.

——1993. "A strategy of win-stay, lose-shift that outperforms tit-for-tat in the prisoner's dilemma game." *Nature* 364: 56–58.

——1994. "The alternating prisoner's dilemma." *J. Theor. Biol.* 168: 219–226.

——1998. "Evolution of indirect reciprocity by image scoring." *Nature* 393: 573–577.

——2004. "Evolutionary dynamics of biological games." *Science* 303: 793–799.

——2005. "Evolution of indirect reciprocity." *Nature* 437: 1291–1298.

Nunney, L. 1999. "Lineage selection and the evolution of multistage carcinogenesis." *P. Roy. Soc. Lond. B Bio.* 266: 493–498.

Ohtsuki, H., C. Hauert, E. Lieberman, and M. A. Nowak. 2006. "A simple rule for evolution of cooperation on graphs and social networks." *Nature.* In press.

Ohtsuki, H., and Y. Iwasa. 2004. "How should we define goodness? Reputation dynamics in indirect reciprocity." *J. Theor. Biol.* 231: 107–120.

Osherson, D. N., M. Stob, and S. Weinstein. 1986. *Systems that learn: An introduction to learning theory for cognitive and computer scientists.* Cambridge: MIT Press.

Otsuka, K., T. Suzuki, H. Shibata, S. Kato, M. Sakayori, H. Shimodaira, R. Kanamaru, and C. Ishioka. 2003. "Analysis of the human APC mutation spectrum in a *Saccharomyces cerevisiae* strain with a mismatch repair defect." *Int. J. Cancer* 103: 624-630.

Owen, M. R., and J. A. Sherratt. 1999. "Mathematical modelling of macrophage dynamics in tumours." *Math. Mod. Meth. Appl. S.* 9: 513–539.

Pacala, S. W., and D. Tilman. 1994. "Limiting similarity in mechanistic and spatial models of plant competition in heterogeneous environments." *Am. Nat.* 143: 222–257.

Page, K. M., and M. A. Nowak. 2000. "A generalized adaptive dynamics framework can describe the evolutionary ultimatum game." *J. Theor Biol.* 209: 173–179.

——2002. "Unifying evolutionary dynamics." *J. Theor. Biol.* 219: 93–98.

Panchanathan, K., and R. Boyd. 2003. "A tale of two defectors: The importance of standing for evolution of indirect reciprocity." *J. Theor. Biol.* 224:115–126.

—— "Indirect reciprocity can stabilize cooperation without the second–order freerider problem." *Nature* 432: 499–502.

Partee, B. H., A. ter Meulen, and R. E. Wall. 1990. *Mathematical methods in linguistics.* Dordrecht: Kluwer Academic Publishers.

Parvinen, K. 1999. "Evolution of migration in a metapopulation." *B. Math. Biol.* 61: 531–550.

Perelson, A. S., P. Essunger, and D. D. Ho. 1997. "Dynamics of HIV-1 and CD4+ lymphocytes *in vivo.*" *AIDS* 11: S17–S24.

Perelson, A. S., A. U. Neumann, M. Markowitz, J. M. Leonard, and D. D. Ho. 1996. "HIV-1 dynamics *in vivo*: Virion clearance rate, infected cell life-span, and viral generation time." *Science* 271: 1582–1586.

Pfeiffer, T., S. Schuster, and S. Bonhoeffer. 2001. "Cooperation and competition in the evolution of ATP-producing pathways." *Science* 292: 504–507.

Phillips, R. E., S. Rowland-Jones, D. F. Nixon, F. M. Gotch, J. P. Edwards, A. O. Ogunlesi, J. G. Elvin, J. A. Rothbard, C. R. M. Bangham, C. R. Rizza, and A. J. McMichael. 1991. "Human immunodeficiency virus genetic variation that can escape cytotoxic T cell recognition." *Nature* 354: 453–459.

Pihan, G. A., J. Wallace, Y. Zhou, and S. J. Doxsey. 2003. "Centrosome abnormalities and chromosome instability occur together in pre-invasive carcinomas." *Cancer Res.* 63: 1398–1404.

Pinker, S. 1979. "Formal models of language learning." *Cognition* 7: 217–283.

——1994. *The language instinct.* New York: William Morrow and Company.

Pinker, S., and P. Bloom. 1990. "Natural language and natural selection." *Behav. Brain Sci.* 13: 707–784.

Pitt, L. 1989. "Probabilistic inductive inference." *J. ACM* 36: 383–433.

Plotkin, J. B., and M. A. Nowak. 2000. "Language evolution and information theory." *J. Theor. Biol.* 205: 147–159.

——2002. "The different effects of apoptosis and DNA repair on tumorigenesis." *J. Theor. Biol.* 214: 453–467.

Pollard, C. J., and I. A. Sag. 1994. *Head-driven phrase structure grammar.* Chicago: University of Chicago Press.

Poundstone, W. 1985. *The recursive universe.* Oxford: Oxford University Press.

Price, D. A., P. J. R. Goulder, P. Klenerman, A. K. Sewell, P. J. Easterbrook, M. Troop, et al. 1997. "Positive selection of HIV-1 cytotoxic T lymphocyte escape variants during primary infection." *Proc. Natl. Acad. Sci. USA* 94: 1890–1895.

Prince, A., and P. Smolensky. 1997. "Optimality: From neural networks to universal grammar." *Science* 275: 1604–1610.

——2004. *Optimality theory*: *Constraint interaction in generative grammar.* Oxford: Blackwell Publishing. (First circulated 1993 as Rutgers University Center for Cognitive Science Technical Report 2, http://roa.rutgers.edu)

Pulliam, H. R. 1988. "Sources, sinks, and population regulation." *Am. Nat.* 132: 652–661.

Pullum, G. K., and G. Gazdar, 1982. "Natural languages and context free languages." *Linguist. Philos.* 4: 471–504.

Rajagopalan, H., P. V. Jallepalli, C. Rago, V. E. Velculescu, K. W. Kinzler, B. Vogelstein, and C. Lengauer. 2004. "Inactivation of hCDC4 can cause chromosomal instability." *Nature* 428:77–81.

Rajagopalan, H., M. A. Nowak, B. Vogelstein, and C. Lengauer. 2003. "The significance of unstable chromosomes in colorectal cancer." *Nat. Rev. Cancer* 3: 695–701.

Rand, D. A., H. B. Wilson, and J. M. McGlade. 1994. "Dynamics and evolution: Evolutionarily stable attractors, invasion exponents, and phenotype dynamics." *Philos. T. Roy. Soc. B* 343: 261–283.

Rapoport, A., and A. M. Chammah. 1965. *Prisoner's dilemma.* Ann Arbor: University of Michigan Press.

Read, A. F., and P. H. Harvey. 1993. "Parasitology: The evolution of virulence." *Nature* 362: 500–501.

Reya, T., S. J. Morrison, M. Clarke, and I. L. Weissman. 2001. "Stem cells, cancer, and cancer stem cells." *Nature* 414:105–111.

Rice, S. H. 2004. *Evolutionary theory*: *Mathematical and conceptual foundations.* Sunderland, MA: Sinauer.

Riley, J. G. 1979. "Evolutionary equilibrium strategies." *J. Theor . Biol.* 76: 109–123.

Ringe, D., T. Warnow, and A. Taylor. 2002. "Indo-European and computational cladistics." *T. Philol.*

Soc. 100: 59–129.

Rivin, I. 2001. "Yet another zeta function and learning." arXiv. org preprint cs. LG/ 0107033.

Roberts, G., and T. N. Sherratt. 1998. Development of cooperative relationships through increasing investment. *Nature* 394:175–179.

Robertson, A. 1978. "Time of detection of recessive visible genes in small populations." *Genet. Res.* 31: 255–264.

Robins, R. H. 1979. *A short history of linguistics.* 2nd ed. London: Longman.

Ross, R. 1908. *Report on the prevention of malaria in Mauritius.* London.

Saag, M. S., B. H. Hahn, J. Gibbons, Y. X. Li, E. S. Parks, W. P. Parks, and G. M. Shaw. 1988. "Extensive variation of human immunodeficiency virus type-1 in vivo." *Nature* 334: 440–444.

Sabelis, M. W., O. Diekmann, and V. A. A. Jansen. 1991. "Metapopulation persistence despite local extinction: Predator-prey patch models of the Lotka-Volterra type." *Biol. J. Linn. Soc.* 42: 267–283.

Sadock, J. M. 1991. *Autolexical syntax: A theory of parallel grammatical representations.* Studies in Contemporary Linguistics. Chicago: University of Chicago Press.

Saffran, J. R., R. N. Aslin, and E. L. Newport. 1996. "Statistical learning by 8-monthold infants." *Science* 274: 1926–1928.

Sakakibara, Y. 1988. "Learning context-free grammars from structural data in polynomial time." In D. Haussler and L. Pitt, eds., *Proceedings of the first annual workshop on computational learning theory, MIT, Cambridge, MA,* 330–344. San Francisco: Morgan Kaufmann Publishers.

——1990. "Learning context-free grammars from structural data in polynomial time." *Theor. Comput. Sci.* 76: 223–242. (First presented at COLT 1988; see Sakakibara 1988.)

——1997. "Recent advances of grammatical inference." *Theor. Comput. Sci.* 185: 15–45.

Sampson, G. 2005. *Educating Eve: The 'language instinct' debate.* London: Continuum International Publishing Group. (First published 1997, London: Cassell Academic.)

Samuelson, L. 1997. *Evolutionary games and equilibrium selection.* Cambridge: MIT Press.

Santos, F. C., and J. M. Pacheco. 2005. "Scale-free networks provide a unifying framework for the emergence of cooperation." *Phys. Rev. Lett.* 95: 098104.

Santos, F. C., J. M. Pacheco, and Tom Leanerts. 2006. "Evolutionary dynamics of social dilemmas in structured heterogeneous populations." *Proc. Nat. Acad. Sci. (USA)* 103: 3490–3494.

Sasaki, A. 1994. "Evolution of antigen drift/switching: Continuously evading pathogens." *J. Theor. Biol.* 168: 291–308.

——2000. "Host-parasite coevolution in a multilocus gene-for-gene system." *P. Roy. Soc. Lond. B Bio.* 267: 2183–2188.

Sasaki, A., W. D. Hamilton, and F. Ubeda. 2002. "Clone mixtures and a pacemaker: New facets of red-queen theory and ecology." *P. Roy. Soc. Lond. B Bio.* 269: 761–772.

Sasaki, A., and Y. Haraguchi. 2000. "Antigenic drift of viruses within a host: A finite site model with demographic stochasticity." *J. Mol. Evol.* 51: 245–255.

Sasaki, A., and Y. Iwasa. 1987. "Optimal recombination rate in fluctuating environments." *Genetics* 115: 377–388.

Sasaki, A., and M. A. Nowak. 2003. "Mutation landscapes." *J. Theor. Biol.* 224: 241–247.

Satō, K., H. Matsuda, and A. Sasaki. 1994. "Pathogen invasion and host extinction in lattice structured populations." *J. Math. Biol.* 32: 251–268.

Schaffer, M. 1988. "Evolutionary stable strategies for a finite population and a variable contest size." *J. Theor. Biol.* 132: 469–478.

Schreiber, S. 2001. "Urn models, replicator processes, and random genetic drift." *SIAM J. Appl. Math.* 61: 2148–2167.

Schrödinger, E. 1944. *What is life? The physical aspect of the living cell.* Cambridge: Cambridge University Press.

——1992. *What is life? The physical aspect of the living cell: With mind and matter and autobiographical sketches.* Cambridge: Cambridge University Press.

Schuster, P., and P. F. Stadler. 2002. "Networks in molecular evolution." *Complexity* 8(1): 34–42.

Schuster, P., and J. Swetina. 1988. "Stationary mutant distributions and evolutionary optimization." *B. Math. Biol.* 50: 635–660.

Seger, J. 1988. "Dynamics of simple host parasite models with more than two genotypes in each species." *Philos. T. Roy. Soc. B* 319: 541–555.

Seger, J., and W. D. Hamilton. 1988. "Parasite and sex." In R. E. Michod and B. R. Levin, eds., *The evolution of sex,* 176–193. Sunderland, MA: Sinauer.

Selten, R. 1975. "Reexamination of the perfectness concept for equilibrium points in extensive games." *Int. J. Game Theory* 4: 25–55.

Selten, R., and P. Hammerstein. 1984. "Gaps in Harley argument on evolutionarily stable learning rules and in the logic of tit for tat." *Behav. Brain Sci.* 7:115–116.

Semmann, D., H.–J. Krambeck, and M. Milinski. 2003. "Volunteering leads to rock-paper-scissors dynamics in a public goods game." *Nature* 425: 390–393.

Shahshahani, S. 1979. "A new mathematical framework for the study of linkage and selection." *Mem. Am. Math. Soc.,* no. 211. Providence, RI: American Mathematical Society.

Sherratt, J. A., and M. A. Nowak. 1992. "Oncogenes, anti-oncogenes and the immune response to cancer: A mathematical model." *P. Roy. Soc. Lond. B Bio.* 248: 261–271.

Sherrington, D. 1997. "Landscape paradigms in physics and biology: Introduction and overview." *Physica D* 107: 117–121.

Shieber, S. M. 1985. "Evidence against the context-freeness of natural language." *Lin-guist. Philos.* 8: 333–343.

Shih, I. M., W. Zhou, S. N. Goodman, C. Lengauer, K. W. Kinzler, and B. Vogelstein. 2001. "Evidence that genetic instability occurs at an early stage of colorectal tumorigenesis." *Cancer Research* 61: 818–822.

Shonn, M. A., R. McCarroll, and A. W. Murray. 2000. "Requirement of the spindle checkpoint for proper chromosome segregation in budding yeast meiosis." *Science* 289: 300–303.

Sieber, O. M., K. Heinimann, P. Gorman, H. Lamlum, M. Crabtree, C. A. Simpson, D. Davies, K. Neale, S. V. Hodgson, R. R. Roylance, R. K. S. Phillips, W. F. Bodmer, and I. P. M. Tomlinson. 2002. "Analysis of chromosomal instability in human colorectal adenomas with two mutational hits at APC." *P. Natl. Acad. Sci. USA* 99: 16910–16915.

Sieber, O. M., K. Heinimann, and I. P. Tomlinson. 2003. "Genomic instability—the engine of tumorigenesis?" *Nat. Rev. Cancer* 3: 701–708.

Sigmund, K. 1993. *Games of life*: *Explorations in ecology, evolution and behaviour.* Oxford: Oxford University Press.

Sigmund, K., C. Hauert, and M. A. Nowak. 2001. "Reward and punishment." *P. Natl. Acad. Sci. USA* 98: 10757–10762.

Sinervo, B., and C. M. Lively. 1996. "The rock-paper-scissors game and the evolution of alternative male strategies." *Nature* 380: 240–243.

Siskind, J. M. 1996. "A computational study of cross-situational techniques for learning word-to-meaning mappings." *Cognition* 61:39–91.

Skyrms, B., and R. Pemantle. 2000. "A dynamic model of social network formation." *P. Natl. Acad. Sci. USA* 97: 9340–9346.

Slatkin, M. 1979. "Frequency-and density-dependent selection on a quantitative character." *Genetics* 93: 755–771.

——1981. "Fixation probabilities and fixation times in a subdivided population." *Evolution* 35: 477–488.

Smith, W. J. 1977. *The behavior of communicating.* Cambridge, MA: Harvard University Press.

Sober, E., and D. S. Wilson. 1998. *Unto others*: *The evolution and psychology of unselfish behavior.* Cambridge, MA: Harvard University Press.

Stabler, E. 1998. "Acquiring languages with movement." *Syntax* 1: 72–97.

——2004. "Varieties of crossing dependencies." *Cognitive Science* 28: 699–720.

Stadler, P. F. 1992. "Correlation in landscapes of combinatorial optimization problems." *Europhys. Lett.* 20: 479–482.

——1999. "Fitness landscapes arising from the sequence-structure maps of biopolymers." *J. Mol. Struc.—Theochem* 463: 7–19.

Stadler, P. F., and P. Schuster. 1990. "Dynamics of small autocatalytic reaction networks: Bifurcations, permanence, and exclusion." *B. Math. Biol.* 52: 485–508.

Stadler, P. F., and P. Schuster 1992. "Mutation in autocatalytic reaction networks: An analysis based on perturbation theory." *J. Math. Biol.* 30: 597–631.

Steels, L. 1997. "Self-organizing vocabularies." In C. G. Langton and K. Shimohara, eds., *Artificial life V: Proceedings of the fifth international workshop on the synthesis and simulation of living systems, 16–18 May 1996, Nara, Japan,* 179–184. Cambridge: MIT Press.

Stewart, F. M., and B. R. Levin. 1984. "The population biology of bacterial viruses: Why be temperate." *Theor. Popul. Biol.* 26:93–117.

Strauss, B. S. 1998. "Hypermutability in carcinogenesis." *Genetics* 148: 1619–1626.

Strogatz, S. H. 1994. *Nonlinear dynamics and chaos: With applications to physics, biology. chemistry, and engineering.* Cambridge, MA: Perseus Books.

——2001. "Exploring complex networks." *Nature* 410: 268–276.

Sugden, R. 1986. *The economics of rights, co-operation and welfare.* Oxford: Blackwell.

Sugihara, G., and R. M. May. 1990. "Nonlinear forecasting as a way of distinguishing chaos from measurement error in time series." *Nature* 344: 734–741.

Swetina, J., and P. Schuster. 1982. "Self-replication with errors: A model for polynucleotide replication." *Biophys. Chem.* 16: 329–345.

Szabó, G., and C. Hauert. 2002. "Phase transitions and volunteering in spatial public goods games." *Phys. Rev. Lett.* 89:118101 (1–4).

Szabó, G., and J. Vukov. 2004. "Cooperation for volunteering and partially random partnerships." *Phys. Rev. E* 69:036107 (1–7).

Szathmáry, E., and L. Demeter. 1987. "Group selection of early replicators and the origin of life." *J. Theor. Biol.* 128: 463–486.

Taddei, F., M. Radman, J. Maynard Smith, B. Toupance, P. H. Gouyon, and B. Godelle. 1997. "Role of mutator alleles in adaptive evolution." *Nature* 387: 700–702.

Taubes, C. H. 2001. *Modeling differential equations in biology.* Upper Saddle River, NJ: Prentice Hall.

Taylor, C., D. Fudenberg, A. Sasaki, and M. A. Nowak. 2004. "Evolutionary game dynamics in finite populations." *B. Math. Biol.* 66: 1621–1644.

Taylor, P. D. 1989. "Evolutionary stability in one-parameter models under weak selection." *Theor. Popul. Biol.* 36: 125–143.

Taylor, P. D., and L. B. Jonker. 1978. "Evolutionary stable strategies and game dynamics." *Math. Biosci.* 40: 145–156.

Tesar, B., and P. Smolensky. 2000. *Learnability in optimality theory.* Cambridge: MIT Press.

Tilman, D., and P. Kareiva, eds. 1997. *Spatial ecology: The role of space in population dynamics and interspecific interactions.* Monographs in Population Biology. Princeton, NJ: Princeton University Press.

Tilman, D., R. M. May, C. L. Lehman, and M. A. Nowak. 1994. "Habitat destruction and the extinction debt." *Nature* 371: 65–66.

Toffoli, T., and N. Margolus. 1987. *Cellular automata machines*. Cambridge: MIT Press.

Tomasello, M. 1999. *The cultural origins of human cognition*. Cambridge, MA: Harvard University Press.

Tomlinson, I. P., M. R. Novelli, and W. F. Bodmer. 1996. "The mutation rate and cancer." *P. Natl. Acad. Sci. USA* 93: 14800–14803.

Tomlinson, I. P., P. Sasieni, and W. Bodmer. 2002. "How many mutations in a cancer?" *Am. J. Pathol.* 160: 755–758.

Trapa, P. E., and M. A. Nowak. 2000. "Nash equilibria for an evolutionary language game." *J. Math. Biol.* 41: 172–188.

Trivers, R. L. 1971. "The evolution of reciprocal altruism." *Q. Rev. Biol.* 46: 35–57.

——1983. "The evolution of sex." *Q. Rev. Biol.* 58: 62–67.

——2002. *Natural selection and social theory: Selected papers of Robert Trivers*. Oxford: Oxford University Press.

Turelli, M., N. H. Barton, and J. A. Coyne. 2001. "Theory and speciation." *Trends Ecol. Evol.* 16: 330–343.

Turing, A.M.1936. "On computable numbers, with an application to the Entscheidungsproblem." *P. Lond. Math. Soc.* 42: 230–265.

——1950. "Computing machinery and intelligence." *Mind* 59: 433–460.

Turner, P. E., and L. Chao. 1999. "Prisoner's dilemma in an RNA virus." *Nature* 398: 441–443.

Valiant, L. G. 1984. "A theory of learnable." *Commun. ACM* 27: 436–445.

van Baalan, M. 2000. "Pair approximations for different spatial geometries." In U. Dieckmann, R. Law, and J. A. J. Metz, eds., *The geometry of ecological interactions: Simplifying spatial complexity,* 359–387. Cambridge: Cambridge University Press.

van Baalen, M., and D. A. Rand. 1998. "The unit of selection in viscous populations and the evolution of altruism." *J. Theor. Biol.* 193:631–648.

Van Valen, L. 1973. "A new evolutionary law." *Evol. Theor.* 1: 1–30.

Vapnik, V. N. 1998. *Statistical learning theory*. Hoboken, NJ: John Wiley.

Vapnik, V. N., and A. Y. Chervonenkis. 1971. "On the uniform convergence of relative frequencies of events to their probabilities." *Theor. Probab. Appl.* 17: 264–280.

——1981. "The necessary and sufficient conditions for the uniform convergence of averages to their expected values." *Teor. Ver. Prim.* 26: 543–564.

Vargha-Khadem, F., K. E. Watkins, C. J. Price, J. Ashburner, K. J. Alcock, A. Connelly, R. S. J. Frackowiak, K. J. Friston, M. E. Pembrey, M. Mishkin, D. G. Gadian, and R. E. Passingham. 1998. "Neural basis of an inherited speech and language disorder." *P. Natl. Acad. Sci. USA* 95: 12695–12700.

Velicer, G. J., and Y. N. Yu. 2003. "Evolution of novel cooperative swarming in the bacterium *Myxococcus xanthus*" *Nature* 425: 75–78.

Vincent, T., and J. S. Brown. 2005. *Evolutionary game theory, natural selection, and Darwinian dynamics.* Cambridge: Cambridge University Press.

Vogelstein, B., and K. W. Kinzler, eds. 1998. *The genetic basis of human cancer.* Toronto: McGraw-Hill.

Volterra, V. 1926. "Variazioni e fluttuazioni del numero d'individui in specie animali conviventi." *Mem. Acad. Lincei.* 2: 31–113. (Translation in an appendix to R, N. Chapman, *Animal ecology,* New York, 1931.)

von Neumann, J. 1966. *Theory of self-reproducing automata.* Champaign: University of Illinois Press.

von Neumann, J., and O. Morgenstern. 1944. *Theory of games and economic behavior.* Princeton, NJ: Princeton University Press.

Wahl, L. M., and M. A. Nowak. 1999a. "The continuous prisoner's dilemma: I. Linear reactive strategies." *J. Theor. Biol.* 200: 307–321.

——1999b. "The continuous prisoner's dilemma: II. Linear reactive strategies with noise." *J. Theor. Biol.* 200: 323–338.

Wakeley, J. 2004. "Metapopulation models for historical inference." *Mol. Ecol.* 13: 865–875.

Wang, W. S.-Y. 1998. "Language and the evolution of modern humans." In K. Omoto and P. V. Tobias, eds., *The origins and past of modern humans: Towards reconciliation,* 247–262. Singapore: World Scientific.

Warnow, T., S. N. Evans, D. Ringe, and L. Nakhleh. 2006. "A stochastic model of language evolution that incorporates homoplasy and borrowing." In P. Forster and C. Renfrew, eds., *Phylogenetic methods and the prehistory of languages.* London: MacDonald Institute for Archaeological Research.

Watts, D. J. 1999. *Small worlds.* Princeton, NJ: Princeton University Press.

Watts, D. J., and S. H. Strogatz. 1998. "Collective dynamics of 'small-world' networks." *Nature* 393: 440–442.

Wedekind, C., and M. Milinski. 1996. "Human cooperation in the simultaneous and the alternating prisoner's dilemma: Pavlov versus generous tit-for-tat." *P. Natl. Acad. Sci. USA* 93: 2686–2689.

——2000. "Cooperation through image scoring in humans." *Science* 288: 850–852.

Wei, X., J. M. Decker, S. Wang, H. Hui, J. C. Kappes, X. Wu, J. F. Salazar-Gonzalez, M. G. Salazar, J. M. Kilby, M. S. Saag, N. L. Komarova, M. A. Nowak, B. H. Hahn, P. D. Kwong, and G. M. Shaw. 2003. "Antibody neutralization and escape by HIV-1." *Nature* 422: 307–312.

Wei, X., S. K. Ghosh, M. E. Taylor, V. A. Johnson, E. A. Emini, P. Deutsch, J. D. Lifson, S.

Bonhoeffer, M. A. Nowak, B. H. Hahn, M. S. Saag, and G. M. Shaw. 1995. "Viral dynamics in human immunodeficiency virus type 1 infection." *Nature* 373:117–122.

Weibull, J. W. 1995. *Evolutionary game theory.* Cambridge: MIT Press.

Weinberg, R. A. 1991. "Tumor suppressor genes." *Science* 254:1138–1146.

Wexler, K., and P. Culicover. 1980. *Formal principles of language acquisition.* Cambridge: MIT Press.

Wheeler, J. M., N. E. Beck, H. C. Kim, I. P. Tomlinson, N. J. Mortensen, and W. F. Bodmer. 1999. "Mechanisms of inactivation of mismatch repair genes in human colorectal cancer cell lines: The predominant role of hMLH1." *P. Natl. Acad. Sci. USA* 96: 10296–10301.

Whitlock, M. 2003. "Fixation probability and time in subdivided populations." *Genetics* 164: 767–779.

Wilkinson, G. S. 1984. "Reciprocal food sharing in the vampire bat." *Nature* 308: 181–184.

Williams, G. C. 1966. *Adaptation and natural selection.* Princeton, NJ: Princeton University Press.

——1992. *Natural selection: Domains, levels, and challenges.* Oxford: Oxford University Press.

Wilson, D. S. 1980. *The natural selection of populations and communities.* Menlo Park, CA: Benjamin Cummings.

Wilson, D. S., G. B. Pollock, and L. A. Dugatkin. 1992. "Can altruism evolve in purelyviscous populations?" *Evol. Ecol.* 6:331–341.

Wilson, E. O. 1978. *On human nature.* Cambridge, MA: Harvard University Press.

——2000. *Sociobiology: The new synthesis.* Cambridge, MA: Harvard University Press.

Wodarz, D., and D. C. Krakauer. 2001. "Genetic instability and the evolution of angiogenic tumor cell lines." *Oncol. Rep.* 8:1195–1201.

Wodarz, D., and M. A. Nowak. 1999. "Specific therapy regimes could lead to long-term immunological control of HIV." *P. Natl. Acad. Sci. USA* 96: 14464–14469.

Wolfram, S. 1984. "Cellular automata as models of complexity." *Nature* 311: 419–424.

——1994. *Cellular automata and complexity: Collected papers.* New York: Perseus Books.

——2002. *A new kind of science.* Champaign, IL: Wolfram Media.

Wright, S. 1931. "Evolution in Mendelian populations." *Genetics* 16: 97–159.

——1932. "The roles of mutation, inbreeding, crossbreeding and selection in evolution." In D. F. Jones, ed., *Proceedings of the sixth international congress of genetics, Ithaca, NY,* vol. 1,356–366. Menasha, WI: Brooklyn Institute of Arts and Sciences Botanic Garden.

——1968. *Evolution and the genetics of populations 1: Genetics and biometric foundations.* Chicago: University of Chicago Press.

——1969. *Evolution and the genetics of populations 2: The theory of gene frequencies.* Chicago: University of Chicago Press.

Yamamura, N. 1993. "Vertical transmission and evolution of mutualism from parasitism." *Theor. Popul. Biol.* 52: 95–109.

Yang, C. 2002. *Knowledge and learning in natural language.* Oxford: Oxford University Press.

Yatabe, Y., S. Tavare, and D. Shibata. 2001. "Investigating stem cells in human colon by using methylation patterns." *P. Natl. Acad. Sci. USA* 98: 10839–10844.

Zeeman, E. C. 1980. "Population dynamics from game theory." In Z. H. Nitecki and R. C. Robinson, eds., *Global theory of dynamical systems*: *Proceedings of an international conference held at Northwestern University, Evanston, Illinois, June 18–22, 1979,* Lecture Notes in Mathematics, vol. 819. Berlin: Springer-Verlag.

Zheng, X., S. M. Wise, and V. Cristini. 2005. "Nonlinear simulation of tumor necrosis, neo-vascularization and tissue invasion via an adaptive finite-element/level-set method." *B. Math. Biol.* 67:211–259.

索 引

译 者 后 记

　　《进化动力学》原著作者借助十分精炼的数学语言将色彩纷呈的生命进化过程呈现给广大读者. 在翻译过程中，我们也尽力秉承原著的叙述特色，以便读者能够充分领会原著作者敏锐的洞察力和独特的视角。同时希望该书中译本能为国内相关领域的研究者提供一些有益的启迪，促进相关学科的融合和发展。

　　在本书的翻译过程中，我们由衷感谢中国科学院动物研究所理论生态学研究组陶毅博士为译文的校对提供了宝贵建议。同时感谢天津科技大学孙明晶博士，中国科学院植物研究所孟新柱博士，动物研究所张博宇、王百桦、邓玲玲、何巧巧、张加华等对书中部分章节的修改，正是由于他们提供了宝贵的参考意见，才使得翻译工作顺利完成。最后，我们要特别感谢高等教育出版社李冰祥博士的鼓励和编辑的帮助，感谢中国科学院知识创新工程重要方向项目（KZCX2-YW-415）对翻译工作的资助。

　　鉴于译者学识有限，谬误之处在所难免，敬希读者不吝指正。

译者

2009.10

郑 重 声 明

高等教育出版社依法对本书享有专有出版权。任何未经许可的复制、销售行为均违反《中华人民共和国著作权法》，其行为人将承担相应的民事责任和行政责任，构成犯罪的，将被依法追究刑事责任。为了维护市场秩序，保护读者的合法权益，避免读者误用盗版书造成不良后果，我社将配合行政执法部门和司法机关对违法犯罪的单位和个人给予严厉打击。社会各界人士如发现上述侵权行为，希望及时举报，本社将奖励举报有功人员。

反盗版举报电话：(010) 58581897/58581896/58581879

反盗版举报传真：(010) 82086060

E — mail：dd@hep.com.cn

通信地址：北京市西城区德外大街 4 号

　　　　　　高等教育出版社打击盗版办公室

邮　　编：100120

购书请拨打电话：(010) 58581118

图字：01-2008-4632号

图书在版编目（CIP）数据

进化动力学：探索生命的方程/（美）诺瓦克（Nowak, M.A.）著；李镇清，王世畅译. 一北京：高等教育出版社，2010.3（2018.10 重印）
（生态学名著译丛）
书名原文：Evolutionary Dynamics: Exploring the Equations of Life
ISBN 978-7-04-028499-7

Ⅰ. ① 进⋯ Ⅱ. ①诺⋯ ②李⋯ ③王⋯ Ⅲ. ①进化动力－研
究 Ⅳ. ①Q11

中国版本图书馆 CIP 数据核字（2010）第 001801号

策划编辑	李冰祥	责任编辑	田 琳	封面设计	张 楠
版式设计	马敬茹	责任校对	姜国萍	责任印制	尤 静

出版发行	高等教育出版社	咨询电话	400-810-0598
社　　址	北京市西城区德外大街 4 号	网　　址	http://www.hep.edu.cn
邮政编码	100120		http://www.hep.com.cn
印　　刷	涿州市星河印刷有限公司	网上订购	http://www.landraco.com
开　　本	787×1092　1/16		http://www.landraco.com.cn
印　　张	18.75	版　　次	2010 年 3 月第 1 版
字　　数	350 000	印　　次	2018 年 10 月第 3 次印刷
购书热线	010-58581118	定　　价	79.00 元

本书如有缺页、倒页、脱页等质量问题，请到所购图书销售部门联系调换
版权所有　侵权必究
物 料 号　28499-00